2021
中国水利发展报告

中华人民共和国水利部 编

U0281000

中国水利水电出版社
www.waterpub.com.cn
·北京·

图书在版编目（ＣＩＰ）数据

2021中国水利发展报告 / 中华人民共和国水利部编
. -- 北京 : 中国水利水电出版社，2021.3
ISBN 978-7-5170-9500-2

Ⅰ．①2⋯ Ⅱ．①中⋯ Ⅲ．①水利建设－研究报告－
中国－2021 Ⅳ．①F426.9

中国版本图书馆CIP数据核字(2021)第052559号

书　　名	**2021 中国水利发展报告** 2021 ZHONGGUO SHUILI FAZHAN BAOGAO
作　　者	中华人民共和国水利部　编
出版发行	中国水利水电出版社 （北京市海淀区玉渊潭南路 1 号 D 座　100038） 网址：www. waterpub. com. cn E - mail：sales@ waterpub. com. cn 电话：（010）68367658（营销中心）
经　　售	北京科水图书销售中心（零售） 电话：（010）88383994、63202643、68545874 全国各地新华书店和相关出版物销售网点
排　　版	中国水利水电出版社微机排版中心
印　　刷	北京印匠彩色印刷有限公司
规　　格	170mm×240mm　16 开本　31 印张　484 千字
版　　次	2021 年 3 月第 1 版　2021 年 3 月第 1 次印刷
定　　价	**158.00 元**

前　言

2020年是决胜全面建成小康社会和"十三五"规划收官之年。这一年，习近平总书记亲临黄河、淮河、长江和南水北调工程考察，就治水工作作出系列重要指示。各级水利部门坚决贯彻党中央、国务院决策部署，深入落实"节水优先、空间均衡、系统治理、两手发力"治水思路，攻坚克难、真抓实干，水利工作取得明显成效，为做好"六稳"工作、落实"六保"任务提供了有力支撑。

水旱灾害防御取得全面胜利。深入贯彻"两个坚持、三个转变"防灾减灾理念，紧盯超标洪水、水库失事、山洪灾害"三大风险"，超前组织准备，密切监测预报，科学调度工程，果断采取措施，有力有序有效应对，牢牢守住水旱灾害防御的安全底线。全国大中型水库和小（1）型水库无一垮坝，大江大河和重要圩垸堤防无一决口，洪涝灾害伤亡人数大幅低于近20年平均值，旱区群众饮水安全得到有效保障，最大程度减轻了洪涝干旱损失。

水利基础设施体系建设全面提速。面对新冠肺炎疫情影响、经济下行压力加大等不利因素，指导各地"一项一策"制定复工计划，落实水利建设投资7695亿元，再创历史新高。分区分级分类推进重大水利工程前期工作，开工建设重大水利工程45

项。三峡工程完成整体竣工验收，发电量创世界纪录。南水北调中线首次实现按 420 m³/s 加大设计流量输水，首次超过多年平均规划供水量。实施病险水库除险加固 3200 多座，中小河流治理超过 1.7 万 km。大力实施农村饮水安全巩固提升工程，现行标准下贫困人口饮水安全问题全面解决。完成 6 万 km² 水土流失治理任务。华北地区地下水超采综合治理补水河道有水河长 1958 km，形成水面面积 554 km²。

水利治理能力不断增强。水资源刚性约束作用进一步发挥，国家用水定额体系基本建成，节水评价制度深入实施，全国制定 215 条跨省和省区重点河湖生态流量保障目标，在黄河流域 7 个省（自治区）实行超载地区暂停新增取水许可。河湖生态保护力度加大，制定河湖长履职规范，推动河湖长"有名""有实""有能"，累计清理整治"四乱"问题 16.4 万个。工程建设和运行管理安全规范，全面实施水利建设市场主体信用分级管理，严格落实水库大坝安全责任人，强化安全鉴定和降等报废。水利专项监管行动成效明显，全面完成年度监督任务。

2021 年是实施"十四五"规划、开启全面建设社会主义现代化国家新征程的第一年，也是中国共产党成立 100 周年。我们要以习近平新时代中国特色社会主义思想为指导，深入学习贯彻习近平总书记治水重要讲话指示批示精神，全面落实党的十九届五中全会精神，心怀"国之大者"，不断提高政治判断力、政治领悟力、政治执行力，不断提高准确把握新发展阶段、深入贯彻新发展理念、加快构建新发展格局、推动高质量发展的政治能力、战略眼光、专业水平，统筹抓好水旱灾害防御、水资源节约集约利用、河湖保护和综合治理、水利工程建设与运行管理等工作，确保党中央各项决策部署在水利系统不折不扣全面贯彻落实。

在《2021 中国水利发展报告》的编辑及出版过程中，得到了许多领导的关心，凝聚了许多专家学者的心血，我谨代表编委会表示衷心的感谢！

水利部副部长　党组成员　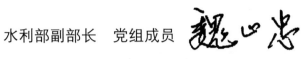

2021 年 3 月

目　录

259 运行管理篇

289 水利监督篇

综　述　篇

深入践行水利改革发展总基调
在新的历史起点上谱写治水新篇章

鄂竟平

一、2020 年水利工作成效显著，"十三五"水利改革发展目标任务圆满完成

2020 年是党和国家历史进程中极不平凡的一年，也是水利工作肩负重大任务、经受重大考验、取得重大进展的一年。党中央、国务院高度重视水利工作。习近平总书记主持召开中央财经委员会第六次会议研究黄河流域生态保护和高质量发展问题，主持召开中央政治局会议审议《黄河流域生态保护和高质量发展规划纲要》，主持召开全面推动长江经济带发展座谈会部署长江经济带高质量发展工作，亲临黄河、淮河、长江和南水北调工程考察，就治水工作作出系列重要指示。李克强总理多次主持召开会议，研究部署防汛救灾、重大水利工程建设、病险水库除险加固、南水北调等工作，深入一线考察防汛救灾和灾后恢复重建。韩正副总理就黄河流域生态保护和高质量发展、长江经济带高质量发展等多次作出指示批示。胡春华副总理多次实地考察水利工作，推动解决重大水利问题。王勇国务委员多次研究部署并赴一线指导防汛抗旱工作。

一年来，各级水利部门坚决贯彻党中央、国务院决策部署，深入落实"十六字"治水思路，积极践行水利改革发展总基调，面对决胜全面建成小康社会和"十三五"规划收官重任、新冠肺炎疫情与罕见汛情大考，攻坚克难、真抓实干，在多重挑战下推动水利工作取得显著成效。其中，强抓了三件大事。一是全力打好水利脱贫攻坚战。大力实施农村饮水安全巩固提升工程，挂牌督战贫困地区农村供水工程建设，现行标准下贫困人口饮水安全问题全面解决。完成 975 万人饮水型氟超标改水，解决 120 万人饮用苦咸水问题，提升了 4233 万农村人口供水保障水平。加大投资支持力度，落实 832 个贫困县水利投资 1863 亿元，加快完善贫困地区防洪、供水、灌溉等水利基础设施。水利工程建设管护岗位吸纳 24 万贫困人口就业，农村水电扶贫工程累计帮扶 9.6 万贫困户。继续推进水利定点扶贫工作，各项任务全部超额完成。加大消费扶贫力度，部属系统干部职工购买贫困地区农产品 564 万元，帮助销售 1356 万元。认真履行滇桂黔石漠化片区联系单位职责，推动片区区域发展与脱贫攻坚规划实施。支持移民美丽家园建设和产业扶持，贫困移民收入持续提升。加强贫困地区人才和技术帮扶，"订单式"人才培养被世界银行、联合国粮农组织等 7 家组织评为"全球最佳减贫案例"。二是奋力夺取水旱灾害防御重大胜利。2020 年，我国出现 1998 年以来最严重汛情，全国共发生 21 次编号洪水，长江、淮河、松花江、太湖洪水齐发，836 条河流发生超警戒水位以上洪水，较多年平均偏多 80%。西南、华北、东北地区相继发生旱情，部分地区旱涝急转。各级水利部门深入贯彻"两个坚持、三个转变"理念，牢记防汛抗旱是义不容辞的责任，聚焦三大突出风险，实施全面监管，完善预案体系，提高监测预报预警能力，科学调度骨干水工程，严格汛限水位监管，水旱灾害防御取得重大胜利。全国大中型水库和小（1）型水库无一垮坝，大江大河和重要圩垸堤防无一决口，洪涝灾害伤亡人数大幅低于近 20 年平均值，旱区群众饮水安全得到有效保障，最大程度减轻了洪涝干旱损失。三是统筹推进疫情防控和水利改革发展。新冠肺炎疫情发生后，按照"不添乱、多出力、作贡献"的要求，全力做好水利系统疫情防控工作。同时，强化疫情期间水安全保障，精细调度疫情防控和水利工程安全运行、农村饮水安全、保春灌保供水等重点工作。指导各地"一项一策"制定复工计划，打通用工、运输、原材料供应等堵点，在建重大水利工程 5 月全部实现复工复产。对拟开工的重点水利项目逐项摸排，开展项目地点、设计单位、项目法人、疫情分区"四图"叠加分析，分区分类精准推进。各级水利部门努力克服疫情影响，全年落实水利建设投资 7695 亿元，同比增长 6%，再创历史新高，在做好"六稳"工作、落实"六保"任务中发挥了重要作用。

在坚决打赢这三场硬仗的同时，经过一年艰苦奋斗，其他各项水利工作也迈上新的台阶。

（一）持续发力补短板，水利基础设施体系进一步完善

一是水利基础设施建设全面提速。提出重点推进的150项重大水利工程清单，加快推进前期工作，开工重大水利工程45项。狠抓投资计划执行，安徽、广东、湖北、浙江、河南等14个省份投资完成率超过95%。南水北调东、中线后续工程前期工作取得重大突破，大藤峡水利枢纽建设如期实现蓄水、通航和发电三大节点目标。治理中小河流超过1.7万km，实施病险水库除险加固3200多座。大中型灌区节水改造进展顺利，新增或恢复、改善灌溉面积3000多万亩，新增年节水能力18亿m^3。

二是水生态治理保护扎实推进。加强重点区域水土流失治理，完成水土保持规划评估和工程建设以奖代补试点，完成水土流失治理6万km^2。推进华北地区地下水超采综合治理，补水河道有水河长1958km，形成水面面积554km^2，京津冀浅层地下水水位有所回升。持续推进南水北调东、中线受水区地下水压采工作，受水区城区累计压采23.56亿m^3，超额实现压采目标。永定河综合治理和生态修复稳步实施，北京段25年来首次全线通水。创建278座绿色小水电示范电站。开展农村水系综合整治试点县建设，水美乡村建设积极推进。

三是水利网络安全与信息化水平进一步提升。构建网络安全整体联防、局部防控、重点防护的三级防控体系，实战防守能力显著提高。开展智慧水利先行先试工作，建立水利工程基础信息共享机制，开发移动版"全国水利一张图"应用。加速水文基础设施建设，完成300余处水文监测站和水文监测中心提档升级，建成近800处水文水资源监测系统。完成国家水资源监控能力建设项目终验，建成约4.3万个取用水在线监测点，全国82%的许可取水量、55%的用水量得到有效监测。国家地下水监测工程竣工验收，建成国家、流域、省级、地市四级中心及1万多个自动监测站。国家防汛抗旱指挥系统二期工程建设任务全部完成。

（二）坚定不移强监管，水利治理能力进一步增强

一是水资源节约管理更加严格。实施水资源管理全过程监管。大力推进国家节水行动，国家用水定额体系基本建成，节水评价制度深入实施，叫停 118 个节水不达标项目。建立重点监控用水单位名录。完成第三批 350 个县区节水型社会达标建设，建成 1790 家节水机关、298 所节水型高校。江苏探索打造丰水区节水标杆，基本形成省、市、县节水协作推动机制。全国制定 215 条跨省和省区重点河湖生态流量保障目标，完成 235 条江河水量分配任务。严格取用水监督管理，长江、太湖流域取水工程整改提升完成率达 99.8%，其他流域核查登记取水口数量超过 500 万个。福建对全省重要取用水单位全部实行水量在线监控。完成国家年度最严格水资源管理制度考核，严格水资源论证工作，推进区域水资源论证评估。在黄河流域 7 个省区实行超载地区暂停新增取水许可。全面开展地下水管控指标确定工作，建立地下水水位变化通报督导机制，加强地下水保护和动态监管，河北实行了通报约谈制度。对全国调水工程开展摸底调查，有序推进 26 条跨省重要江河水资源统一调度。

二是江河湖泊监管力度加大。制定河湖长履职规范，压紧压实责任，强化正向激励，推动河湖长"有名""有实""有能"。经党中央批准，组织开展全面推行河长制湖长制先进集体、先进工作者和优秀河湖长评选工作。推动河湖"清四乱"常态化规范化，加强日常巡查监管和进驻式暗访督查，累计清理整治"四乱"问题 16.4 万个。黑龙江签发总河长令，清理整治一批河湖"四乱"硬骨头问题。公布全国河道采砂管理 2455 个重点河段、敏感水域相关责任人名单，规范涉河建设项目和采砂管理。开展黄河岸线利用项目、河道采砂等专项整治，完成长江干流岸线利用项目清理整治，腾退长江岸线 158 km。长江经济带小水电清理整治任务基本完成，退出电站 3528 座，2.1 万多座电站落实生态流量目标。基本完成规模以上河湖划界工作，建立河湖健康评价体系，建成 18 条示范河湖。水利风景区生态质量和文化内涵稳步提升。

三是水土保持监管持续强化。制定水土保持监测、信用监管、问题认定及责任追究等制度，基本形成水土保持强监管制度体系和监管督查常态化机制。完成水土流失动态监测全覆盖，首次实现人为水土流失遥感监管全覆盖，认定并查处违法违规项目 3.8 万个，遥感监管范围较上年增加

60%，违法违规项目数量减少 28%。首次开展水土保持信用监管，黄委、太湖局和重庆、贵州、广东等省份实行"重点关注名单"和"黑名单"管理，形成强大震慑。进一步完善水土保持技术标准体系，创新性地提出水土保持率概念并研究确定计算方法，已纳入美丽中国建设评估指标及黄河流域生态保护和高质量发展的约束性指标体系。

四是工程建设和运行管理安全规范。三峡工程完成整体竣工验收，建设任务全部完成，拦蓄洪水 254 亿 m³，全年发电量为 1118 亿 kW·h，创世界纪录。南水北调东、中线一期工程年度调水 94.63 亿 m³，中线首次实现按 420 m³/s 加大设计流量输水，年度供水首次超过规划多年平均供水量。全面实施水利建设市场主体信用分级管理，严格资质资格管理，工程质量监管水平不断提升。强力推进农村供水工程水费收缴工作，全国农村集中供水工程全面定价，千人以上工程收费比例超过 95%、水费收缴率达 90% 以上。加大农村供水工程维修养护资金补助力度。河南开展农村供水规模化、市场化、水源地表化、城乡一体化建设试点，供水保障水平明显提升。严格落实水库大坝安全责任人，强化安全鉴定和降等报废，加强堤防水闸安全管理，评选全国小型水库管理体制改革样板县。加强水库移民工作监督管理，推进水库移民安置和后期扶持政策落实。

五是水利专项监管行动有力有效。组织各流域管理机构派出检查组 1.36 万人次，检查项目 6.13 万个，发现各类问题 7.29 万个，实施责任追究 818 家次，全面完成年度督查任务。各省级水利部门共派出 1.74 万组次、7.86 万人次开展监督检查。强化水利行业安全生产监管，未发生重大以上安全事故。开展水利工程质量稽察，建立稽察成果共享和移送机制。检查 6820 座小型水库、4213 座水闸安全运行情况，单座水库发现问题的数量持续下降。对规模以上河湖实现全覆盖检查，开展取用水管理专项整治、华北地下水超采治理、水资源管理、节约用水和水土保持等监督检查。开展水利扶贫监督检查、大规模农村饮水安全暗访、农田水利"最后一公里"暗访调研。做好预算管理、绩效管理及审计工作，对部分地区开展水利资金专项检查，严格水利资金监管。12314 监督举报服务平台上线运行，累计转办核查问题 1464 个，充分发挥了强监管"千里眼"和服务群众"直通车"作用。

六是水利行业发展能力稳步提升。加强水法规制度建设，印发《水法规建设规划（2020—2025年）》《水利部制度建设三年行动方案（2020—2022年）》，黄河立法启动，《中华人民共和国长江保护法》出台，《地下水管理条例》《河道采砂管理条例》等立法进程进一步加快。规范水行政执法，开展河湖执法三年行动和水事违法陈年积案"清零"行动，各级水政监察队伍查处水事违法案件2.1万件，4267件水事违法陈年积案全部清零。围绕国家重大战略实施，编制落实京津冀协同发展、长江经济带发展、粤港澳大湾区建设、长三角区域一体化发展、黄河流域生态保护和高质量发展等相关水利规划。加强科技创新基地建设，设立长江、黄河水科学研究联合基金，重大水利科技问题研究取得一批管用成果，发布水利技术标准45项，推广运用科技成果94项。开通澜湄水资源合作信息共享平台网站，有序推进水利涉外交流合作。深化"放管服"改革，建成"互联网+监管"系统，探索实行告知承诺制，推行水利部及流域管理机构政务服务事项网上办理。推广应用取水许可电子证照，扎实推进水资源税改革。累计实施农业水价综合改革面积达4亿亩，北京、上海、浙江基本实现改革目标。巩固机构改革成果，推动组建南水北调集团公司并正式挂牌运营。疫情防控、政务督办、新闻宣传等综合政务工作有力有序，离退休干部、工青妇、社团管理、后勤保障等工作取得新成效。

（三）旗帜鲜明讲政治，全面从严治党责任进一步压实

一是党的政治建设全面加强。深入学习贯彻习近平新时代中国特色社会主义思想和党的十九届五中全会精神，进一步强化思想理论武装，引导广大党员干部职工增强"四个意识"、坚定"四个自信"、做到"两个维护"。健全习近平总书记重要指示批示贯彻落实工作台账，完善贯彻落实"3·14"重要讲话精神提档升级任务清单，明确"9·18""1·03"重要讲话精神贯彻落实任务分工，跟踪督办、定期调度，确保件件有着落。深入开展强化政治机关意识教育，巩固深化"不忘初心、牢记使命"主题教育成果，创建"让党中央放心、让人民群众满意的模范机关"。认真抓好意识形态工作。积极配合中央巡视工作，严肃认真抓好中央脱贫攻坚专项巡视"回头看"发现问题整改。充分发挥政治巡视"利剑"作用，对8家部属单位组织开展巡视监督，发现各类问题121个。

二是党建工作质量不断提升。制定部党组落实全面从严治党主体责任清单，全面推进各级党组织标准化规范化建设，创建首届"水利先锋党支部"，扎实推进"黄河水利基层党建示范带"建设，全覆盖开展党建督查和年度党建考核，实现党的建设工作有标准、创建有载体、过程有督查、成效有考核。推进党建与业务深度融合，开展水利青年"深研总基调·建功新时代"竞赛活动，兴起学习践行水利改革发展总基调的热潮。深入开展"灯下黑"问题专项整治，推动党的建设质量明显提升。

三是干部人才队伍建设持续加强。制定《2019—2023年全国党政领导班子建设规划纲要》实施意见，加大年轻干部选拔培养力度。出台水利部领导干部政治素质考察办法，严把政治关口，注重在疫情防控、脱贫攻坚等工作中考察干部。严格干部日常监督管理，抓好个人事项报告及专项整治工作，开展选人用人巡视检查。推进水利企业工资决定机制和负责人薪酬制度改革，规范事业单位绩效工资管理。试点组建3个部级人才创新团队和2个部级人才培养基地，开展人才梯队建设，实施国际化人才培养项目。

四是党风行风建设深入推进。针对基层反映强烈的会议、文件简报、教育培训、调查研究、督查检查考核、干部担当作为等六方面的问题，出台整治形式主义官僚主义突出问题的若干措施。严格执行中央八项规定精神，起草部属企业贯彻执行中央八项规定精神的指导意见，开展出差人员缴纳伙食费和市内交通费情况核查。印发加强水利行风建设促进全面从严治党的指导意见，召开部属系统警示教育大会，持续抓好廉政风险防控手册的贯彻执行，坚持有腐必反、有贪必肃，严肃查处一批违纪违法案件。广泛开展向郑守仁同志学习活动，深入宣传"历史治水名人"和第二届"最美水利人"，38家单位被授予"全国文明单位"称号，水利出版、水情教育和文博工作成果丰硕。广大水利干部职工担当作为、务实奉献，充分彰显了新时代水利精神。

2020年为"十三五"水利改革发展画上了圆满的句号。在全国水利系统的共同努力下,"十三五"规划纲要确定的水利重要指标全部实现,水利发展"十三五"规划目标指标如期完成,水利改革发展跃上了新的台阶。"十三五"时期是水旱灾害防御成效最好的五年。科学抗御长江、淮河、太湖流域等多次大洪水、特大洪水,成功处置多次堰塞湖险情,有效应对多次大范围干旱,有力保障了人民群众生命安全和供水安全,年均因洪涝灾害死亡人数降至历史最低。"十三五"时期是水利工程效益发挥最大的五年。累计落实水利建设投 3.58 万亿元,比"十二五"增长 57%,大江大河治理和西江大藤峡、淮河出山店等一批控制性枢纽建设步伐加快,三峡工程持续发挥巨大综合效益,南水北调东、中线一期工程累计调水 367.42 亿 m³,重点流域区域水安全保障能力明显增强。"十三五"时期是水资源监管最严的五年。国家节水行动方案全面落实,最严格水资源管理制度考核的内容指标、方式方法发生深刻变化,从宏观到微观的水资源管控体系初步建立,跨省江河水量分配、生态流量管控、水资源统一调度取得实质性进展,叫停了一批节水不达标项目和水资源超载地区新增取水许可,水资源刚性约束作用明显增强。"十三五"时期是河湖生态改善最大的五年。河长制湖长制全面建立,长年积累形成的乱占、乱采、乱堆、乱建问题基本解决,河湖面貌发生历史性变化。水土流失动态监测和遥感监管实现全覆盖,新增水土流失综合治理面积 30 万 km²,巩固了水土流失面积和强度"双下降"趋势。小水电生态流量逐步落实。华北地区地下水超采综合治理取得重大突破,部分地区地下水水位止跌回升。"十三五"时期是农村水利支撑保障最实的五年。巩固提升 2.7 亿农村人口供水保障水平,解决 1710 万建档立卡贫困人口的饮水安全问题,83% 以上农村人口用上自来水。完成一大批大中型灌区和大型灌排泵站改造,新增恢复改善灌溉面积 2 亿多亩,为夺取农业连年丰收、保障国家粮食安全提供了坚实保障。"十三五"时期是全面从严治党力度最大的五年。深入贯彻新时代党的建设总要求,把严的主基调贯穿党的建设全过程,监督执纪问责持续走向严紧硬,水利廉政风险防控体系更加完善,整治形式主义官僚主义取得阶段性成效,水利系统政风行风持续向好,干部职工的工作作风和精神状态发生了深刻转变。

五年的实践深化了我们对水利改革发展规律性的认识。一是必须坚决做到"两个维护"。党和国家事业不断发展壮大、战胜重大挑战、抵御重大风险最根本在于有习近平总书记和党中央的领航掌舵。做好水利工作必须坚持把党的政治建设摆在首位，全面加强党的建设和党对水利工作的领导，进一步提高政治判断力、政治领悟力、政治执行力，坚定自觉从政治和全局高度，思考、谋划、推动水利工作，真抓实干把习近平总书记和党中央决策部署贯彻好、落实好，始终在思想上政治上行动上同以习近平同志为核心的党中央保持高度一致。二是必须深入落实"十六字"治水思路。"节水优先、空间均衡、系统治理、两手发力"的治水思路是习近平总书记深刻洞察我国国情水情，科学把握自然规律、经济规律、社会发展规律提出的水安全治本之策。水利改革发展取得的显著成就，充分彰显了这一治水思路的科学之光和实践伟力。做好水利工作必须不断深入领会"十六字"治水思路的深刻内涵，始终把"十六字"治水思路作为我们水利各方面各领域工作的根本遵循，作为我们认识、分析、解决我国复杂水问题的强大思想武器。三是必须准确把握治水主要矛盾。治水主要矛盾反映了水利发展的历史方位，揭示了水利发展的内在规律，决定了水利工作的中心任务。当前治水主要矛盾已经从人民群众对除水害兴水利的需求与水利工程能力不足的矛盾，转变为人民群众对水资源水生态水环境的需求与水利行业监管能力不足的矛盾。做好水利工作必须准确认识和把握治水主要矛盾，制定符合发展阶段要求和实际的理念、战略、举措，推动新时代水利改革发展更好地满足人民日益增长的美好生活需要。四是必须深入践行水利改革发展总基调。水利改革发展总基调是贯彻"十六字"治水思路、围绕解决治水主要矛盾应运而生的。近年来，通过践行总基调，水利工作发生了全方位和深层次变革，解决了一大批长期想解决而没有解决的难题，水利建设管理面貌发生系统性、历史性变化。实践充分证明，解决我国新老水问题，不仅要靠工程措施提高治河理水的能力，更要靠监管手段调整人的行为、纠正人的错误行为，水利改革发展总基调符合中央要求、群众期盼、治水需要，必须坚定不移深入践行。五是必须坚持以问题为导向的工作方法。问题是时代的声音、实践的起点。做好水利工作，必须奔着问题去、对着问题干，正确认识问题、认真查找问题、深入研究问题，把谋划解决问题的思路和措施作为工作的着力点，把真正解决问题作为衡量工作成效的标尺，不断防范化解各种风险挑战，在解决问题中推动水利事业不断向前发展。六是必须大力弘扬新时代水利精神。水利工作涉及领域广，矛盾复杂、挑战艰巨、任务繁重。做好水利工作必须发挥好新时代水利精神引导人、鼓舞人、激励人的重要作用，打造忠诚干净担当的干部队伍，弘扬科学求实创新的优良作风，迎难而上、敢于斗争、动真碰硬，为水利改革发展提供坚强保障。这些规律性认识，是在波澜壮阔的水利实践中积累的宝贵经验，我们一定要倍加珍惜并一以贯之运用到水利改革发展各项工作中。

二、全面落实党的十九届五中全会精神，科学谋划"十四五"水利改革发展战略布局

"十四五"时期是开启全面建设社会主义现代化国家新征程的第一个五年。党的十九届五中全会通过的《中共中央关于制定国民经济和社会发展第十四个五年规划和二〇三五年远景目标的建议》（以下简称《建议》），为未来五年经济社会发展指明了方向、提供了遵循。《建议》对水利作出一系列重要部署，涵盖重大工程建设、国家节水行动、优化水资源配置、水资源刚性约束制度、水旱灾害防御、河长制湖长制、长江经济带发展、黄河流域生态保护和高质量发展、河湖休养生息、水土流失综合治理、农业水利设施建设、病险水库除险加固、堤防和蓄滞洪区建设、用水权交易等方方面面。我们要全面理解、准确把握、深入贯彻党的十九届五中全会精神，把学习贯彻党的十九届五中全会精神与学习贯彻"十六字"治水思路结合起来，与学习贯彻习近平总书记关于黄河流域生态保护和高质量发展、长江经济带发展等重要讲话精神结合起来，深入践行水利改革发展总基调，努力实现水利事业更高质量、更可持续、更为安全的发展。

（一）深刻认识"十四五"水利改革发展面临的新形势

"十四五"时期是我国发展的重要战略机遇期，也是加快水利改革发展的关键期。必须自觉立足党和国家工作大局，准确把握水利改革发展面

临的新形势新要求。

从适应新发展阶段看，新发展阶段是中华民族伟大复兴历史进程的大跨越。水利工作必须在全面建设社会主义现代化国家全局中明确发展方位，在把握"两个大局"中明晰发展环境，准确识变、科学应变、主动求变。进入新发展阶段意味着对水利工作提出新的需求。新发展阶段是全面建设社会主义现代化国家的新征程，也是我们党带领人民迎来从站起来、富起来到强起来历史性跨越的阶段。要深刻认识人民对美好生活的向往已呈现出多样化、多层次、多方面的特点，把握好从"有没有"转向"好不好"这个关键，正确认识治水主要矛盾的变化，在更好解决水灾害问题的同时，下大气力解决水资源短缺、水生态损害、水环境污染等问题，更好地满足人民对美好生活的向往。进入新发展阶段意味着水利工作需要全面提升标准。满足新需求，就要对照新标准。面对阶梯式递进、不断发展进步的历史进程，无论是支撑社会主义现代化国家建设，还是满足人民的美好生活向往，都要求水利工作全面提升标准。具体地讲，就是在持久水安全、优质水资源、健康水生态、宜居水环境、先进水文化等五个方面提高标准，实现升级。在持久水安全方面，提升防洪工程建设和管护标准，实现防洪减灾能力与现代化国家灾害承受能力相匹配。在优质水资源方面，提高供水保障标准、水资源集约安全利用标准，实现水资源供给水平与现代化国家经济社会发展水平相匹配。在健康水生态方面，提高水土保持率等水生态安全标准，实现水生态系统质量与现代化国家绿色发展相匹配。在宜居水环境方面，提高江河湖泊管护标准，实现水环境状态与现代化国家人民美好生活需求相匹配。在先进水文化方面，保护传承弘扬以黄河文化、长江文化、大运河文化为代表的优秀治水文化，实现水文化创造性转化、创新性发展。

从贯彻新发展理念看，新发展理念是我们党深入探索经济社会发展规律的理论结晶。当前我国发展中的矛盾和问题集中体现在发展质量上，新时代新阶段的发展必须贯彻新发展理念，实现高质量发展。水是经济社会发展的基础性、先导性、控制性要素，水的承载空间决定了高质量发展的成长空间。要把新发展理念贯穿到补短板、强监管的各项工作中，特别是要通过水利行业强监管调整人的行为、纠正人的错误行为，重塑人与水的关系，实现人水和谐。要从根本宗旨上把握，为人民谋幸福、为民族谋复兴是新发展理念的"根"和"魂"，也是一切水利工作的出发点和落脚点。贯彻新发展理念、实现高质量发展，必须着眼满足人民日益增长的美好生活需要，着力解决人民群众最关心最直接最现实的利益问题。既要通过补短板，完善普惠共享的水利基础设施体系，更要通过强监管，提高水安全、水资源、水生态、水环境、水文化等领域公共产品的供给质量，不断提高人民生活品质，给人民带来更多实实在在的获得感、幸福感、安全感。要从问题导向上把握，贯彻新发展理念的过程是不断解决问题的过程。当前，我国水利发展不平衡不充分问题仍然突出。比如，经济社会发展布局与水资源承载力不匹配，水资源超载区或临界超载区面积约占全国国土面积的53%，资源性、工程性、水质性缺水问题在不同地区不同程度存在，水资源供需失衡已成为区域协调发展的重大制约。比如，水生态水环境长期积累性问题突出，一些地区水生态水环境承载力已经达到或接近上限，有的地区甚至面临"旧账"未还、又欠"新账"的问题。贯彻新发展理念，必须坚持问题导向，既要加快补短板，解决水利工程体系方面不平衡不充分的问题，更要通过强监管，发现具体问题、分析具体问题、解决具体问题，并以此建立概念，从而在标准、手段、对策与布局方面采取更加精准务实的举措，更好地解决水利不平衡不充分的问题。要从忧患意识上把握，安全是发展的基础，基础不牢，地动山摇。贯彻新发展理念，必须把安全发展贯穿国家发展的各领域和全过程。水安全是国家安全的重要组成部分，水利既面临着洪涝干旱、工程失事等直接风险，也会影响粮食供应、能源供给、生态环境等领域的安全保障。比如，防洪减灾体系还存在突出短板，全国重要江河78万 km² 防洪保护区不达标比例为32%，近2万座存量病险水库亟待除险加固，中小河流、山洪灾害影响范围广，洪水风险依然是中华民族的心腹大患。如果不能有效控制水安全风险，可能威胁到社会安全稳定，甚至对我国社会主义现代化建设进程造成重大影响。因此，我们必须围绕统筹发展与安全，树牢底线思维，增强风险意识，真正摸清水利风险底数，警惕水安全中的"黑天鹅""灰犀牛"，既要通过加快补短板，夯实水利风险防控的物质基础，更要加强各领域各环节监管，以严格的水利监管规范各类涉水行为，堵漏洞、强弱项，下好风险防控的先手棋，夯实高质量发展的水安全基础。

从构建新发展格局看，构建以国内大循环为主体、国内国际双循环相互促进的新发展格局，关键在于经济循环的畅通无阻。水资源格局关系着发展格局，加快水利工程补短板，完善我国水利基础设施体系，既能拉动内需，又能增加有效供给，是畅通经济循环、构建新发展格局的重要举措。在创造需求方面，要牢牢把握扩大内需这个战略基点，充分发挥水利工程建设吸纳投资多、覆盖范围大、产业链条长的优势，建设一批强基础、增功能、利长远的重大水利项目，拓展投资空间，优化投资结构，更好发挥水利投资对经济增长的拉动作用。在提升供给方面，要紧紧围绕供给侧结构性改革，以全国江河湖泊水系为基础、输排水工程为通道、控制性调蓄工程为节点、智慧化调控为手段，加快构建循环畅通、功能协同、安全可靠、调控自如的水利基础设施网络，进一步提高水资源供给的质量、效率和水平，增强水资源要素与其他经济要素的适配性，为增强供给体系的韧性提供有力支撑。在促进协调发展方面，要主动衔接区域重大战略、区域协调发展战略、主体功能区战略和全面推进乡村振兴、加快农业农村现代化、推进新型城镇化等，科学布局、加快建设一批支撑性、保障性水利工程，同步推进传统水利工程智能升级，提高水利基础设施通达程度和公共服务均等化水平，促进经济社会发展更加协调。

（二）准确把握"十四五"水利改革发展的总体要求和目标原则

做好"十四五"时期水利工作，要认真贯彻党的十九届五中全会明确提出的经济社会发展指导方针，深入落实"节水优先、空间均衡、系统治理、两手发力"的治水思路，围绕国家重大发展战略，把水安全风险防控作为守护底线，把水资源承载力作为刚性约束上限，把水生态环境保护作为控制红线，加快建设现代水利基础设施网络，不断完善江河湖泊保护监管体系，全面提升水安全保障能力，建设造福人民的幸福河湖，为全面建设社会主义现代化国家提供坚实支撑。

做好"十四五"时期水利工作要把握以下原则。要坚持人民至上。牢固树立以人民为中心的发展思想，把满足人民日益增长的美好生活需要作为奋斗目标，把人民满意不满意、高兴不高兴、答应不答应、赞成不赞成作为评判标准，切实解决人民关心的水忧水患水盼问题，建设造福人民的幸福河湖。要坚持底线思维。强化风险意识，注重从事后处置向事前预防转变，从减少损失向降低风险转变，以防为主、防控结合，注重从源头上压缩风险发生空间，牢牢守住国家水安全底线。要坚持系统观念。树立全局观、流域观，算清整体账、长远账，统筹上下游、干支流、左右岸、地表地下、城乡区域，统筹山水林田湖草各要素，统筹水安全、水资源、水生态、水环境、水文化，加强前瞻性思考、全局性谋划、战略性布局、整体性推进。要坚持改革创新。以推进政府、市场"两手发力"为切入点，以促进涉水各方责权利相统一为关键点，全面深化水利改革，破除体制性障碍、打通机制性梗阻、推进政策性创新。

"十四五"时期水利改革发展的主要目标是：到 2025 年，水旱灾害风险防控能力明显提升，防洪突出薄弱环节全面解决，江河堤防达标率明显提高，流域控制性工程有序建设，现有病险水库安全隐患全面消除，洪水干旱监测预报预警调度体系不断完善，在充分论证的基础上，科学提高防御标准，重大水安全风险防控能力进一步提升；水资源配置格局明显优化，水资源刚性约束制度基本建立，节水型生产生活方式基本形成，全国用水总量控制在 6700 亿 m³ 以内，万元国内生产总值用水量、万元工业增加值用水量较 2020 年下降 16%，跨省重要江河流域和主要跨市县河流水量分配基本完成，国家水资源配置工程体系更加完善，农村规模化供水人口覆盖比例达到 55%；河湖生态环境明显改善，涉水空间管控制度基本建立，江河湖库及水源涵养保护能力明显提升，重点河湖生态流量保障目标满足程度达 90% 以上，人为水土流失得到基本控制，重点地区水土流失得到有效治理，全国水土保持率提高到 73% 以上，地下水监控管理体系基本建立，全国地下水超采状况得到有效遏制；涉水事务监管效能明显增强，水利法律法规政策制度体系更加完善，覆盖各领域、各层级的水利监管体系基本形成，水文、水资源、河湖生态、水土流失、水灾害等监测预警体系基本建立，水资源节约、保护、开发、利用、配置、调度各环节监管全面加强，水工程运行管理安全规范，重点领域改革取得重要进展，水利信息化智能化水平显著提升。

（三）以国家水网建设为核心系统实施水利工程补短板

"十四五"时期是水利工程补短板的集中攻坚期，要以建设水灾害防控、水资源调配、水生态保护功能一体化的国家水网为核心，通过强弱项、提标准，加快完善系统完备、科学合理的水利基础设施体系，解决发展不平衡不充分的问题，提升国家水安全保障能力。与过去相比，新形势下的补短板更加体现系统化，根据顶层设计通盘考虑、统筹谋划工程体系建设，精准定位短板弱项；更加体现协同化，充分统筹协调水资源与经济社会发展关系，因地制宜优化水网布局结构和功能配置；更加体现生态化，在水利基础设施建设、运行、管理等各环节充分融入生态优先、绿色发展理念；更加体现智能化，通过采用数字化、人工智能、物联网等技术，推动水利基础设施升级改造。

实施防洪能力提升工程。坚持蓄泄兼筹、以泄为主，适度提升防洪标准，进一步优化完善防洪体系布局。一是扩大泄洪通道能力。对北方河流，恢复河道行洪能力，减轻河道淤积萎缩，确保行洪畅通；对南方河流，维护河势稳定，协调好干支流关系，减轻干流防洪压力。新建一批骨干排洪通道，解决平原河网地区外排通道不足、淮河洪水出路不畅等问题。实施河口综合治理，稳定入海流路，保持河口稳定畅通。二是增强洪水调蓄能力。加快防洪控制性枢纽建设，提高江河洪水调控能力。优化调整长江、淮河、海河蓄滞洪区布局，推进蓄滞洪区安全建设，保证正常分洪运用。在有条件的地方，推进退田退圩还湖，提升湖泊调蓄洪水能力。通过洲滩民垸和滩区治理，恢复行洪滞洪功能和生态保护功能。加快消除存量病险水库风险，恢复和提高防洪库容，完善水库群防洪联合调度。三是提高洪水风险防控能力。充分考虑气候变化引发的极端天气影响，科学提高洪水防御工程标准，有效应对超标洪水威胁。做好大江大河中下游地区洪水风险评估，加强土地利用和建设项目洪水影响评价和风险管控，降低洪涝灾害损失。

实施水资源配置工程。优化水资源配置格局，加强供水安全风险应对，逐步建成丰枯调剂、联合调配的国家水资源配置和城乡供水安全保障体系。一是推进重大引调水工程建设。抓紧推进南水北调东、中线后续工程建设，开展西线工程前期工作，建设一批跨流域跨区域骨干输水通道，逐步完善国家骨干供水基础设施网络。二是推动综合性水利枢纽和调蓄工程建设。加快控制性枢纽建设，充分发挥其综合功能和效益。重点在西南地区建设一批大型水库，提高重点区域和城乡供水保障能力。多措并举建设应急备用水源，加强战略储备水源建设，提高应对特大干旱、突发水安全事件的能力。三是推进农村规模化供水。围绕乡村建设行动，完善灌排工程体系，提高保障粮食安全能力。以县域为单元，在有条件的地方推进城市管网向农村延伸和农村供水工程与城市管网互联互通，统一标准、统一管理、统一维护，建设规模化供水工程，实施小型农村供水工程标准化建设改造，畅通供水网络的毛细血管。

实施河湖健康保障工程。从生态系统整体性和流域系统性出发，因地制宜，分类施策，实施重大水生态保护与修复工程，维持河湖生态廊道功能，扩大优质水生态产品供给。一是加强水土保持生态建设。科学治理水土流失，提升水土保持率，强化黄河中游、长江上游、东北黑土区等重点区域治理。加强生态功能区和江河源头区保护修复，因地制宜推进生态小流域建设。二是加大饮用水水源保护力度。以保护和提升饮用水水源地安全为重点，开展南水北调东、中线等重大跨流域调水工程的水源区、输水渠道（河道）水质保护。制定饮用水水源地名录，科学确定取水口布局，加强水源、水位管控和生态防护治理，强化地下水集中饮用水水源保护。三是推进河湖水系综合整治。以水资源超载区、水生态脆弱区、水生态退化区为重点，推进河湖生态环境治理修复。分区分类确定河湖生态流量目标，科学开展生态补水和河湖水系连通，切实保障河湖生态流量（水位）。四是推进地下水超采综合治理。分区确定地下水取用水量水位控制指标，通过节水、农业结构调整等压减地下水超采量，严控地下水开发强度，多渠道增加水源补给，持续推进地下水超采综合治理。

推进国家水网智能化改造。充分运用物联网、大数据、人工智能、区块链等新一代信息技术，加快智慧水利建设。一是加强水安全监测体系建设。优化水文等监测站网体系布局，完善大江大河及其重要支流、200～3000 km² 中小河流、中小型水库等监测体系，补充水量、水位、流量、水质等要素缺项，提升地下水、行政区界断面、取退水口等监测能力，对国家基本水文站全面提档升级，推广自动监测手段，扩大实时在线监测范围，提升水安全智能监测感知能力。二是完善水利信息化基础设施。推进水利工程和新型基础设施建设相融合，加快水利工程智慧化、国家水网智能化，建设国家水网大数据中心和调度中心，加强数字流域建设。三是推进涉水业务智能应用。基于信息融合共享、工作模式创新、业务流程优化、应用敏捷智能等思路，推进涉水业务智能应用，提升信息整合共享和业务智能管理水平。

（四）以完善监管体系为支撑纵深推进水利行业强监管

"十四五"时期是水利行业强监管的全面强化期，要推动行业监管体系从平稳起步向全面完善转变，专项监管行动从"被动迎战"向"主动出击"转变，专业领域监管从重点突破向纵深发展转变，坚持以问题为导向，以全面解决涉水各领域中因为人的行为不当而造成的水安全、水资源、水生态、水环境问题为目标，建立一整套法制体制机制，全面提升涉水事务监管水平，努力实现水利治理体系和治理能力现代化。

完善行业监管体系。按照"全面覆盖、上下贯通、保障到位"的要求，完善部本级和流域管理机构监管体系，指导推动省级水利监管体系向市县一级延伸。聚焦水利工程建设和运行、水资源管理、河湖管理、水灾害防御、水土保持、水库移民、水利资金等重点领域，进一步明晰综合监管、专业监管、专职监管、日常监管四个层次的职责定位和任务分工，加强各级水利部门监管制度建设、队伍建设、信息化建设，到2022年基本建立覆盖全行业的监管体系，各层级各领域监管工作全面展开，监管效能逐步提升。

推进常态化监管。以统筹优化年度监管计划为抓手，着力改变监管任务"一布置一落实"的状态，促进监管工作成为各级水利部门部署安排、推进工作、总结评价中不可或缺的内容。优化监管信息平台，拓展完善功能，推广省级应用，通过信息化技术手段开展实时、高效、精准的监管，助推监管工作的计划、组织实施、考核评价等常态化运作。

推进规范化监管。不断总结监管工作经验，编制各监管领域的"作业指导书"，细化各领域监督检查的"规定动作"和标准体系，明确查什么、怎么查；同时不断梳理、修正、补充问题清单，全面列举实体问题、行为问题，通过一正一反"两个清单"，减少主观因素对监管过程和监管结果的影响，确保监管队伍认真履职尽责，实现规范化监管。

推进法治化监管。以"2+N"监管制度体系为基础，推进空白领域尽快制定监督检查办法和问题清单，对试行中的监管制度进行一致性核查修订，对问题清单进行动态完善，逐年更新版本。不断总结监管工作规律，梳理监管实践中的有效做法，固化形成制度、部门规章和法律法规，划清水利各领域监管"红线"，使法规制度长牙、带电、有威慑力，推动强监管工作在法治轨道上不断前进。

三、扎实做好 2021 年水利工作，以优异成绩庆祝建党 100 周年

2021 年是实施"十四五"规划、开启全面建设社会主义现代化国家新征程的第一年，也是我们党成立 100 周年。要认真贯彻党中央、国务院决策部署，深入落实"十六字"治水思路，围绕开好局、起好步，突出重点、整体推进、强化落实，扎扎实实做好 2021 年水利工作，以优异成绩庆祝建党 100 周年。

（一）强化规划引领，加快补齐水利工程短板

一是完善重大水利规划体系。坚持目标导向和问题导向相结合，着眼大局、系统谋划，加强水利改革发展顶层设计。落实"十四五"发展要求，编制《"十四五"水安全保障规划》、国家水网工程规划纲要，科学确定目标任务、工程布局、监管重点，充分发挥规划在理念引领、战略导向和目标约束方面的作用。支撑国家重大发展战略，推进黄河流域生态保护和高质量发展、长江三角洲区域一体化发展、成渝双城经济圈、粤港澳大湾区等国家重大战略水利保障规划编制与实施。对接国土空间规划，适应"多规合一"的要求，推进水利基础设施空间布局规划编制，做好水利规

划与国土空间规划之间的衔接，力争将涉水空间纳入国土空间"一张图"。

二是加快重大水利工程建设。重大水利工程是"两新一重"的重要内容，要按照推进基础设施高质量发展的要求，重点做好以下工作。高质量推动重大工程前期，结合"十四五"规划编制，谋划推进一批大江大河大湖治理的基础性、战略性重大水利工程，抓好南水北调东线二期、引江补汉、中线在线调蓄以及西线一期工程前期工作。高标准推进重大工程建设，加快黄河古贤等150项重大水利工程建设，争取早开多开。重点推进南水北调东线一期北延应急供水工程及东、中线一期工程配套建设任务，加快实施大藤峡、引江济淮、滇中引水、珠江三角洲水资源配置、黄河下游"十四五"防洪工程、贵州夹岩等工程建设，协调做好雄安新区供水保障工作。多渠道争取水利建设投资，在争取加大中央及地方水利投入力度的同时，用好用足金融政策，协调加大水利信贷支持力度，把地方政府专项债券、银行贷款作为水利建设的重要筹资渠道，鼓励和引导社会资本参与水利建设。

三是稳步推进防洪薄弱环节建设。按照"消隐患、提标准、强弱项"的思路，进一步提升洪涝灾害防御能力。着眼消隐患，加快大中型病险水库除险加固，如期完成小型水库除险加固攻坚行动年度任务目标，建立除险加固常态化机制，及时消除水库安全隐患。着眼强弱项，加强山洪灾害防治和重点涝区治理，推进中小河流治理工作，以近年来发生过洪涝灾害的中小河流作为重点防洪治理对象，确保治理一条、见效一条。着眼提标准，完善流域骨干防洪体系，加快推进大江大河及重要支流防洪达标建设和河道整治，实施一批防洪控制性枢纽工程和重点蓄滞洪区建设。

四是进一步夯实乡村振兴水利基础。按照中央关于全面推进乡村振兴、加快农业农村现代化的总体部署，全方位提升农村水利支撑保障能力。围绕巩固拓展脱贫攻坚成果，坚持"四个不摘"，保持主要帮扶政策和工作措施的总体稳定，重点推进"三区三州"、革命老区、定点扶贫和对口支援地区水利改革发展，接续改善脱贫地区生产生活条件，督促指导有关地方健全防止返贫监测和帮扶机制，实现巩固拓展脱贫攻坚成果同乡村振兴有效衔接。围绕农民富裕富足，坚决守住和巩固维护好已建农村供水工程成果，因地制宜建设一批供水水源工程，开展城乡供水一体化、规模化供水工程建设和小型工程标准化改造，遴选100座农村供水规范化水厂。农村自来水普及率达到84%。力推水费收缴，年底前实现农村集中供水工程全面收费。加强水源保护，推进千人以上工程划定水源保护区或保护范围。围绕农业高质高效，以粮食主产区为重点，筛选一批大中型灌区实施续建配套与现代化改造，持续推进灌区泵站标准化现代化管理。抓好黄河流域农业深度节水控水，发展节水农业、旱作农业，把农业用水效率提上去、总量省出来。围绕乡村宜居宜业，加快推进水系连通及农村水系综合整治项目建设，修复农村河湖功能，提升农村人居环境质量。抓好水库移民后期扶持政策实施，帮助打造一批优势特色产业。

五是全面强化水生态治理修复。坚持山水林田湖草系统治理，狠抓重点河湖生态保护修复，维护河湖健康美丽。狠抓水土流失防治，编制黄河流域水土流失治理专项规划，重点实施长江上中游、黄土高原、东北黑土区水土流失治理，推进坡耕地综合整治、小流域综合治理和淤地坝建设，全面推行水土保持工程建设以奖代补，完成年度6.2万 km^2 治理任务。狠抓地下水超采治理，加快实施华北地区地下水超采综合治理，持续推进"一减、一增"综合治理，着力在"减"上下大功夫，多渠道加大华北地区河湖生态补水。做好南水北调东、中线一期工程受水区地下水压采及评估工作。推动内蒙古西辽河流域"量水而行"工作。狠抓农村水电绿色发展，完成长江经济带小水电清理整改任务，启动黄河流域小水电突出问题清理整治，实施小水电绿色改造现代化提升工程，新增50座以上绿色小水电示范电站、100座安全生产标准化电站。

六是提升智慧水利建设水平。以保安全、长智慧为发展方向，全面驱动和支撑水利治理体系和治理能力现代化。对标安全，推进网络安全等级保护定级备案、等级测评、安全建设和检查等基础工作，有效落实措施，建立关键信息基础设施安全保护制度，推动水利行业17个关键信息基础设施及水利部90%以上的等级保护三级系统通过等级保护测评，实现水利部直属单位攻防演练全覆盖，从严处理网络安全问题。对标实用，实施好水利网信水平提升三年行动，完善"全国水利一张图"，建设国家水利监管综合平台，初步建立大数据共治共享体系，强化遥感技术应用，全面支撑防汛、水资源、河湖管理等工作。加快推进水文现代化，提升水文情报预报服务能力和水平，打造多源空间信息融合洪水预报平台，推进旱情监视分析常态化，加强山洪预警等技术创新应用，做好水文水资源监测评价服务。

（二）突出标本兼治，切实强化水利行业监管

一是全力防范水旱灾害风险。牢记防汛抗旱是水利部门义不容辞的职责，以超标洪水不打乱仗、标准内洪水不出意外、水库不因工作不到位造成垮坝失事、山洪灾害不出现群死群伤为目标，全面落实水旱灾害防御各项措施。盯住"早"，完善专班预报、联合会商、滚动订正和"三个3天"水文情报预报模式，提高预报精度，延长预见期，拓展预警发布渠道，跟踪掌握雨情、水情、凌情、旱情动态，为灾害防范应对提供有力支撑。盯住"控"，理顺水工程调度体制机制，制定《大中型水库汛期调度运用规定》，完善超标洪水防御预案、江河洪水调度方案和水工程联合调度方案，依法科学精细调度水工程，用好水库、堤防、蓄滞洪区"三张牌"，充分发挥水工程防洪减灾效益。盯住"防"，加强堤防和水库巡查值守，及时发现处置险情。加快山洪灾害防治项目建设，将监测站点纳入水文统一管理，拓展预警信息发布手段和技术，实施网格化清单管理，落实基层政府"包保"责任制，按照"方向对、跑得快"的要领及时转移群众。盯住"管"，突出抓好水库安全运行，加强大中型水库汛限水位线上线下监管，确保小型水库"三个责任人"履职尽责，推动"三个重点环节"逐步落实。

二是深入落实节水优先方针。推进实施国家节水行动，狠抓强基础、快突破，推动用水方式由粗放低效向节约集约转变。打好基础，编制完成105项国家用水定额体系，推进省级用水定额修订，加强用水定额执行管理，强化节水约束。推广滴灌、空冷等高效节水技术。突出重点，启动实施黄河流域深度节水控水行动，加强重点用水户超定额用水专项整治。以雄安新区为示范，提出指导意见，推动南水北调受水区深度节水及非常规水利用。立好标杆，推动200个以上县区达到节水型社会标准，推动党政机构全方位开展节水机关建设，加大节水型高校等载体建设力度。完善机制，加快建立节约用水工作部际协调机制，推动将节水作为约束性指标纳入政绩考核，严格节水目标责任制和责任追究，强化重点监控用水单位监督检查，健全节水评价制度，加大节水宣传力度。

三是强化水资源刚性约束作用。坚持以水而定、量水而行，将水资源刚性约束有关要求落到实处。围绕合理分水，加快确定全国重要河湖生态流量保障目标，推进江河流域水量分配，确定地下水取用水总量、水位管控指标，加快确定各地区可用的地表水量、地下水量、外调水量、非常规水量，建立明确具体的水资源刚性约束指标体系。围绕管住用水，推进取用水管理专项整治行动，全面摸清取水口现状，建立流域区域取用水总量管控台账。严格水资源论证和取水许可管理，对黄河流域水资源超载地区全面实行取水许可限批，探索实行取水许可承诺制。强化水资源监测计量和用水统计管理，严格水资源管理监督考核。围绕科学调水，按照空间均衡的要求，科学合理配置水资源，强化流域水资源调度管控和矛盾突出河湖的调水计划管理，加强引调水信息的统计工作，出台《水资源调度管理办法》。围绕系统治水，编制并实施重点区域地下水超采治理与保护方案，全面实施地下水取水总量与水位双控，用好地下水水位通报机制，强化动态监管。健全生态流量监测体系，逐河确定生态流量预警等级和预警阈值，建立河湖生态流量管控责任制，强化监督考核问责。制定长江流域饮用水水源名录，实施水源安全评估。

四是加大河湖管理保护力度。紧紧围绕建成人民群众满意的幸福河湖，推动河湖面貌持续好转。抓好一个关键，完善河湖长制组织体系，发挥部际联席会议作用，推动建立黄河流域省级河长联席会议，制定河湖长制实施成效评价办法，强化河湖长考核，深入推进河湖长"有名""有实""有能"。建立两项长效机制，建立河湖"清四乱"常态化规范化机制，实行台账跟踪督办，组织开展"回头看"，将清理整治进一步向中小河流、农村河湖延伸。疏堵结合建立河道采砂管理长效机制，落实河道采砂管理责任制，开展河道采砂整治专项行动。推进三大专项任务，抓好长江干流岸线利用项目清理整治扫尾工作，开展长江流域非法矮围专项整治。完成黄河岸线利用项目专项整治任务。推进大运河河道水系治理管护。做好四项基础工作，推动设立巡河员、护河员公益岗位，健全基层河湖保护队伍。加快划定河湖管理范围，强化河湖管理检查。开展河湖健康评价试点，逐步建立河湖健康档案。推进智慧河湖、示范河湖和水利风景区建设。

五是扎实推进水土保持监管。狠抓制度执行、责任落实和违法违规项目查处整治，依法管住人为水土流失。抓好水土保持率管理应用，各省份要完成水土保持率分阶段目标确定和分解落实到市县级工作，纳入相关规划目标。开展水土流失动态监测，全面掌握水土流失状况及成效。抓好水土保持社会监管，建立部省两级遥感监管常态化机制，规范监管工作流程和标准，对人为水土流失实施动态监控。全面建立监管发现问题台账，强化信用监管，抓实黄河流域生产建设项目水土保持专项整治。抓好水土保持考核评估，完成对省级人民政府"十三五"时期实施全国水土保持规划情况的考核评估，全面建立实施省级人民政府对市县级的目标责任考核。

六是规范水利工程建设和运行管理。加强建设项目全生命周期风险管理，维护水利基础设施安全。以确保工程质量为主线，加强建设全过程监管。修订水利工程质量管理规章制度及标准，推进建设监理制改革和完善，进一步强化招投标监管。严格水利工程质量监管，全面落实工程参建各方主体的质量责任，加强水利建设质量工作考核。严格水利建设市场准入管理和行为监管，规范建设市场行为。以长期良性运行为目标，完善工程管理体制。完成年度1.6万座水库安全鉴定任务，推广区域集中管护、政府购买服务、"以大带小"等模式，提高小型水库管护社会化、规范化水平。出台堤防工程运行管理办法。完善农村供水管理体制机制，开展农田水利工程运行维护评估。以保障运行安全为核心，加强三峡工程运行管理。深入分析三峡工程转入正常运行期的情况变化，加强三峡枢纽工程运行安全、三峡水库运行安全、三峡工程生态安全监督管理。聚焦三峡移民安稳致富和服务长江大保护，高质量实施三峡后续工作规划。以建设"四条生命线"为遵循，加强南水北调工程运行管理。落实习近平总书记视察南水北调东线时的重要讲话精神，组织做好南水北调年度水量调度工作，强化水质保护，完成年度调水计划，做好一期工程收尾及设计单元完工验收工作。严格风险管控，强化工程建设及运行监管，确保工程安全平稳运行。

七是推进依法治水和监督工作。深入贯彻落实全面依法治国战略，强化水法规制度建设，紧盯重点领域开展执法和监督行动，不断提高治水管水水平。加快水利立法，抓好黄河立法起草工作，推进《地下水管理条例》《河道采砂管理条例》《珠江水量调度条例》等审查审议及后续工作，加快实施水法规建设规划，制修订一批水利改革发展急需的部门规章。提升执法效能，强化综合执法，健全水行政执法与刑事司法衔接机制，实施重点领域水行政执法专项行动，严厉打击水事违法行为，年度水事违法案件查处率保持在 90% 以上。抓好《中华人民共和国长江保护法》宣传贯彻。强化重点监督，全面加强防汛督查，对水旱灾害防御重点环节进行暗访；深入开展供水安全、取用水、人为水土流失、地下水超采督查；组织做好长江流域重点项目和小水电监管，强化黄河流域水资源和水土保持监管；开展水利工程运行安全监管，强化在建工程实施和资金使用监管，保障工程安全。完善监管体系，以推进规范化、精准化、专职化、综合化建设为重点，完善部级监管体系；以推进计划制定实施、推广信息平台应用、推动市县监管工作落实为抓手，提升省级监管体系；在市县水利部门，通过明确责任、建立清单和实施考核等措施，促进强监管工作在基层水利部门落地落实。畅通社会监督渠道，推动 12314 平台做实做强。

八是深化水利重点领域改革。聚焦深层次矛盾和问题，推进水利重大基础性关键性改革，充分发挥改革的"关键一招"作用。深化水利"放管服"改革，完成水利部权责清单编制工作，实行涉企行政许可事项"证照分离"，推行行政许可事项告知承诺制，加强和规范事中事后监管。推动建立水资源刚性约束制度，明确水资源刚性约束制度的框架和重点内容，提出水资源刚性约束制度文件。深化水资源配置市场化改革，大力推进水利工程供水价格改革，继续抓好农业水价综合改革，年底实施农业水价综合改革面积达到 5 亿亩以上。开展黄河流域横向生态补偿试点，做好水资源税改革试点推广工作。发挥中国水权交易所国家级平台作用，进一步培育水权交易市场。深化水利工程产权改革，加快推进水利工程管理和保护范围确权划界，明晰所有权，落实管护权，界定收益权，健全考核管理制度和激励措施，实现水利工程安全、有效、良性运行。

九是进一步提升行业发展支撑能力。立足水利事业发展需求，全面做好强基础、利长远的工作。提升科技创新能力，加强水利重大科技问题研究与成果应用，推动水利科技创新平台建设，组织开展100项左右水利技术成果推广应用。完善水利技术标准体系，发布30项左右水利技术标准。提升人才培养质量，深入实施人才发展创新行动，加强人才梯队建设，培养选拔水利领军人才和青年拔尖人才，推广"订单式"培养模式，建强脱贫地区和基层水利人才队伍。提升国际合作水平，深化澜湄水资源务实合作，统筹谋划"一带一路"、中欧等水利多双边交流合作，全面提升跨界河流涉外管理水平。提升政务服务效能，常态化抓好疫情防控，加强政务督办、宣传、信访、保密、档案、离退休、后勤等工作，推动政务服务标准化、规范化建设。

（三）坚持从严从实，切实加强党的全面领导

一是提高政治能力，坚决做到"两个维护"。牢固树立政治机关意识，教育引导各级领导干部旗帜鲜明讲政治，进一步提高政治判断力、政治领悟力、政治执行力，把握"两个大局"，心怀"国之大者"，主动担当作为，全面深入落实习近平总书记关于治水工作的重要讲话和指示批示精神，以实际行动增强"四个意识"、坚定"四个自信"、做到"两个维护"。严明党的政治纪律政治规矩，严格执行党内政治生活、重大事项请示报告等制度，抓好意识形态工作，深化模范机关创建，切实做到党中央提倡的坚决响应、党中央决定的坚决执行、党中央禁止的坚决不做。

二是加强理论武装，不断巩固思想基础。坚持用习近平新时代中国特色社会主义思想武装头脑、指导实践、推动工作，深入学习习近平总书记关于治水工作的重要论述精神，准确把握中央的大精神、大思路、大政策，做到常学常新、常悟常进。抓细抓实建党100周年学习教育，加强对党员干部的党史教育，进一步激发党员干部践行初心使命的责任意识和担当精神。

三是落实组织路线，加强干部队伍建设。坚持党管干部原则和好干部标准，贯彻实施全国党政领导班子建设规划纲要，优化干部队伍年龄结构和专业结构。严把选人用人关，突出政治标准，注重工作实绩和一贯表现，坚持"凡提四必"，严防"带病提拔"。探索开展公务员平时考核工作，严格日常教育监督管理，发挥激励约束作用。深化事业单位分类改革，规范水利事业单位人事管理和人才调配，指导水利企业做好工资薪酬等改革实施工作。

四是层层压实责任，打牢基层党建基础。认真执行《党组（党委）落实全面从严治党主体责任规定》，完善落实既符合中央要求、又结合水利实际的党建制度体系，防止和克服"上热、中温、下凉"现象及"灯下黑"问题。推进党支部标准化规范化建设，开展"水利先锋党支部"表彰宣传，抓好"黄河水利基层党建示范带"创建，带动水利系统党建质量全面提升。进一步加强基层党组织建设和分类指导，严格党内组织生活制度，针对党建全覆盖督查发现的问题，抓好整改、固强补弱。发挥好工青妇和社团组织作用。

五是持续正风肃纪，营造良好政治生态。全面贯彻中央纪委五次全会精神，不断深化党风廉政建设和反腐败工作。持之以恒抓好形式主义官僚主义突出问题整治，对纠正"四风"和贯彻落实中央八项规定精神情况进行抽查，坚决防止"四风"反弹。认真落实加强水利行风建设促进全面从严治党的指导意见，持续强化行业廉政监管，把监督纳入水利基层治理、行业治理之中。落实水利廉政风险防控各项措施，加大对重点领域违纪违法问题的查处力度，一体推进不敢腐、不能腐、不想腐。持续抓好经常性纪律教育和廉政教育，加强廉政文化建设，教育引导党员干部树立良好家风，抓好规范领导干部配偶、子女及其配偶经商办企业行为工作。大力弘扬新时代水利精神，开展"争做最美水利人"主题实践活动，营造忠诚、干净、担当、科学、求实、创新的良好氛围。深入挖掘黄河、长江、大运河等的文化内涵，推出一批水文化精品力作，加强水情教育，为水利改革发展凝聚强大正能量。

六是狠抓问题整改，发挥巡视"利剑"作用。把十九届中央巡视整改作为严肃的政治任务和政治责任，高度负责尽责、抓紧抓实抓好，确保中央巡视反馈意见全面整改落到实处。深入推进部党组巡视工作，对8家部属单位开展常规巡视，提前一年完成五年巡视"全覆盖"。组织开展巡视"回头看"和巡视整改后评估，推进巡视与其他监督有效贯通融合，确保巡视取得实实在在的效果。

（编者注：本文选自水利部原部长鄂竟平2021年1月25日在全国水利工作会议上的讲话）

统筹抓好新冠肺炎疫情防控
和水利改革发展

水利部办公厅

2020年，水利部坚持以习近平新时代中国特色社会主义思想为指导，认真学习贯彻习近平总书记关于统筹做好新冠肺炎疫情防控和经济社会发展的重要讲话精神，深入落实党中央、国务院决策部署，全力做好水利系统疫情防控工作，切实强化疫情期间水安全保障，扎实推进水利改革发展各项工作，圆满完成年度工作任务，在做好"六稳"工作、落实"六保"任务中发挥了重要作用。

一、全力抓好新冠肺炎疫情防控工作

一是压实主体责任。迅速成立党组主要负责同志任组长的应对疫情工作领导小组，召开12次党组会议、28次领导小组会议，第一时间学习贯彻习近平总书记重要讲话精神和党中央、国务院决策部署，部署调度疫情防控和水利重点工作。党组主要负责同志坚守岗位、亲自指挥，部领导克服疫情影响带队督导防汛备汛和水利扶贫工作，所有直属单位均成立应对疫情领导机构和工作机构，做到守土有责、守土担责、守土尽责。严格落实常态化防控要求，坚决克服松懈麻痹思想，扎实做好人员动态管理、健康情况排查、疫情信息报告、重点区域消杀等工作，严防疫情反弹。

二是细化防控措施。快速响应中央和属地防控要求，密切关注疫情发展形势，及时优化调整防控措施，先后80余次下发通知就统筹推进疫情防控和水利重点工作作出安排部署。强化疫情期间水安全保障，精细调度水利工程安全运行、农村饮水安全、保春灌保供水等重点工作。对拟开工的重点水利项目逐项摸排，开展项目地点、设计单位、项目法人、疫情分区"四图"叠加分析，分区分类精准推进。指导各地"一项一策"制定复工计划，打通用工、运输、原材料供应等堵点，在建重大水利工程 5 月份全部实现复工复产。

三是强化支持保障。把打好长江委疫情防控阻击战作为重中之重，从人财物等方面全方位大力支持。划拨党费支持 6 个定点扶贫县（区）和重点直属单位加强疫情防控。积极为长江医院、黄河医院、湖北郧阳等 6 个定点扶贫县（区）、大藤峡水利枢纽协调解决防疫物资困难。及时为干部职工采购配发口罩、消毒液等防护用品，为承担防汛检查、脱贫攻坚等重大任务的出差人员开通核酸检测和集中隔离绿色通道。

四是抓好宣传教育。协调配合《人民日报》、新华社、央视央广等主流媒体广泛报道水利部门助力"六稳"和抗击疫情的感人事迹，水利报刊网开设专版专栏专题，推出"战疫保民生""战疫不停工""战疫中国水利在行动"等系列报道，合力奏响强信心、暖人心、聚民心的主旋律。为各省（自治区、直辖市）水利部门一把手推送水利复工复产信息 110 多条，促进相互学习借鉴好做法、好经验。

二、圆满完成水利改革发展年度任务

一是全力打好水利脱贫攻坚战。聚焦"两不愁三保障"，大力实施农村饮水安全巩固提升工程，水利部领导分片包区深入"三区三州"等深度贫困地区调研，挂牌督战贫困地区农村供水工程建设，完成 975 万人饮水型氟超标改水，解决 120 万人饮用苦咸水问题，提升 4233 万农村人口供水保障水平，现行标准下贫困人口饮水安全问题全面解决。全年落实 832 个贫困县水利投资 1863 亿元，贫困地区水利基础设施进一步完善，水利定点扶贫年度各项任务全部超额完成，滇桂黔石漠化片区区域发展与脱贫攻坚规划深入实施。

二是奋力夺取水旱灾害防御重大胜利。面对 1998 年以来最严重的汛情，坚持人民至上、生命至上，深入贯彻"两个坚持、三个转变"防灾减灾理念，紧盯超标洪水、水库失事、洪涝灾害"三大风险"，滚动监测预报预警，科学调度骨干水工程，牢牢守住了水旱灾害防御的安全底线。全国大中型水库和小（1）型水库无一垮坝，大江大河和重要圩垸堤防无一决口，洪涝灾害人员伤亡大幅低于近 20 年平均值，旱区群众饮水安全得到有效保障，最大程度减轻了洪涝干旱灾害损失。

三是水利基础设施综合效益充分发挥。提出重点推进的 150 项重大水利工程清单，开工重大水利工程 45 项。狠抓投资计划执行，落实水利建设投资 7695 亿元，再创历史新高。三峡工程完成整体竣工验收，拦蓄洪水总量 254 亿 m^3，发电量 1118 亿 kW·h，创世界纪录。南水北调东、中线年度调水 94.63 亿 m^3，中线首次实现按 420 m^3/s 加大设计流量输水，首次超过多年平均规划供水量。大藤峡水利枢纽建设如期实现蓄水、通航和发电三大节点目标。治理中小河流超过 1.7 万 km，实施病险水库除险加固 3200 多座。大中型灌区节水改造进展顺利，新增或恢复、改善灌溉面积 3000 多万亩，新增年节水能力 18 亿 m^3。

四是水资源节约保护成效明显。实施水资源管理全过程监管，大力推进国家节水行动，国家用水定额体系基本建成，节水载体建设扎实推进，节水评价制度深入实施，叫停 118 个节水不达标项目。制定 215 条跨省和省区重点河湖生态流量保障目标，完成 235 条江河水量分配任务。严格取用水监督管理，长江、太湖流域取水工程整改提升完成率为 99.8%，在黄河流域实行超载地区暂停新增取水许可。严格水资源论证工作，完成年度最严格水资源管理制度考核。

五是水生态治理修复力度加大。制定河长湖长履职规范，推进河湖"清四乱"（乱占、乱采、乱堆、乱建）常态化规范化，累计清理整治"四乱"问题 16.4 万个。开展黄河岸线利用、河道采砂等专项整治，完成长江干流岸线利用项目清理整治和长江经济带小水电清理整改任务，腾退长江岸线 158 km，2.1 万多座电站落实生态流量目标。治理水土流失 6 万 km^2，开展人为水土流失遥感监管，认定并查处违法违规项目 3.8 万个。建立地下水水位变化通报和督导机制，推进华北地区地下水超采治理，京津冀浅层地下水水位有所回升。

六是水利行业发展能力稳步提升。印发《水法规建设规划（2020—2025 年)》《水利部制度建设三年行动方案（2020—2022 年)》，黄河立法启动，《中华人民共和国长江保护法》出台。加大水行政执法力度，4267

件水事违法陈年积案全部清零。深化"放管服"改革，建成"互联网+监管"系统，探索实行告知承诺制。全国农村集中供水工程全面定价，千人以上工程收费比例超过 95%、水费收缴率达 90% 以上。开展水利重点领域专项监管，全年检查项目 6.13 万个，发现各类问题 7.29 万个，责任追究 818 家次。水利 12314 监督举报服务平台上线运行，转办核查问题 1464 个。加快水利科技创新和基地建设，开展智慧水利先行先试工作。主动服务外交大局，开通澜湄水资源合作信息共享平台，积极参与国际水事合作。

三、三点启示

一是听党指挥，旗帜鲜明讲政治。面对突如其来的新冠肺炎疫情，党的坚强领导、党中央的权威是最坚实的靠山。在疫情防控过程中，水利部坚决落实党中央关于疫情防控的一系列决策部署，始终将人民放在第一位，引导党员干部切实增强"四个意识"、坚定"四个自信"、做到"两个维护"，进一步坚定政治立场，把稳政治方向，严守政治规矩，把讲政治落实到每一项工作中。这些启示我们，要始终心怀"国之大者"，不断提高政治判断力、政治领悟力、政治执行力，自觉同以习近平同志为核心的党中央保持高度一致，从讲政治的高度谋划、部署、推进水利工作，以"钉钉子"精神推动党中央决策部署落地见效。

二是防范风险，筑牢安全屏障。水利工作直接关系防洪安全、供水安全、粮食安全。疫情期间，水利部党组突出强化底线思维和风险意识，警惕水利领域的"黑天鹅"和"灰犀牛"事件，超前谋划，精准部署，创新工作方式，全力做好水旱灾害防御、水利工程安全运行、农村饮水安全保障等工作，牢牢守住水安全的底线。这些启示我们，要时刻保持忧患意识，进一步增强发现并消除风险隐患的能力，以防为主、防控结合，提前做好应对困难局面的准备，为经济社会发展提供坚实的水安全保障。

三是严明纪律，强化党建引领。新冠肺炎疫情是对水利系统干部作风的一次全面检验。坚持把各项防控措施和推动复工复产的要求作为政治纪律、组织纪律，充分发挥党建的引领保障作用，让党旗在疫情防控斗争中高高飘扬。疫情发生后，水利部党组第一时间安排部署，组织动员各级党组织和广大党员充分发挥战斗堡垒和先锋模范作用，在大战大考中守初心担使命。这些启示我们，要坚持和加强党的领导，坚决落实管党治党主体责任，把党的建设工作抓实抓细抓好，以高质量党的建设引领和保障疫情防控和水利改革发展。

欧阳珊　孟令广　姜　鹏　执笔

王　鑫　审核

奋力为长江经济带高质量发展提供
水利支撑保障

水利部长江水利委员会

2016 年以来，水利部长江水利委员会（以下简称"长江委"）深入贯彻落实党的十九大和十九届二中、三中、四中、五中全会精神，认真学习领会习近平总书记关于推动长江经济带发展系列重要讲话精神，紧紧围绕生态优先、绿色发展和共抓长江大保护的总体要求，加快转变治江工作思路，统筹推进安澜绿色和谐美丽长江建设，全面落实部党组关于"三个超常规"工作要求，会同流域相关部门和地方，扎实做好长江经济带"5+1+X"水利重点工作，有力提升水利支撑与保障能力，全力助推长江大保护和长江经济带高质量发展。主要开展了以下八个方面的工作。

一、深入推进长江水生态环境保护修复

加快推进长江经济带生态环境警示片涉及水利的突出问题整改取得重要进展，督促相关地方对 43 个问题加速整改，截至 2020 年 12 月底，已累计完成 39 个问题整改。加强水资源动态管控，做好控制断面最小下泄流量预警及处置。组织开展长江流域水生态及重点水域富营养化状况调查与评价，公布长江干流和嘉陵江、岷江、汉江、赣江等 86 条河流 109 个控制断面的生态流量保障目标，研究制定流域重要河湖生态流量保障实施方案。强化生态流量监管，实现对流域重点河湖生态流量 42 个控制断面保障目标实时监控。开展原通江湖泊生物通道恢复试点，谋划推进长江中下游通江湖泊生物通道恢复试点示范工程建设。强化小水电清理整改督导，开展湖南、江西、重庆、贵州 130 余座小水电清理整改督导检查。推进水土流失综合治理，"十三五"期间新增治理水土流失面积 9.88 万 km²，流域水土流失面积持续减少。开展长江经济带生产建设项目水土保持监督执法专项

行动，排查水土保持违法项目 8139 个，立案查处 353 起，人为水土流失现象得到坚决遏制。

二、持续强化长江河道采砂管理

督促落实采砂管理责任制，逐年明确并公布沿江各地采砂管理三级责任人名单，先后 5 次约谈、10 次通报部分采砂管理薄弱地区的责任人及相应江段河长。强化暗访巡查制，组织暗访巡查、巡江检查近 300 次、累计巡查江段超 12 万 km，指导沿江各地查处采运砂船舶（含非法移动船舶）6700 余艘次，长江干流规模性非法采砂基本绝迹。加强规划实施管理，规范采砂许可，许可实施采砂 1.12 亿 t、疏浚砂 1.33 亿 t，加强对许可采区的监督检查。坚持疏堵结合，探索性开展荆州、九江、镇江航道疏浚砂和陆水水库淤积砂综合利用试点，促进砂石资源合理化利用。落实水利部、交通运输部、公安部河道采砂管理合作机制，建立长江河道砂石采运管理单制度，水利部、交通运输部印发实施《关于加强长江干流河道疏浚砂综合利用管理工作的指导意见》，积极推动非法采砂入刑工作，督促沿江各地大力拆解"三无"采砂船只，严控采砂船的新建及改建，治本工作取得成效。长江采砂管理秩序持续稳定向好。

三、不断加强长江河湖水域岸线保护管理

编制完成《长江岸线保护和开发利用总体规划》并获水利部、原国土资源部印发实施，将 65% 的岸线划为保护区和保留区，强化长江岸线保护。开展长江干流岸线保护和利用专项检查行动，现场核查 5711 个项目，督促各地推进涉嫌违法违规 2441 个项目整改。目前，已完成 2414 个项目的清理整治，共计腾退岸线 158 km、拆除违法违规建筑物 234 万 m^2、完成滩岸复绿 1213 万 m^2，长江岸线面貌明显好转。加强涉河建设项目事中事后监管，许可涉河建设项目 500 余项，其中包括 160 余项桥梁、隧道、输油管道、跨江线缆等国家和地方重大基础设施项目，有力支撑沿江各地经济社会高质量发展。推动河湖长制落实，暗访河湖 2200 余个，督促各地完成 8500 余个"四乱"问题的整改。建立流域河湖检查信息平台，推进长

江流域河湖长制信息系统建设，完成长江干流河道管理范围划定成果复核。研究建立长江流域岸线保护利用协调机制，加强长江岸线资源保护利用相关事务跨部门跨区域协商合作。

四、推进《中华人民共和国长江保护法》立法和宣贯实施

积极配合推进《中华人民共和国长江保护法》（以下简称《长江保护法》）的立法进程，提出《长江保护法基本框架论证报告》等前期研究成果，深入开展长江保护立法主要法律制度解析等法律制度专题研究。研究提出《关于制定〈长江保护法〉的立项论证报告》《长江保护法立法大纲》等成果，积极参与修改完善《长江保护法》立项论证报告。先后对《长江保护法》全国人大草案稿提出 10 余版修改意见和建议，为《长江保护法》2020 年 12 月 26 日获第十三届全国人大常委会第二十四次会议审议通过创造有利条件。组织开展《长江保护法》宣贯活动，制定印发《长江委关于宣传贯彻〈长江保护法〉实施工作方案》，提出宣传贯彻落实《长江保护法》的具体工作任务，逐项明确责任部门和完成时限，务求宣贯取得实效。

五、精心做好长江水库群联合调度

不断拓展联合调度范围，将流域 101 座水工程纳入联合调度范围，总调节库容 884 亿 m³，总防洪库容 598 亿 m³。联合防洪调度，成功应对 2016 年中下游区域性大洪水、2017 年中游区域性大洪水、2018 年上游区域性较大洪水、2020 年流域性大洪水，特别是积极应对 2020 年 5 次编号洪水，调度以三峡水库为核心的控制性水库群共拦蓄洪水约 500 亿 m³，有效避免了荆江分洪区和城陵矶、湖口附近蓄滞洪区运用。联合供水调度，2016 年以来，纳入联合调度的控制性水库累计向中下游补水约 2500 亿 m³，有效缓解中下游枯水形势，保障流域供水安全。联合蓄水调度，按计划分梯次有序蓄水，在减轻水库群蓄水对下游影响的基础上，提高各水库蓄满率，三峡水库连续 11 年蓄满。联合生态调度，持续开展三峡水库生态调度和溪洛渡、向家坝、三峡水库联合生态调度试验，有效促进川渝河段、宜

昌—监利江段、汉江中下游特定鱼类自然繁殖，2020 年沙市断面四大家鱼鱼卵年径流量达 20.22 亿粒，为 2011 年监测以来的最高值。联合兴利调度，航运方面，枯水期增加下游航运水深 0.5~1.0m，显著改善航运条件，汛期及时疏散三峡江段过闸积压滞留船只；发电方面，三峡电站 2020 年发电量达 1118 亿 kW·h，打破单座水电站年发电量世界纪录。联合应急调度，做好水库群联合应急调度，成功应对 2018—2020 年年初寒潮低温雨雪天气、长江口咸潮入侵，以及"11·3"白格堰塞湖溃坝洪水等险情。

六、加快构建长江流域全覆盖水监控系统

全面完成长江委内外 488 个控制断面监测信息以及委内 99 个监视点视频资源整合共享。正式上线试运行长江流域控制断面监督管理告警平台，初步实现防汛抗旱、水资源管理、水资源保护等监控信息实时告警，做好告警信息跟踪处理。为全面提升长江流域涉水事务、水域岸线和水生态空间监管能力，加快推动长江流域全覆盖水监控系统建设，编制完成《长江流域全覆盖水监控系统项目建议书》并报水利部，2020 年 12 月底，水利部已将该项目建议书技术审查意见报送国家发展改革委。目前，该项目已纳入 150 项国家重大水利工程予以重点支持。

七、持续强化长江水资源管理

全面推进流域节水型社会建设，完成 7 省（自治区、直辖市）98 个县域节水型社会达标建设复核，完成两轮 6 省（自治区、直辖市）用水定额全面评估，强化重点监控用水单位监管。开展长江流域取水工程（设施）核查登记，基本摸清长江流域取水工程（设施）家底，录入整改取水工程（设施）11 万余个，督促各地有序推进取水工程（设施）整改提升。加快推进流域 23 个跨省江河流域水量分配方案编制，金沙江等 9 条河流流域水量分配方案已获批实施，新一批 14 条河流水量分配方案已全部通过水利部水利水电规划设计总院技术审查，基本实现流域水量分配全覆盖。做好南水北调中线一期工程水量调度，截至 2020 年 12 月底已累计向北方调水 353.25 亿 m³，根据丹江口水库水源条件相机实施华北地区生态补水 50.23

亿 m^3，有力支撑京津冀协同发展。研究建立长江流域水资源调配协调机制，加强汉江、嘉陵江、金沙江中游河段等水量调度管理，严格区域用水总量控制和断面下泄流量管理，促进流域水资源合理配置和科学调度。

八、持续增强长江大保护合力

主动在"共"字上做文章、在"协"字上下功夫，2018 年以来，先后与交通运输部长江航务管理局、农业农村部长江流域渔政监督管理办公室、水利部太湖流域管理局、中国长江三峡集团有限公司、中国节能环保集团有限公司、南京市人民政府、十堰市人民政府、雅砻江流域水电开发有限公司、三江源国家公园管理局等流域相关部门、地方政府和重要企业共同签署实施共抓长江大保护战略合作协议，联合制定实施年度重点工作计划，做实做细战略合作各项工作。发起成立长江治理与保护科技创新联盟，成员单位涵盖流域相关部门、高等院校、科研机构和重要央企等 48 家部门和单位，推动实现共建合作平台、共担科技项目、共促成果转化、共享科技资源，逐年编制发布长江治理与保护报告。积极会同各方推动建立跨部门跨区域保护协作、规划协调、联动执法、科技创新协同、信息共享合作机制，广泛凝聚长江治理与保护强大合力。

马水山　余启辉　执笔

胡甲均　审核

深入实施黄河流域生态保护和高质量发展重大国家战略

水利部黄河水利委员会

2019年9月18日，习近平总书记亲自主持召开黄河流域生态保护和高质量发展座谈会，在水利部党组的正确领导下，水利部黄河水利委员会（以下简称黄委）切实扛起政治责任，全河上下牢记嘱托、实干笃行，做好夯基垒台各项工作，落实重大国家战略实现良好开局。

一、突出思想引领凝聚保护治理合力

抓好学习贯彻。黄委党组将落实重大国家战略作为首要任务、"第一议题"，跟进学习、持续学习习近平总书记"9·18""1·03"重要讲话以及考察陕西、山西、宁夏时的重要指示精神，围绕习近平总书记关于黄河保护治理重要论述和《黄河流域生态保护和高质量发展规划纲要》（以下简称《规划纲要》），开展专题研讨15次，下发通知对学习贯彻进行全面部署并深入基层宣讲，带动全河深化理解、把思想和行动统一到中央关于黄河保护治理的决策部署上来。

强化各方联动。黄委领导多次参加沿黄省（自治区）有关党委、政府和高校落实重大国家战略相关活动并主动发声，在更广范围凝聚思想共识。黄委组建了优势互补的研究中心、工程技术中心，联合中国工程院和中国民主促进会中央委员会，先后举办"黄河流域生态保护和高质量发展专家解读与研讨会"和"黄河生态保护与文旅融合创新发展"主题论坛，包括12位院士在内的数百位专家学者参加，设立黄河水科学研究联合基金，联合河南省筹建黄河实验室，搭建了抓落实的平台，凝聚了抓落实的合力。完善河湖长制工作体系，与沿黄9省（自治区）签订流域管理与区域协调合作备忘录，畅通行政执法与刑事司法衔接渠道，12处环境资源巡回法庭落户黄河，着力打造"共同抓好大保护、协同推进大治理"的机制。

开展宣传解读。在委属媒体开设专题专栏，全面解读习近平总书记关于黄河保护治理重要论述，紧扣习近平总书记"9·18"重要讲话发表一周年等重要节点，开展长历时、多角度、广覆盖宣传，与中央主流媒体联合策划组织"中国梦·黄河情""黄河万里行""探寻黄河之美""直播黄河"等专题宣传活动，为落实重大国家战略营造了舆论声势。

二、着眼长远、干在当下推进重点任务落实

加强系统谋划完善顶层设计。抽调精干力量，组织工作专班，配合完成《规划纲要》水利内容修改完善。《规划纲要》对一批战略性工程均有明确推进意见，对重点河段治理提出了具体要求，为治黄重大工程建设提供了重要依据。加强组织协调和技术把关，完成《黄河流域生态保护和高质量发展水安全保障规划》，成为"1+N+X"规划政策体系中第一个通过部委审查的专项规划。编制《黄河流域保护治理实施方案》，对《规划纲要》内容进行细化分解，进一步明确了黄委落实重大国家战略路线图。加快开展重大问题研究，针对黄河保护治理的基础性、关键性问题，完成"幸福河"内涵要义及指标体系、"八七"分水方案调整等26项重大问题研究，为黄河保护治理提供了重要的基础支撑。

把握机遇推进治黄重大项目进展。围绕治黄工程布局突出短板，发扬"钉钉子"精神，紧盯节点目标，完成25项前置要件办理。8个项目列入国家150项重大水利项目。禹潼段"十三五"治理初设获得批复，成为《规划纲要》出台后第一个落地的治黄重大水利工程。加大重大项目前期工作攻关力度，黄委领导多次带队与山西、陕西两省有关方面沟通古贤水利枢纽相关工作，对南水北调西线工程水源水库及调水线路进行查勘调研。古贤水利枢纽、南水北调西线工程、下游"十四五"防洪、引黄涵闸改建、下游防洪工程安全监控系统和潼三段治理等前期工作成果报送国家发展改革委。粗泥沙集中来源区拦沙一期工程实施方案通过水利部审查。

举全委之力推动黄河立法。以形成一部具有黄河特色、体现流域整体

性、适应重大国家战略要求的专门法律为目标，系统总结黄河法制建设的经验，编制黄河法立项报告、黄河法制度框架，完成13项专题研究。组织完成面向流域9省（自治区）的书面调研，积极向全国人大代表、政协委员介绍黄河情况，举办黄河法治论坛，多方呼吁争取支持。黄河立法纳入国家立法计划，完成条文初稿报送水利部，依法治河管河有望驶入快车道。

以治河文化为主题大力保护传承弘扬黄河文化。制定《黄委党组保护传承弘扬黄河文化工作方案》，明确重点工作任务。启动《黄河故事》丛书编撰，勾勒古今黄河治理图景，坚定文化自信和道路自信，完成《黄河故事·治理篇》编撰。配合做好国家广电总局重点选题《黄河人家》《黄河安澜》电视片拍摄工作，选派专家跟队进行技术指导。优化提升黄河博物馆展陈，与郑州市联合成立领导小组，推动黄河国家博物馆建设。选取兰考东坝头、邹平梯子坝等基础较好的4个场点，开展治黄工程与黄河文化融合示范点建设，擦亮治黄工作文化底色。在重点水文站设立"公众开放日"，打造社会公众亲水近河、了解治黄的窗口。

三、认真落实"重在保护、要在治理"战略要求

创新举措丰富水沙调控模式。按照习近平总书记"抓住水沙关系调节这个牛鼻子"的要求，立足现有工程条件，深化水库调度探索与实践，着力在解决"黄河水沙关系不协调"的治理症结上实现新突破。汛前，抓住小浪底水库腾库迎汛时机果断决策，开展防御大洪水实战演练，对下游卡口河段进行集中冲刷，最小过流能力提升到 $5000\,\mathrm{m^3/s}$，打开了防洪调度空间，为完善水沙调控体系赢得了时间，为保障滩区群众安全增加了保险系数。汛期，面对近30年来罕见的汛情，联合调度干支流水库群，实施全河段水沙调控，成功应对干流6场编号洪水，避免了下游11.85万人受淹。坚持"一高一低"调度思路，龙羊峡水库高水位运行拦洪削峰，同时为应对可能的干旱储备水源，小浪底水库腾空保持低水位运行，既增加了防洪库容，又尽可能地排空了泥沙。小浪底水库排沙3.4亿t，宁蒙河段主河槽得到冲刷。

全力贯彻"生态优先""保护优先"原则。抓住丰水时机开展全河生态调度。促进乌梁素海等生态脆弱地区修复治理，向库布齐、乌兰布和沙漠湿地生态补水，为沙漠"锁边"增添新助力。向河口三角洲生态补水6.37亿 m³，补水范围、水量、历时均实现新突破。"多路并进"向河北省补水18.27亿 m³，支持了华北地下水超采综合治理和雄安新区"水城共融"，促进了白洋淀生态修复。积极支持山东汇河入大汶河口生态保护修复等工程建设，审签内蒙古自治区岱海生态应急补水规划同意书，将湟水、渭河等生态修复治理、黄河三角洲水生态修复综合整治工程等纳入流域"十四五"水安全保障规划重大项目。强化监管调整人的行为，纠正人的错误行为，2020年累计派出457个督查组、1500多人次开展督查，发现各类问题近14000个，下发"一省一单"督促整改，一批影响防洪、供水安全和水生态的问题得到解决。

四、管理与服务并重支持流域高质量发展

推动实施深度节水控水行动，叫停节水评价不通过的项目。积极支持河南省小浪底南岸灌区等重大工程建设，推进灌区节水降耗，促进水资源节约集约利用。增强调度计划执行力，确保黄河不断流，全年供水360亿 m³，其中春灌供水124亿 m³，为流域"六稳""六保"作出了应有贡献。按照习近平总书记关于沿黄中心城市及城市群高质量发展、黄河流域产业结构调整优化等要求，发挥技术优势，指导开展河南省黄河国家文化公园建设保护规划等12项规划编制。签发了山西省河津市沿黄扶贫旅游公路一期工程、咸阳市城市天然气输配三期工程等100多项涉水涉河工程项目行政许可决定书，积极稳妥地审批甘肃、山西、陕西等省贫困县4个建设项目的取水许可，为立项提供水源支持，助力打赢脱贫攻坚战，支持流域高质量发展。

白　波　李　萌　执笔

苏茂林　审核

淮河治理 70 年取得辉煌成就

水利部淮河水利委员会

淮河流域地处我国东中部腹地，是极具发展潜力的重要经济带，是和合南北的重要生态过渡带，在我国经济社会发展大局和生态安全全局中具有十分重要的地位。同时，淮河又是一条极为特殊和十分复杂的河流，南北气候、高低纬度和陆地海洋 3 种过渡带重叠的地理气候条件，中游地势低平、尾闾不畅的蓄排水条件，复杂的水系河性特征及黄河夺淮的深重影响，导致淮河流域成为极易孕灾地区。在中华人民共和国成立前，沿淮人民同水旱灾害斗争了数千年，但是受社会制度和生产力水平的制约，流域灾害频发的局面始终没有根本性改观。

中华人民共和国的成立开启了淮河治理开发保护的新纪元。1950 年 10 月 14 日，中央人民政府作出《关于治理淮河的决定》，翻开了淮河治理历史性的崭新一页。1950 年 11 月 6 日，直属于中央人民政府的治淮机构——治淮委员会在安徽蚌埠成立。1951 年 5 月，毛泽东主席发出"一定要把淮河修好"的伟大号召。70 年来，在党中央、国务院的坚强领导下，在"蓄泄兼筹"方针指引下，几代治淮工作者励精图治、开拓进取，进行了全面、系统、持续的保护治理，淮河流域基本建成了与全面建成小康社会相适应的水安全保障体系，为流域经济社会发展、人民幸福安康提供了强有力的水安全支撑与保障。

一是洪涝灾害防御能力显著增强，具备抗御中华人民共和国成立以来流域性最大洪水的能力。70 年来，佛子岭水库、蒙洼蓄洪区、临淮岗洪水控制工程、淮河入海水道近期工程等一大批治淮工程的相继建成，使淮河流域基本形成以水库、河道堤防、行蓄洪区、控制性枢纽、防汛调度指挥系统等组成的防洪除涝减灾体系。淮河流域防洪除涝标准显著提高，淮河干流上游防洪标准超 10 年一遇，中游主要防洪保护区、重要城市和下游洪泽湖大堤防洪标准已达到 100 年一遇，重要支流及中小河流的防洪标准已基本提高到 10~20 年一遇以上。在行蓄洪区充分运用的情况下，可以防御中华人民共和国成立以来发生的流域性最大洪水。

二是水资源保障能力大幅提高，有效支撑了流域经济社会的可持续发展。历经 70 年建设，淮河流域已经建成 6300 余座水库，约 40 万座塘坝，约 8.2 万处引提水工程，规模以上机电井约 144 万眼，水库、塘坝、水闸工程和机井星罗棋布。南水北调东、中线一期和引江济淮、苏北引江等工程的建设，与流域内河湖闸坝及淠史杭等大中型灌区一起，逐步形成了"四纵一横多点"的水资源开发利用和配置体系。淮河流域以不足全国 3% 的水资源总量承载了全国大约 13.6% 的人口和 11% 的耕地，贡献了全国 9% 的 GDP，生产了全国 1/6 的粮食，有效支撑了流域经济社会的可持续发展。同时，通过水资源配置还为长三角一体化高质量发展、京津冀一体化发展、大运河文化保护传承利用等重大国家战略提供了水资源保障。

三是水环境保障能力明显提高，流域性水污染恶化趋势已成为历史。坚持节水优先、保护优先，积极推进节水型社会建设，严格实行用水定额管理，强化落实用水定额管理，淮河流域水资源保护和水污染防治工作取得显著进展。通过调整产业结构、加快污染源治理、实施污水集中处理、强化水功能区管理、限制污染物排放总量、开展水污染联防和水资源保护等一系列措施，流域入河排污量明显下降，河湖水质显著改善，淮河干流和南水北调东线一期输水干线水质常年维持在Ⅲ类。2005 年至今，淮河未发生大面积突发性水污染事故，有效保障了沿淮城镇用水安全。

四是水生态保障能力持续提升，推进流域生态环境进入良性发展轨道。统筹山水林田湖草系统治理，聚焦管好"盛水的盆"和"盆里的水"，强化水域、岸线空间管控与保护，有效提升上游水源涵养和水土保持生态保育功能，积极开展重要河湖保护修复、地下水保护和河湖生态流量保障等工作，流域水生态文明建设取得显著成效。截至 2019 年年底，淮河流域累计治理山丘区水土流失面积 5.4 万 km^2，桐柏大别山区、伏牛山区、沂蒙山区水土流失普遍呈现好转态势，水土流失面积减少六成以上。依托已初步形成的江河湖库水系连通体系多次成功实施生态调水，有效地保障了南四湖等缺水地区生态环境安全。

中华人民共和国治淮70年，基本理顺了紊乱的水系，改变了黄泛数百年来恶化的局面，实现了淮河洪水入江畅流、归海有道，初步构筑了水清、河畅、岸绿、景美的新淮河。习近平总书记视察淮河时指出，淮河是中华人民共和国成立后第一条全面系统治理的大河。70年来，淮河治理取得显著成效。在应对防汛抗洪中，一批重大水利设施发挥了关键作用，防洪体系越来越完善，防汛抗洪、防灾减灾能力不断提高，手段和资源也越来越丰富，在科学调度下，不再手忙脚乱。这些肯定和表扬，是对治淮工作的极大鼓舞、极大鞭策和极大激励。

治淮实践在取得显著成效的同时，也积累了极其宝贵的经验。纵观70年走过的道路，可以总结出以下几点基本经验和认识。

一是坚持党对治淮工作的领导是做好淮河治理的根本保证。党中央历来高度重视治淮工作。毛泽东主席短短两个月内曾4次对淮河治理作出重要批示。党的几代最高领导人都曾亲临淮河视察，对淮河治理作出重要指示。2020年8月18日，习近平总书记亲临淮河视察，对淮河保护治理、防汛救灾、行蓄洪区、水利工程建设、生态文明建设作出重要指示，在治淮史上更具有重要的里程碑意义。实践证明，只有在中国共产党领导下，坚持发挥社会主义制度的优越性，才能彻底扭转淮河流域"大雨大灾，小雨小灾，无雨旱灾"的落后面貌。

二是坚持科学统一规划是做好淮河治理的重要遵循。中华人民共和国治淮伊始，中央就制定了"蓄泄兼筹"的治淮方针，成为淮河治理的重要指导原则。按照这一方针，先后编制了五轮流域综合规划，为各时期流域治理奠定了坚实的基础。党的十八大以来，深入贯彻"节水优先、空间均衡、系统治理、两手发力"治水思路，编制了南水北调东线二期工程、大运河水系治理管护、岸线保护和开发利用等，更加注重人水和谐、生态保护和流域高质量发展，治淮工作呈现出监管加强、投资加大、建设加快、改革加速的良好态势，水利发展的生机不断迸发、活力不断增强、质量不断提高。

三是坚持完善水工程体系是做好淮河治理的重要基础。国务院先后12

次召开治淮工作会议，多次掀起大规模治淮高潮，持续加大和稳定投入，为完善治淮水工程体系提供了重要保障。70年治淮总投入9000多亿元，直接经济效益47000多亿元，投入产出比为1∶5.2，建成各类水库6300余座，兴建加固各类堤防6.3万km，修建行蓄洪区27处，建设各类水闸2.2万座，建成了江都水利枢纽、三河闸、临淮岗、刘家道口等一大批控制性枢纽工程，完成了入海水道近期工程，基本建成了防洪减灾、水资源配置与保护的水安全保障工程体系，为流域水旱灾害防御、水资源开发利用和保护奠定了坚实的基础。

四是坚持依法科学调度是夺取淮河防汛抗旱胜利的关键所在。坚持人民至上、生命至上，不断深化尊重自然规律、主动给洪水以出路的科学防洪理念，实现了从被动抢防到控制洪水、再到洪水管理的转变。不断完善防洪除涝减灾工程体系和监测预报调度非工程体系，大幅提升流域洪水预报精度，依法科学调度水利工程，采取"拦、蓄、泄、分、行、排"等综合措施，最大程度发挥防洪工程的整体效益。在2020年淮河防汛抗洪中，全面贯彻落实习近平总书记"两个坚持、三个转变"防灾减灾新理念，水库拦洪效果好，堤防挡水稳得住，行蓄洪区运用及时安全有效，实现了无一人因洪伤亡，无一水库垮坝，主要堤防未出现重大险情，防汛抗洪工作有力有序有效，夺取了防汛抗洪的全面胜利。

五是坚持合理保护和开发利用水资源是建设幸福淮河的关键举措。淮河保护与治理坚持以保障水安全为重心，合理开发利用水资源，加强河湖管控、水生态保护与修复，走出了一条人水和谐之路，书写了生态文明建设新篇章。针对20世纪80年代河湖萎缩持续加剧、河流自净能力降低、生态系统失衡的状况，有效开展跨区域、跨部门水污染联防联治，淮河干流水质长期保持在Ⅲ类，水环境污染和水生态损害趋势初步得到遏制。合理开发和利用水资源，依托"四纵一横多点"的水资源配置体系，科学调配水资源，为流域经济长期平稳健康发展提供了坚实的水安全保障。全面建立了河长制、湖长制，不断强化河湖监管，有力推进水土流失综合防治，流域生态显著改善。

六是坚持流域团结治水是做好淮河治理的重要保障。淮河治理是一个有机整体，上下游互为一体，左右岸唇齿相依。治淮始终坚持兴利与除害相统筹，推动上下游、左右岸、干支流协调发展，形成了团结治河、合力兴水的生动局面。淮委从流域全局出发加强顶层设计和统筹协调，妥善处理好全局与局部、近期与长远的关系，努力实现全流域综合效益的最大化；流域各省充分发扬团结治水的优良传统，顾全大局，精诚合作，各有关部门和衷共济、互谅互让，协同推进治淮工程建设、水资源配置及开发利用、水污染联合防控和水旱灾害防御等工作，凝聚了淮河保护治理的强大合力，铸就了淮河治理的巍巍丰碑。

"十四五"时期，我国将进入新发展阶段，开启全面建设社会主义现代化国家新征程。习近平总书记视察淮河时强调指出，"要认真谋划'十四五'时期的治淮方案"，"全面建设社会主义现代化，抗御自然灾害能力也要现代化"。我们将牢记习近平总书记的殷切嘱托，锚定建设"幸福河"的伟大目标，自觉肩负起治淮人的历史使命，为淮河代言、为人民造福、为流域守护水安全，真正让淮河成为造福人民的幸福河，为中华民族永续发展贡献出淮河力量。

郑朝纲　执笔

刘冬顺　审核

水利规划计划工作综述

水利部规划计划司

2020 年，水利规划计划工作深入贯彻习近平总书记关于治水工作的重要论述精神和"节水优先、空间均衡、系统治理、两手发力"治水思路，克服新冠肺炎疫情影响，圆满完成各项目标任务。

一、水利脱贫攻坚取得重大成效

全面落实党中央关于打赢脱贫攻坚战的决策部署，不断加大对贫困地区水利建设的支持力度，为打赢脱贫攻坚战提供坚实的水利支撑和保障。一是贫困人口饮水安全问题全面解决。聚焦"两不愁三保障"目标，全力解决贫困人口饮水安全问题，完成了 975 万人饮水型氟超标改水，解决了 120 万人饮用苦咸水问题，提升了 4233 万农村人口的供水保障水平，现行标准下贫困人口饮水安全问题全面解决。二是水利扶贫专项规划任务圆满完成。安排 832 个国家级贫困县中央预算内水利投资 526.4 亿元，其中"三区三州"等深度贫困地区 67.4 亿元，加快补齐贫困地区供水、灌溉、防洪、水生态环境等水利基础设施短板，水利扶贫专项规划任务圆满完成。三是重庆市丰都县水利定点扶贫成果持续巩固。落实脱贫攻坚"四个不摘"政策，围绕夯实水利基础、引导就业创业、开展技术帮扶、实施内引外联工程、党建引领脱贫等持续发力，持续巩固提升脱贫攻坚成果。

二、水利投资落实再创新高度

面对经济下行压力和新冠肺炎疫情的双重影响，综合采取专项会商、专题培训、座谈交流等方式，指导各地积极争取中央和地方财政投入的同时，创新融资模式，在落实地方政府专项债券、银行贷款上下功夫，在吸引社会资本上想办法，千方百计扩大投资规模。一是水利建设投资规模创历史新高。2020 年，落实水利建设投资 7695 亿元，再创历史新高。其中，落实地方政府专项债超过 1500 亿元，是 2019 年的近 6 倍。二是中央投资结构进一步优化。落实中央水利建设投资 1456 亿元，重点保障重大水利工程、农村饮水安全巩固提升、病险水库除险加固、中小河流治理等重点项目资金需求。中央投资继续向中西部和东北地区倾斜，安排中西部和东北地区中央投资 1293 亿元，占年度中央投资规模的 88.8%。三是投资计划执行监管有力。创新投资计划执行监管方式方法，逐月跟踪建设进展，全年调度会商 8 次、集中约谈 4 次、印发督办函 53 份，扭转了前三季度受疫情、洪涝影响造成的建设进度滞后局面。截至 2020 年年底，年度中央投资计划完成率 95.9%，圆满完成年度目标任务。

三、水利工程补短板实现新突破

坚决贯彻党中央、国务院关于基础设施补短板决策部署，加强组织协调，强化监督指导，水利工程补短板全面提速。一是重大工程前期工作加快推进。制定 2020 年及后续 150 项重大水利工程项目清单，经国务院常务会议审议通过。积极应对新冠肺炎疫情影响，分区分级分类提出具体推进措施，创新内外业工作方式方法，实行容缺审查审批，确保前期工作目标不变、力度不减、质量不降，全年批复立项 58 项重大水利工程。南水北调东中线后续工程前期工作加快推进。二是重大水利工程开工数量创纪录。督促地方提前做好开工准备工作，争取工程多开早开，2020 年新开工重庆渝西水资源配置、四川亭子口灌区一期、吴淞江上海段、雄安新区防洪等 45 项重大水利工程，开工数量为历史之最。三是防汛抗旱水利提升工程全面实施。按照"三年时间明显见效"的要求，全面推进防汛抗旱水利提升工程建设，新开工山东恩县洼滞洪区等重大防洪工程，完成中小河流治理超过 1.7 万 km，实施病险水库除险加固 3200 多座等。

四、水生态保护修复取得新进展

按照山水林田湖草系统治理理念，突出生态治理、系统治理、源头治理，推进水生态保护和修复。一是华北地区地下水超采治理成效明显。加快推进华北地区地下水超采综合治理，补水河道有水河长 1958km，形成水面面积 554km²。与 2019 年相比，京津冀治理区浅层地下水水位回升 0.23m，深层地下水水位回升 1.34m，水生态环境持续好转。南水北调东中线受水区累计压采地下水 22.9 亿 m³，超额实现压采目标。二是农村水系综合整治初见成效。联合财政部印发了《关于加强水系连通及农村水系综合整治试点县建设管理指导意见的通知》，在 55 个县启动了农村水系综合整治试点，推进水美乡村建设，得到群众广泛赞誉。三是永定河综合治理与生态修复加快推进。协调下达中央投资 17.5 亿元，积极推进永定河综合治理与生态修复，实施春秋季永定河上游山西、河北向北京集中输水，全年累计补水 1.69 亿 m³，永定河北京段 25 年来首次全线通水。

五、水利规划体系建设再结新硕果

按照新形势新要求，强化顶层设计，大力推动重大水利规划编制审批，充分发挥规划的统筹引领作用。一是水利规划体系进一步完善。中央层面共审批水利规划 20 项。大江大河主要支流和重要跨国界河流综合规划审批提速，批复了沅江、诺敏河、北洛河、郁江、雅砻江等 10 项流域综合规划，《韩江流域综合规划》报送国家发展改革委。《长江上游干流宜宾以下河道采砂规划》《黄河重要河段采砂管理规划》完成审批。二是编制《"十四五"水安全保障规划》。公开征集 16 个重大专题研究，开展 15 项专项规划编制，提出了水安全保障的总体思路、目标任务、重大举措、重大项目和政策措施，《"十四五"水安全保障规划》报告基本完成。三是启动编制国家水网工程规划纲要。在深入研究国家水利基础设施空间规划的基础上，编制国家水网工程规划纲要，研究提出了国家水网的内涵、特征、架构及治理方略、总体布局、建设任务。全国水利基础设施空间布局规划编制、第三次水资源调查评价成果汇总协调稳步推进。

六、支撑重大区域战略迈出新步伐

聚焦国家重大区域发展战略，推进流域区域水利高质量发展，提高水安全保障水平。整体谋划推进黄河流域生态保护和高质量发展水安全保障，编制完成《黄河流域生态保护和高质量发展水安全保障规划》，组织开展"幸福河"内涵要义及指标体系、"重在保护、要在治理"内涵及关系等20余项重大问题研究。全力做好京津冀协同发展和雄安新区供水防洪保障，实施了南水北调中线调水、东线一期北延应急调水、河北引黄入冀补淀调水和永定河生态补水，印发实施《河北雄安新区防洪专项规划》，河北雄安新区防洪骨干工程开工建设，督促指导做好2022年北京冬奥会筹备延庆、崇礼赛区调水供水等水利设施建设及水资源保障工作。加快落实长江经济带水利重点工作"5+1"任务（"5"是重点推进长江流域水库群的联合调度、河湖岸线管理、入河排污口整治、采砂管理、《中华人民共和国长江保护法》的立法；"1"是加快构建全覆盖的监控系统），持续推进长江经济带生态环境突出问题整改、重要湖泊保护和治理水利相关工作。编制完成《长江三角洲区域一体化发展水安全保障规划》，印发了《粤港澳大湾区水安全保障规划》。

七、重点领域改革攻坚呈现新局面

按照党中央、国务院关于全面深化改革工作的重大决策部署，加强水利改革顶层设计，统筹谋划水利改革思路，研究协调重大改革事项。在强化政府监管方面，协调推动河湖长制、水资源管理和节水监管、水利工程管理、水利行业监督等重点领域改革；在发挥市场机制方面，稳步推进水利投融资、农村供水工程水费收缴、农业水价、水权水市场等改革。配合国家发展改革委起草了《生态保护补偿条例》，联合财政部等部门印发了《支持引导黄河全流域建立横向生态补偿机制试点实施方案》，完善生态保护补偿制度体系，指导推动各地探索开展水流生态保护补偿。

汪习文 张光锦 王明军 杨绪强 朱燕翔 张志远 执笔

谢义彬 审核

《"十四五"水安全保障规划》编制工作进展

水利部规划计划司

2019年以来，按照《中华人民共和国国民经济和社会发展第十四个五年规划纲要》编制工作的总体部署，水利部组织编制《"十四五"水安全保障规划》，目前规划报告已经基本完成。

一是印发规划编制工作方案。2019年5月，水利部原副部长叶建春主持召开会议部署规划编制工作，印发工作方案，全面启动《"十四五"水安全保障规划》编制工作。

二是组织开展重大专题研究。坚持顶层设计与问计于民相结合，2019年5月，围绕9个重点领域开展重大专题网上公开征集，择优遴选16个重大专题，已完成相关成果。

三是组织编制重点专项规划。选择事关水利发展全局的关键领域，开展15项专项规划（实施方案）编制工作，其中3项已印发、12项已完成，形成的成果有力地支撑了《"十四五"水安全保障规划》编制工作。

四是制定印发规划思路报告。在深入开展调研、专题研究并听取有关方面意见的基础上，2020年4月，印发《"十四五"水安全保障规划思路报告》，指导各地科学编制《"十四五"水安全保障规划》。

五是开展项目筛选和投资测算。组织开展项目筛选和投资规模测算，基本完成复核汇总与综合平衡工作，相关内容已纳入"十四五"规划。

六是评估"十三五"规划执行情况。组织开展《水利改革发展"十三五"规划》实施总结评估工作，系统梳理规划实施进展情况，形成评估报告。

　　七是组织编制规划报告。按照党的十九届五中全会精神要求，进一步修改完善规划报告，研究提出《"十四五"水安全保障规划》的总体思路、目标指标、重大任务、重大项目和政策举措。

王九大　刘　伟　梅一韬　执笔

乔建华　审核

2008—2019 年水利发展主要指标

专栏二

水利部规划计划司

指标名称	单位	2008 年	2009 年	2010 年	2011 年	2012 年	2013 年	2014 年	2015 年	2016 年	2017 年	2018 年	2019 年
1. 耕地灌溉面积	万亩	87708	88892	90522	92522	93737	95210	96809	98809	100711	101724	102407	13019
其中：本年新增面积	万亩	1977	2300	2582	3195	3227	2328	2472	2696	2342	1605	1243	1170
2. 节水灌溉面积	万亩	36653	38633	40971	43769	46826	40663	43528	46591	49270	51479	54202	55589
3. 除涝面积	万亩	32137	32376	32538	32582	32786	32915	33554	34069	34600	35736	36393	36795
4. 水土流失治理面积	万 km²	102	104	107	110	103	107	112	116	120	126	132	137
其中：本年新增面积	万 km²	3.9	4.3	4.0	4.0	4.4	5.3	5.5	5.4	5.6	5.9	6.4	6.7
5. 万亩以上灌区	处	5851	5844	5795	5824	7756	7709	7709	7773	7806	7839	7881	7884
其中：30 万亩以上	处	325	335	349	348	457	456	456	456	458	458	461	460
万亩以上灌区耕地灌溉面积	万亩	44160	44343	44123	44623	45287	45324	45384	48453	49568	49893	49986	50252
其中：30 万亩以上	万亩	23102	23363	23487	23679	16890	16877	16877	26530	26647	26760	26698	26991
6. 水库总计	座	86353	87151	87873	88605	97543	97721	97735	97988	98460	98795	98822	98112

续表

指标名称	单位	2008年	2009年	2010年	2011年	2012年	2013年	2014年	2015年	2016年	2017年	2018年	2019年
其中：大型	座	529	544	552	567	683	687	697	707	720	732	736	744
中型	座	3181	3259	3269	3346	3758	3774	3799	3844	3890	3934	3954	3978
总库容	亿m³	6924	7064	7162	7201	8255	8298	8394	8581	8967	9035	8953	8983
其中：大型	亿m³	5386	5506	5594	5602	6493	6529	6617	6812	7166	7210	7117	7150
中型	亿m³	910	921	930	954	1064	1070	1075	1068	1096	1117	1126	1127
7. 堤防长度	万km	28.7	29.1	29.4	30.0	27.2	27.7	28.4	29.1	29.9	30.6	31.2	32.0
保护耕地	万亩	68568	69821	70247	63938	63896	63896	64191	61266	61631	61419	62114	62855
保护人口	万人	57289	58978	59853	57216	56566	57138	58584	58608	59468	60557	62837	67204
8. 水闸总计	座	41626	42523	43300	44306	97256	98191	98686	103964	105283	103878	104403	103575
其中：大型	座	504	565	567	599	862	870	875	888	892	893	897	892
9. 水灾													
受灾面积	万亩	13469	13122	26801	10787	16827	17851	8879	9198	14165	7795	9640	10020
成灾面积	万亩	6810	5694	13092	5090	8807	9934	4245	4581	7595	4172	4697	—
10. 旱灾													
受灾面积	万亩	18206	43889	19889	24456	14000	16830	18408	15101	14809	14920	11096	13167
成灾面积	万亩	10196	19796	13481	9898	5263	10457	8516	8366	9196	6735	5501	6270
11. 年末全国水电装机容量	万kW	17090	19686	21157	23007	24881	28026	30183	31937	33153	34168	35226	35564

指 标 名 称	单位	2008 年	2009 年	2010 年	2011 年	2012 年	2013 年	2014 年	2015 年	2016 年	2017 年	2018 年	2019 年
12. 全年水电发电量	亿 kW·h	5614	5055	6813	6507	8657	9304	10661	11143	11815	11967	12329	12991
农村水电装机容量	万 kW	5127	5512	5924	6212	6569	7119	7322	7583	7791	7927	8044	8144
全年水电发电量	亿 kW·h	1628	1567	2044	1757	2173	2233	2281	2351	2682	2477	2346	2533
13. 全年工程供水量	亿 m³	5910	5965	6022	6107	6131	6183	6095	6103	6040	6043	6016	6021
14. 完成水利基建投资	亿元	1088.2	1894.0	2319.9	3086.0	3964.2	3757.6	4083.1	5452.2	6099.6	7132.4	6602.6	6711.7
按投资来源分：													
(1) 政府投资	亿元	915.79	1654.17	1879.29	2659.07	3497.71	3271.84	3511.00	4785.88	4577.44	5335.31	5012.29	5239.04
其中：中央政府	亿元	416.96	845.37	960.48	1435.40	2033.21	1729.84	1648.51	2231.24	1679.23	1757.12	1752.73	1751.11
地方政府	亿元	498.83	808.81	918.81	1223.67	1464.50	1542.00	1862.49	2554.64	2898.21	3578.19	3259.56	3487.93
(2) 利用外资	亿元	10.51	7.57	1.31	4.42	4.13	8.57	4.33	7.57	6.98	8.04	4.89	5.65
(3) 企业和私人投资	亿元	35.87	41.40	48.01	74.92	113.38	160.71	89.94	187.91	424.71	600.79	565.06	588.00
(4) 国内贷款	亿元	96.95	152.86	337.44	270.31	265.50	172.69	299.64	338.64	879.55	925.77	752.45	636.28
(5) 债券	亿元		6.39	2.53	3.86	5.19	1.72	1.72	0.45	3.83	26.54	41.59	9.96
(6) 其他	亿元	29.08	31.63	51.35	73.45	78.33	142.10	176.51	131.70	207.08	235.92	226.27	232.80
按投资用途分：													
(1) 防洪	亿元	346.52	628.74	663.59	996.23	1394.28	1304.46	1467.45	1879.12	1942.50	2237.52	2003.72	2091.29
(2) 灌溉	亿元	116.59	248.23	334.27	469.12	634.47	671.72	823.05	1391.77	1359.90	1370.62	1172.45	805.05

续表

指标名称	单位	2008年	2009年	2010年	2011年	2012年	2013年	2014年	2015年	2016年	2017年	2018年	2019年
(3) 除涝	亿元	23.52	46.07	21.06	22.08	31.68	31.31	55.10	51.13	134.51	201.27	171.63	198.49
(4) 供水	亿元	351.26	617.81	736.27	815.02	1277.09	1061.41	1029.11	1316.57	1225.26	1334.29	1377.56	1643.23
(5) 水电	亿元	77.37	72.04	105.39	109.01	117.20	164.42	216.90	152.09	166.65	145.85	121.00	106.68
(6) 水土保持及生态	亿元	76.87	86.74	85.90	95.39	118.12	102.89	141.30	192.94	403.72	682.64	741.49	913.43
(7) 水利基础设施	亿元	10.60	10.60	19.56	40.25	59.55	52.54	40.94	29.24	56.93	31.49	47.00	63.40
(8) 前期	亿元	16.04	15.88	24.87	42.04	40.74	40.73	65.06	101.92	174.02	181.23	132.02	132.72
(9) 其他	亿元	69.42	167.92	329.02	496.91	291.10	328.15	244.22	337.44	636.09	947.47	835.71	757.44

注 1. 本表不包括香港特别行政区、澳门特别行政区以及台湾省的数据。

2. 节水灌溉面积2013年统计数据与第一次全国水利普查数据进行了衔接,其他水利发展主要指标2012年统计数据已与第一次全国水利普查数据进行了衔接;其中,提防长度与水利普查成果衔接后,进一步明确为5级及以上堤防。

3. 2011年及以前万亩以上灌区数量及灌溉面积按有效灌溉面积达到万亩以上进行统计,2012年以后按设计灌溉面积达到万亩以上进行统计。2015年,经各省(自治区、直辖市)核实,对30万亩以上灌区耕地灌溉面积(设计)进行了更正。

4. 农村水电统计口径为装机容量5万kW及以下水电站。

5. 政府投资指中央及地方各级人民政府完成的水利建设的各项财政资金(包括预算内非经营性基金、国债专项资金和水利建设基金等)和政府部门自筹投资等。

6. 2019年水灾成灾面积因水利部职能调整不再统计。

张 岚　王小娜　执笔
　　　　　谢义彬　审核

深化改革篇

"十三五"水利改革发展综述

水利部规划计划司

"十三五"以来，在党中央、国务院的正确领导下，各级水利部门以习近平新时代中国特色社会主义思想为指导，深入贯彻落实"节水优先、空间均衡、系统治理、两手发力"治水思路，全面推进水利改革发展，"十三五"规划确定的主要目标任务圆满完成，有力保障了三大攻坚战和国家重大战略的实施。"十三五"时期是水利投资规模最大、规划目标完成最好、水利综合效益最显著、人民群众获得感最强烈的五年。

一是治水管水思路发生深刻转变。深入贯彻落实"节水优先、空间均衡、系统治理、两手发力"治水思路，把握新时代治水主要矛盾变化，坚持节水优先，从观念、意识、措施等各方面把节水放在优先位置，落实"以水而定、量水而行"。坚持"以防为主、防抗救相结合"，尽最大努力保障人民群众生命财产安全。树立"绿水青山就是金山银山"的理念，统筹山水林田湖草综合治理、系统治理、源头治理，治水管水思路发生深刻转变。

二是水利基础设施建设取得重大进展。积极推进172项节水供水重大水利工程建设，已累计开工149项，其中淮河出山店、江西峡江、引黄入冀补淀等工程建成并发挥效益，南水北调东、中线一期工程累计调水量超过400亿 m^3，重点流域区域水安全保障能力进一步提升。西江大藤峡、引江济淮、滇中引水、小浪底南北岸灌区等一批重大工程加快建设，在建规模超过1万亿元。启动实施2020年及后续150项重大水利工程。推进农村饮水巩固提升、中小河流治理、病险水库除险加固和山洪灾害防治等薄弱环节建设。巩固提升2.7亿农村人口供水保障水平，83%以上农村人口用上自来水，新增、恢复灌溉面积2亿多亩。"十三五"期间的水利投资达3.58万亿元，比"十二五"增长57%。

三是涉水事务监管取得新突破。从法制体制机制入手，建立务实管用的水利监督体系。开展河湖"清四乱"、河湖采砂专项整治等集中行动，河湖面貌明显改善。落实最严格的水资源管理制度，强化考核和问题整改。以中小型水库水闸、农村饮水等工程为重点强化监督，水利工程安全运行风险监督有力有效。

四是防汛抗旱工作取得重大胜利。紧盯超标准洪水、水库失事、山洪灾害"三大风险"，强化洪水监测预报预警，精细组织调度运用，水利防灾减灾取得了重大胜利。战胜了 2016 年长江流域洪水、太湖流域性特大洪水、海河流域罕见暴雨洪水；有效抗御了 2019 年长江流域中下游大洪水和江南、江淮等地夏秋冬连旱；夺取了 2020 年抗御长江、淮河、松花江、太湖流域性洪水以及珠江流域大水的全面胜利。洪涝灾害和干旱损失率 5 年平均分别为 0.28% 和 0.05%，低于规划的 0.6% 和 0.8%，有力地保障了人民群众的生命安全、国家经济安全和粮食安全。

五是水资源节约集约利用水平不断提升。制定实施《国家节水行动方案》，加快推动用水方式由粗放向节约集约转变。落实最严格水资源管理制度，推进水资源消耗总量和强度双控，用水总量和强度双控指标全部分解到县级行政区域，全国用水总量控制在 6100 亿 m^3 以内。积极推进重点用水行业水效领跑者引领行动，以高校合同节水和水利行业节水机关建设引领节水型社会建设，616 个县区节水型社会建设达标。重点领域节水取得新进展，农田灌溉水有效利用系数从"十二五"末的 0.536 提高到 0.56，万元国内生产总值用水量和万元工业增加值用水量均达到规划目标。

六是水生态环境状况持续改善。持续开展长江上中游、黄河中上游、东北黑土区等重点地区水土流失治理，新增水土流失综合治理面积 30 万 km^2。制定《关于做好河湖生态流量确定和保障工作的指导意见》，明确第一批 41 条重点河湖生态流量保障目标，强化河湖生态流量管控。开展京津冀"六河五湖"综合治理与生态修复，永定河北京段时隔 25 年全线通水。强化水资源调度，实现黄河干流连续 21 年不断流。采取"一减一增"综合措施，系统推进华北地下水超采治理，部分地区地下水水位止跌回升。

七是水利扶贫攻坚取得显著成效。聚焦"两不愁三保障"，全面解决了

1710万建档立卡贫困人口的饮水安全问题，治理水土流失面积6.35万 km²，开展农村小水电扶贫工程建设，新增、改善装机约50万 kW。基本完成《"十三五"全国水利扶贫专项规划》确定的八项水利任务。落实贫困地区中央水利建设资金3655亿元，占中央水利建设总投资的49%。全力推进水利行业扶贫、定点扶贫、片区联系和重点区域扶贫工作，择优选派200多名优秀干部和水利专家到脱贫攻坚一线挂职扶贫和技术帮扶。

八是重点领域改革加快推进。全面建立河湖长制，明确省、市、县、乡四级河长湖长30多万名，推进河湖长从"有名"向"有实"转变。推进江河水量分配，累计批复52条跨省江河流域水量分配方案，新启动30条跨省江河水量分配工作和8条跨省江河统一调度。成立中国水权交易所并累计交易水量31.89亿 m³。在10个省（自治区、直辖市）开展水资源税改革试点。累计实施农业水价综合改革面积4亿亩。完成100个县农田水利设施产权制度改革和创新运行管护机制试点。启动深化小型水库管理体制改革示范县创建。积极探索小型水利工程政府购买服务、社会化规范化管理模式。颁布《中华人民共和国长江保护法》《农田水利条例》，启动黄河立法，推进地下水管理条例等立法进程。水利投融资机制改革取得积极进展，投融资规模再创新高，结构更趋合理。

王九大　刘　伟　梅一韬　执笔

乔建华　审核

中国南水北调集团有限公司成立

水利部人事司

南水北调工程是实现我国水资源优化配置、促进经济社会可持续发展、保障和改善民生的重大战略性基础设施。成立中国南水北调集团有限公司（以下简称"集团公司"）是党中央、国务院的重大决策部署，有利于进一步提高我国水资源支撑经济社会发展能力、优化国家中长期发展战略格局，对构建国家水网基础设施体系，有效提升国家水资源保障能力具有重大意义。

一、组建过程

（一）报批阶段（2018 年 10 月—2020 年 1 月）

（1）2018 年，深化党和国家机构改革，按照推进南水北调工程建设企业体制改革的有关要求，水利部、国资委研究起草南水北调工程建设企业改革有关方案，上报国务院。

（2）2019 年 5 月，国务院批准南水北调工程建设企业改革有关方案，明确由水利部和国资委协商组建集团公司。

（3）2019 年 6 月起，按照国务院要求，水利部、国资委研究起草集团公司组建方案和章程，征求中央纪委国家监委、中央组织部、国家发展改革委、财政部、国家市场监管总局和北京、天津、河北、江苏、山东、河南等 6 省（直辖市）人民政府意见后，于 2019 年 12 月上报国务院。

（4）2020 年 1 月，国务院正式批复组建集团公司。

（二）筹备阶段（2020 年 2—10 月）

（1）2020 年 2 月，根据国务院批复文件精神，水利部、国资委联合印发集团公司组建方案和章程。

（2）2020年7月，党中央、国务院明确筹备组班子成员后，集团公司各项筹备工作积极推进。

（3）2020年8月完成集团公司名称预核准，9月完成工商注册，取得营业执照。

（4）2020年10月，集团公司在北京正式挂牌成立。

二、职责定位

按照国务院批复的集团公司组建方案，集团公司负责南水北调工程的前期工作、资金筹集、开发建设和运营管理，有效发挥工程在保障国家水安全、改善生态环境等方面的战略性基础性功能作用，全面实现工程的社会效益、生态效益和经济效益，树立"中国南水北调"品牌，致力于打造国际一流跨流域供水工程开发运营集团化企业。主要职责如下：

（1）执行国家法律、行政法规和产业政策，服从国家宏观调控，接受国家有关主管部门的监管，依法开展经营活动。

（2）研究提出南水北调发展战略、规划、政策、规章和标准等建议。

（3）负责南水北调后续工程的前期工作、资金筹集、开发建设和运营管理，拟定南水北调投资建议计划。

（4）负责南水北调工程安全、运行安全、供水安全，履行企业社会责任。

（5）负责南水北调资产经营，享有公司法人财产权，依法开展各类投资、经营业务，行使对所属企业和控（参）股公司出资人权利，承担南水北调资产保值增值责任。

（6）加强企业党的建设、思想政治工作、精神文明建设和企业文化建设。

（7）承担国务院及有关部门委托的其他工作。

陈 东 尤庆国 刘浩杰 汪博浩 执笔

侯京民 王 健 审核

专栏四

小型水库管理体制改革成效显著

水利部运行管理司

一、公布第一批全国深化小型水库管理体制改革样板县名单，为区域乃至全国改革工作树立了标杆

研究制定现场评估方案，组织大坝中心、建安中心和各流域管理机构，围绕组织部署、工程产权和效益、管护责任主体、管护经费、管护人员、管护模式、工程面貌等内容，采用看现场、查资料、发问卷、综合评定等方式，对 52 个申报县逐一进行现场评估，形成评估报告。经专家评审，研究确定第一批 47 个深化小型水库管理体制改革样板县名单，印发水利部公告，面向社会公布。组织中央主流媒体赴浙江、福建、山东等地现场采访样板县改革经验和创新举措，人民网、新华网、光明网、中国网、澎湃新闻等先后进行报道。在水利工程运行管理门户网站开通"深化小型水库管理体制改革样板县"专栏，对 47 个样板县的经验成效和水库面貌进行集中展示。部署开展第二批样板县工作，继续以此项工作为抓手，促进小型水库管护主体、管护人员和管护经费进一步落实。

二、充分发挥小型水库维修养护中央补助资金效能，全国各地加快定额标准制定工作

督促各省（自治区、直辖市）通过监督指导、督促落实、抽查检查、调研调查、报告统计、考核评价、跟踪审计、通报约谈、备案审查等方式，对 2020 年资金使用情况和执行进度进行跟踪了解。组织大坝中心、建安中心和各流域管理机构采取现场调研督导和网络问卷等方式，了解各地小型水库维修养护中央补助资金落实到位情况以及带动地方财政投入情

况。2020 年，中央补助资金 18 亿元得到全额落实，共带动地方财政投入 13.3 亿元。印发《关于加快小型水库工程设施运行管护定额标准制定的通知》，制作培训课件，指导督促各地水利部门积极与财政部门沟通协调，制定小型水库维修养护定额标准和巡查管护人员补助定额标准，目前 14 个省份已经完成制定工作。

三、加强调查研究，制定指导意见

赴福建等地开展深化小型水库管理体制改革样板县现场调研，对全国样板县管护模式进行汇总梳理分析，提炼出区域集中管护、政府购买服务、"以大带小"等多种可复制、可推广的模式。对中西部地区小型水库管护模式进行广泛调研，进一步分析政府向社会力量购买小型水库管护服务的现状、经验和存在的问题，在此基础上，认真贯彻落实国务院常务会议精神，按照全国水库除险加固和运行管护工作会议要求，充分吸纳财政部意见，研究制定《创新小型水库管护机制的指导意见》，指导督促地方政府明确分散管理的小型水库的管护责任，因地制宜实行社会化专业化管护模式，2021 年年底前完成至少 30%，2022 年年底前实现全覆盖。

韩　涵　刘兵超　执笔

阮利民　刘宝军　审核

水利"放管服"改革持续深化

水利部政策法规司

2020年，水利部主动服务市场主体，优化精简建设项目涉水事项审批流程，提高审批效率；深化"证照分离"改革，实现全部行政许可事项"一网通办"，政务服务标准化、规范化、便利化水平持续提升；强化事中事后监管，涉及水利的营商环境更加公平公正。

一、深化简政放权工作

以清理水利行政许可事项、修订市场准入清单、推进告知承诺以及建设项目取水许可、水土保持事项改革为重点，推动水利简政放权向纵深发展。

一是进一步清理规范各类事项清单，加强新出台文件公平竞争审查。编制形成中央层面设定的行政许可事项清单，将水利部和中央指定地方水行政主管部门实施的两个行政许可事项清单合并为一个清单，许可事项由37项合并为28项；配合国家发展改革委、商务部做好市场准入负面清单（2020年版）涉及水利部分的修订工作。同时，落实公平竞争审查机制，清理存量部门规章、规范性文件，将公平竞争审查作为新出台文件合法性审核重要内容，2020年共审核33件。

二是在完成6项水利行政许可事项"证照分离"改革的基础上，进一步提出新的相关资质改革举措。水利工程建设监理单位资质认定、水利工程质量检测单位资质认定（乙级）、河道采砂许可、取水许可等6项"证照分离"改革完成。同时，提出进一步改革措施，取消水利工程建设监理单位丙级资质，乙级资质实行告知承诺。支持将水利工程建设监理单位资质纳入上海市浦东新区开展"一业一证"改革试点。推进4项水利水平评价类职业资格退出国家职业资格目录后续管理工作。

三是推进取水许可、水土保持方案审批事项改革，优化审批流程、方便市场主体。明确在自由贸易试验区、各类开发区等区域，由建设单位开展的项目水资源论证，改革为政府主导统一进行区域论证评估，同时推行取水许可告知承诺制，既加强水资源管理，又减少建设单位的时间和成本。对编制报告表和已实施水土保持区域评估的生产建设项目，实行承诺制管理。积极服务疫情防控和经济社会发展工作，指导湖北等疫情严重地区水利工程建设项目全部采取保函方式缴纳农民工工资保证金；精简生产建设项目水土保持方案审批程序，医院、医药用品制造等项目作出承诺免于审批，重点项目作出承诺可先行复工复产和开工。

四是加强水利有关收费监管，减轻市场主体负担。部署水利部相关行业协会开展收费自查情况"回头看"，制定实施进一步加强部属单位内部控制管理的意见，健全行业协会收费和部属单位内控长效机制。加大信息公开力度，将水利部下属单位涉企收费、中介机构收费情况在水利部门户网站公示，接受社会监督。

二、加强公正监管工作

以完善监管机制为抓手，以信息化手段为支撑，积极构建监管体系，创新监管模式，强化社会公开，推进监管全覆盖。

一是构建水利"三位一体"监督体系，完善监督方式。制定出台水资源、河湖管理、水利事项特定飞检以及水行政执法等监管文件，构建业务监管、专业监管、行政执法的"三位一体"监督体系。为贯彻落实习近平总书记关于黄河流域生态保护和高质量发展的重要讲话精神，水利部、司法部以行政执法"三项制度"落实情况为重点，联合开展黄河流域水行政执法专项监督，切实解决执法不作为、乱作为问题。同时，建成"12314"监督举报服务平台并上线，2020年共收到有效涉水举报问题线索9000多条，逐条跟踪落实办理。

二是开展专项行动，加大事中事后监管力度。组织开展全国取用水管理专项整治行动，其中长江、太湖流域核查出整改类项目6.7万个，截至2020年年底，整改完成99.8%。开展"双随机、一公开"监管，检查54家水利工程建设监理单位和质量检测单位、34家水利工程启闭机生产企业，对违规企业、违法行为实施通报或行政处罚。同时，开展58个水利工程建设项目安全生产巡查。长江水利委员会对近3年许可的201个在建涉河项目开展了现场检查。

三是加强信用分级分类监管，精准惩戒失信主体。指导开展水利建设市场主体信用评价，加强不良行为记录信息的采集、认定和共享，对落实信用评价有关制度、制定配套措施、省级监管平台建设等情况开展专项检查，同时委托第三方开展评估。2020年，公开一般、较重和严重不良行为记录信息100多条，4家企业纳入黑名单，4家企业纳入重点关注名单。

四是完善监管信息化平台，提升监管效能。初步建成水利部"互联网+监管"系统，开发部署工作界面和服务界面，年度建设任务全部完成。升级完善全国水利建设市场监管平台，开发黑名单等分级分类信用监管功能并上线运行，实现与18个省级监管平台和4家水利行业协会学会的数据共享。目前，已建立市场主体信用档案25061家，从业人员信息531730条，水利工程业绩285518项。

五是开展水利招投标领域专项整治，保障市场公平公正。以未经招标直接发包、肢解招标、规避招标等问题为监督重点，对四川、陕西等8个省份2018年以来的招投标活动开展抽查检查，对指定项目进行"回头看"，进一步压实项目法人主体责任和主管部门监管职责。受理查处了新疆维吾尔自治区玉龙水利枢纽、西藏自治区河湖长制等项目招投标投诉举报问题。

三、优化政府服务工作

以系统优化政务服务流程、全面实行"一网通办"为重点，增强服务意识，提升政务服务能力和水平。

一是规范政务服务。进一步完善水利部16项行政许可事项办事指南和工作细则，实现了同一审批事项在水利部本级和7个所属流域管理机构无差别受理，推动办事要件和审批工作标准化、规范化。指导地方水行政主管部门规范政务服务事项，推动"三级"（省级、市级、县级）、"四同"（名称、编码、依据、类型）。二是完善政务服务信息平台。16项行政许可事项全部实现"一网通办"。组织开发了全国取水许可电子证照系统，截至 2020 年年底，27 个省份基本完成系统对接，发放取水许可电子证照 1.38 万张。配合制定水利工程建设监理单位、质量检测单位资质等级证书电子证照标准。按期保质保量完成数据共享工作任务。三是提升服务效能。持续压缩审批时限，河道管理范围内建设项目工程建设方案审批等高频事项的审批时限由法定 20 个工作日压减至 14 个工作日，生产建设项目水土保持方案审批压减至 10 个工作日。加强水利部行政审批受理大厅建设，推行不见面审批，推进线上线下深度融合。2020 年，共受理行政许可事项 569 件，按时办结率为 100%。四是优化农村供水服务。指导地方结合实际，安装预付费水表，通过实体大厅、移动应用程序、微信等方式进行水费收缴，便捷农村居民缴费。2020 年，全国累计完成农村供水工程建设投资 334 亿元，提升了 4233 万名农村人口供水保障水平，全面解决贫困人口饮水安全问题。

下一步，水利部将深入贯彻党的十九届五中全会精神，认真落实党中央、国务院关于深化"放管服"改革优化营商环境有关部署，推进政府职能转变，持续深化水利"放管服"改革，着力抓好以下三方面工作。一是持续推动简政放权。清理、规范备案等管理措施，编制中央层面设定的行政备案事项清单。公布中央层面设定的水利行政许可事项清单，梳理具体要素。深化"证照分离"改革水利工作举措。配合做好投资审批制度改革、工程建设项目审批制度改革有关水利工作。二是全面加强公平公正监管。落实水利行业监管要求，进一步完善监管制度体系。制定加强和规范事中事后监管的实施意见。持续完善水利部"互联网+监管"系统，做好行政执法"三项制度"落实情况的抽查工作。三是不断提升政务服务水平。进一步完善水利部政务服务平台，规范政务服务移动应用程序。全面推广应用取水许可电子证照。持续规范化实施政务服务"好差评"制度，提升政务大厅的服务标准化水平。

赵　鹏　王雯翊　执笔

张祥伟　夏海霞　审核

水利部在线政务服务平台全面上线运行

水利部办公厅

加快推进在线政务服务平台建设，深入推进"互联网+政务服务"，对于深化"放管服"改革、推进政府治理现代化、不断提升政务服务水平、进一步便利群众办事创业、持续激发市场活力和社会创造力具有重要意义。

水利部认真贯彻落实《国务院关于加快推进全国一体化在线政务服务平台建设的指导意见》（国发〔2018〕27号）和《国务院办公厅关于切实做好各地区各部门政务服务平台与国家政务服务平台对接工作的通知》（国办函〔2018〕59号）精神与工作部署，强化顶层设计、整体联动和规范管理，扎实推进在线政务服务平台建设与上线运行，如期实现了水利部政务服务事项"一网通办"，以及与国家政务服务平台数据汇聚与共享。一是按规定完成各项建设对接工作。完成了政务服务事项管理、政务服务门户及移动端、政务服务数据共享交换、统一身份认证、电子印章、电子证照和安全运维保障体系等系统建设和对接任务，构建了水利部在线政务服务平台。截至2020年年底，平台注册个人用户数量3188个、法人用户数量9127个，共受理政务服务事项6190件，办结5590件，按时办结率100%。二是实现政务服务事项"一网通办"。通过梳理整合，确定水利部政务服务事项目录清单与实施清单，进一步更新规范事项服务指南，优化了政务服务流程。2020年7月全面实现行政许可事项和政府信息依申请公开事项"一网通办"和数据汇聚，达到了水利部政务服务事项全国标准统一、全流程网上办理的目标。三是初步实现取水许可电子证照发放与管理。依托水利部在线政务服务平台建设取水许可电子证照系统，实现取水许可电子证照制作、发放与验证管理，实现水利部对全国取水许可证照的统一发放管理与共享互认。截至2020年年底，各流域管理机构和省级水行政主管部门已累计发放取水许可电子证 18080 本。四是建设政务服务"好差评"系统并上线运行。按照国务院办公厅电子政务办公室有关政务服务"好差评"系统建设要求，建成水利部在线政务服务平台"好差评"系统并与国家政务服务平台"好差评"系统实现对接，所评事项均为好评。

水利部在线政务服务平台建成以来，发挥了显著成效。一是规范政务服务事项，优化政务服务流程。按照水利部有关规定，水利部政务服务平台对部本级和流域管理机构政务服务事项办理流程进行规范化管理，实现了水利部政务服务事项标准化统一、全流程网上办理。二是整合政务服务系统，构建一体化办理环境。建立了"一个平台办理，一个数据库管理，一套安全体系防护"的工作模式，实现水利部政务服务事项统一数据分析和全流程监管。三是统一政务服务标准，实现政务服务"一网通办"。积极推进水利部政务服务平台标准化建设，通过一个平台完成了跨地域、跨层级的办理和互信互认，实现了水利政务服务事项在全国范围"一网通办"，推进政务服务数据共享。四是保障政务服务不间断，支撑疫情期间复工复产。为了贯彻落实全国深化"放管服"改革精神和水利"放管服"改革举措，水利部在线政务服务平台统一标准、规范流程，全面推行"四个一"服务，有效提升了服务效能，切实提高了群众办事满意度。新冠肺炎疫情发生以来推行不见面审批，确保服务不间断。2020 年，线上受理水利部政务服务事项 1365 件，办结政务服务事项 1262 件，完成变更事项 738 件。

下一步，水利部将继续深入贯彻落实全国深化"放管服"改革转变政府职能电视电话会议精神，按照全国一体化在线政务服务平台建设总体目标，围绕加快推进数字政府建设精神要求，持续推进水利"放管服"改革，坚持以问题为导向，进一步整合完善水利部在线政务服务平台，做好政务服务资源信息共享，不断提高人民群众的满意度和获得感，为建设服务型政府提供有力支撑。

马　辉　王爱莉　赵　鹏　丁霖啸　执笔

李训喜　审核

水利部流域管理机构全面应用推广
取水许可电子证照

水利部水资源管理司

根据国务院一体化在线政务服务平台建设工作部署，水利部 2020 年加快推进取水许可电子证照应用推广工作。2020 年，水利部 7 个流域管理机构全面具备电子证照发放条件，实现了取水许可电子证照统一汇集，跨层级、跨部门信息共享，社会用户可以通过政务服务平台实时查阅和打印。电子证照的应用推广显著地提高了水资源管理政务服务效能，为运用大数据提升取用水监管能力创造了条件。

一是加强领导，高位推动。积极取得国务院办公厅电子政务办公室支持，与水利部联合制定了《关于依托全国一体化在线政务服务平台做好取水许可电子证照应用推广工作的通知》，明确了目标、任务和工作要求。水利部领导在全国水资源管理工作座谈会上对此项工作专门作出部署。印发了《取水许可电子证照应用推广工作方案》《取水许可电子证照系统对接技术方案》。

二是精心组织，强化技术支撑。召开视频调度会进行部署，依托水利部政务服务平台，推进解决了流域管理机构取水许可电子证照系统应用、电子印章制作等问题。组织水资源管理中心、信息中心等单位制定了《取水许可电子证照标准》；组织水利部信息中心、金水公司强化技术支撑和服务，与各省（自治区、直辖市）逐一对接，着力解决电子证照应用推广中的各种技术问题。组织采用培训会、视频会等方式，加强工作培训。

三是加强宣传、扩大影响。利用报纸、网站等方式，加强取水许可电子证照应用推广工作宣传，各主要媒体纷纷做了报道。将此项工作作为深化"放管服"改革、提高政务服务能力的重要内容，地方政府政务网站、新闻媒体对有关工作进展予以报告，扩大了社会影响。

四是强化应用，提升能力。以取水许可电子证照的应用推广为契机，启动全国取用水监督管理信息平台建设，对现有各系统平台进行优化整合，以集中式门户网站平台建设为目标，实现统一开放式服务、数据资源统一归集、监管功能模块有机整合，满足管理和网络完善要求，进一步提升取用水管理政务服务效能，为运用大数据监管创造条件。

取水许可电子证照的全面推广应用，有助于加强电子证照信息共享，实现"让数据多跑路、让企业少跑腿"的便民服务要求，实现在流域取用水监管、用水总量控制等领域的大数据分析和应用，不断提升水资源监管水平。

毕守海　房　晶　王　华　执笔

杨得瑞　郭孟卓　审核

甘肃省张掖市：让信息多跑路
让百姓少跑腿

甘肃省张掖市水务局通过精简办事程序，优化办事流程，减少审批环节，积极推进涉水领域"放管服"改革，切实解决影响和制约全市水利改革发展的突出问题，营造高效、便捷、公开、透明的政务服务环境。

张掖市水务局依法减少水行政主管部门许可事项的审批环节，将市级水行政主管部门13项行政许可事项的办理要件、办理流程、承诺时限、法律依据等内容录入张掖政务服务网，实现了网上办理。将高效节水灌溉、山洪灾害防治、农村饮水工程、农业水价综合改革、库区移民、水土保持综合治理项目等9项初步设计或实施方案审批及验收权限下放县区，指导县区做好承接工作，做到无缝对接。

在此基础上，张掖市水务局梳理编制了《权责事项清单》，共计64项。明确了事项名称、事项类型、事实依据、责任事项、追责情形、承办科室。其中，事项名称、编码、依据、类型均实现省、市、县级"三级四同"。

除此之外，张掖市水务局全面清理水利工程建设项目审批事项，编制完成一般水利工程建设项目审批流程图，将水利工程建设项目审批划分为可行性研究（立项用地规划许可）、初步设计（工程建设许可）、施工许可、竣工验收4个阶段，工作时限100个工作日。根据一般水利工程建设项目流程图，完成了4个阶段的一张表单编制工作，明确了各阶段的基本信息、申报事项要求等内容。

创新"互联网+监管"模式，落实了管理员、联络员和相关科室录入员。对国家"互联网+监管"系统中水利监管事项进行分析研判，认领监管事项28项，做到应领尽领。根据认领的监管事项，编制完成了监管事项的检查实施清单，经审核后完成了系统录入工作。强化"双随机、一公开""互联网+监管"监管工作，建立抽查制度，逐步实现对市场主体的各项检查事项全覆盖，强化审批项目的事中、事后监管。

张 云 执笔

席 晶 李 攀 审核

水资源税改革试点成效显著

水利部财务司　水利部水资源管理司

根据党中央关于水资源税改革决策部署，2016 年以来，财政部、国家税务总局、水利部（以下简称"三部门"）联合印发《水资源税改革试点暂行办法》《扩大水资源税改革试点实施办法》。目前，已有河北、北京、天津等 10 个省（自治区、直辖市）开展了水资源税改革试点。自试点工作启动以来，三部门加强工作指导，试点省份扎实推进试点工作，水资源税改革在促进节约用水、抑制地下水超采等方面成效显著。

一、试点取得成效

（一）抑制地下水超采作用显现

水资源税改革试点实施以来，通过对地下水和地表水差别税额设定，特别是超采区地下水从高制定税额标准，加大水资源税征管力度，有力促进了地区用水水源结构优化，推动取用水户加快地下水水源转换，抑制了地下水超采。如天津市以地下水为取水水源的行业地下取水量较改革前下降 30.5%。河北省某企业处于地下水严重超采区，改革后地下水取用量比重从改革前 60% 下降到 8.7%；山东省某纸业集团以中水替代地下水，取用地下水比改革前下降 61%；宁夏回族自治区某石化公司关停 27 口自备井，地下水取用量同比减少 40 万 m^3。

（二）推动特种行业用水方式转变

水资源税改革中，通过大幅提高特种行业用水税额标准，对超计划用水加倍征税，倒逼了特种行业转变用水方式，引导洗车、洗浴等高耗水特种行业调整用水结构，改进生产工艺，采取节水措施，减少用水总量。如天津市某高尔夫球俱乐部主动调整水源结构，将取水水源由地下水改为收集使用雨水，地下取水量同比减少 45%。河北省水资源税改革后，高尔夫球场、洗车、洗浴等特种行业税额标准较水资源费标准增幅超过 15 倍，大部分企业转用中水或地表水，节水效果明显。

（三）推动企业节水技术改造

水资源税改革试点深入推进，纳税人的节水意识明显增强，企业逐渐转变粗放的用水方式，采取多种手段加强用水成本管理，加快技术革新和产业转型升级，降低取用水资源的数量，不断提高水资源利用效率。如北京市某高尔夫球场通过建立雨水收集设施、引入中水等多种节水措施，用水量同比减少 24.9%；陕西省某煤化工集团通过设备更新改造，降低一次水用量，重复利用中水 77 万 m^3，占企业总用水量的 7.45%；山西省某发电有限责任公司对生产系统升级改造，生产环节全部使用中水，年节约地下水 55 万 m^3。

（四）进一步规范取用水管理

试点省份水利部门强化取水许可管理，将无证取水户逐步纳入征管范围，全面加强了取水单位取水计量和取用水管理，强化水资源刚性约束。河北省实施一系列管控措施，全省年取水量 5 万 m^3 以上非农纳税人在线计量监控率达到 90% 以上，推进南水北调中线工程受水区供水范围内自备井 7792 眼关停；内蒙古自治区新发和补办取水许可证 2647 套，全区新发工业取水许可证同比增长 496%。

二、试点改革经验

（一）高位推动部署，做好顶层设计

党中央、国务院高度重视，全面领导，制定改革方案，在《中共中央关于全面深化改革若干重大问题的决定》《中共中央 国务院关于加快推进生态文明建设的意见》等一系列重大战略部署中均提出推进水资源税改革。三部门密切协同、全程跟进，出台水资源税改革试点办法，明确水资源税征收对象、征收方式、税额标准等相关规定，及时研究解决试点过程中的难点问题并制定有针对性的对策措施，为试点有序推进提供政策

支持。

（二）落实主体责任，强化部门配合

试点省份按照国家推进水资源税改革试点安排部署，切实强化主体责任，加强组织领导，成立了水资源税改革试点工作组，建立了高效紧密的联动协调工作机制。其中河北、山西、山东、宁夏等4省（自治区）成立分管领导为组长的领导小组，其他省份财政、税务、水利等多部门成立试点工作小组，坚持全面、深度合作，统筹协调共同开展水资源税改革试点工作，建立税收征管和信息共享等工作机制，凝聚改革合力，保障试点平稳推进。试点省份对照水资源税改革试点办法，均出台了本地试点实施办法，进一步细化水资源税改革制度规定、方法举措，为推进改革落地落实提供制度保障。

（三）加强制度创新，确保落地生效

聚焦节约和保护水资源、促进水资源合理开发利用、改善水生态环境的改革目标，试点省份因地制宜创新水资源税改革实施方案，结合水资源条件、改革工作基础等客观因素，充分发挥主观能动性，在水资源税征管、收入分配体制、改革配套机制、信息化管理等方面探索创新适合本地的路径、方法、举措，确保水资源税改革试点政策措施落地生效。

综上，试点省份总体达到改革预期目标，在促进节约用水、抑制地下水超采、转变用水方式等方面成效显著，但是还存在相关政策有待进一步完善、现有计量设施体系不健全、农业超限额取水的水资源税征收推进难度大等问题。

沈东亮　毕守海　马　俊　王艳华　执笔

郑红星　郭孟卓　审核

持续加大金融支持水利补短板力度

水利部财务司

2020 年，水利部继续深化与国家开发银行、中国农业发展银行、中国农业银行等金融机构的战略合作，深入贯彻落实习近平总书记"节水优先、空间均衡、系统治理、两手发力"治水思路，围绕水利基础设施补短板融资需求，密切沟通协作，加大部行合作，共同努力克服新冠肺炎疫情影响，充分发挥政策性、开发性金融作用，通过延长水利中长期信贷期限、提供利率下浮优惠、创新投融资模式等方式，着力保障重大水利工程、农村饮水及城乡供水一体化等项目融资需求，积极推动长江、黄河流域生态保护水利重点项目融资工作，为助力经济社会可持续发展、提高国家水安全保障水平提供有力的水利信贷支撑和保障。

一、携手共推金融支持水利基础设施补短板

2020 年，水利部持续加大与国家开发银行、中国农业发展银行、中国农业银行的战略合作，充分发挥金融支持水利建设、抗击疫情、造福民生的重要作用，取得了积极进展和明显成效。

一是高层重视，深入对接。水利部原副部长叶建春主持召开全国扩大水利建设投资专项调度会商，专门邀请国家开发银行、中国农业发展银行详细介绍信贷支持政策和水利项目融资典型案例，要求各级水利部门主动与金融机构对接，及时提供项目信息，提前做好项目策划、融资方案编制等工作，切实用足用好金融支持政策。为深入推动部行合作，加大工作合力，水利部原副部长叶建春专门会见中国农业发展银行领导，就加大 150 项重大水利工程信贷支持力度、做好"十四五"规划方向对接等重点工作进行深入沟通，作出安排部署。二是政策保障，加大支持。为支持湖北省克服新冠肺炎疫情影响，会同国家开发银行联合印发《关于支持湖北水利

加快发展的若干意见》，围绕水利基础设施补短板等重点工程建设和项目前期工作，给予湖北省水利项目阶段性优惠信贷政策，为湖北省水利项目尽快复工复产、加快水利建设发展提供了有力支持。三是充分沟通，深化合作。邀请国家开发银行、中国农业发展银行参加全国水利发展资金管理培训班，宣传水利行业信贷政策和融资案例，了解水利改革发展重点任务和资金需求。与中国农业银行就进一步推进 150 项重大水利工程融资工作开展座谈，中国农业银行专门修订制度，印发通知并召开会议，明确要求地方分行加强与水利部门的沟通合作，做好水利行业综合金融服务工作，加大对重大水利工程等重点领域信贷投放力度，切实保障水利项目融资需求。

截至 2020 年年底，3 家银行水利贷款余额为 9193.81 亿元，全年累计发放水利贷款 2008.35 亿元，较 2019 年增长 26.2%，进一步发挥了金融信贷资金支持水利建设、稳定投资和保障民生的重要作用。

二、积极研究探索金融支持水利融资新模式

协调国家开发银行研究解决部直管广西壮族自治区大藤峡水利枢纽项目贷款利率转换事宜，顺利完成利率低转工作，助力企业长远发展。地方分行积极配合各级水利部门推动水利工程供水价格改革、农村供水水费收缴、水权交易等改革，落实水价标准和收费制度，建立合理回报机制；研究创新融资模式，完成福建城乡供水、宁夏水权交易等项目贷款承诺。中国农业发展银行针对水利建设项目公益性较强的特征，根据国家投融资和政府债务管理最新要求，积极探索政策性金融支农新路径，不断优化完善水利项目适用 PPP、公司类融资模式，推动业务创新转型发展，按照市场化运作原则，通过项目运营财务收益、借款人综合经营收益等，帮助企业"发现现金流、设计现金流、创造现金流"，形成了一批具有复制推广价值的信贷模式，为业务创新转型提供了有力支撑。中国农业银行专门组织对《中国农业银行水利贷款管理办法》进行修订，明确加大对防汛救灾、农村供水保障、重大水利工程等重点领域和重大项目的信贷投放。积极探索综合收入还贷、PPP 合作融资等多种信贷运作模式，努力推进信贷资金与

财政资金发挥最大协同效应，对具有明确收费基础、收入覆盖成本的供水、污水处理 PPP 项目，以项目经营收入作为还款来源，成功运作安陆市工业污水处理厂及配套管网工程、鄂城区城乡一体化污水处理、房县城乡供排水一体化等多个 PPP 项目。

三、聚焦重点领域，全力支持国家重大发展战略

国家开发银行印发《关于加快推进 150 项重大水利工程融资工作的通知》，督促地方分行逐一对接项目，了解融资需求，编制融资方案，积极对接了解全国《"十四五"水安全保障规划》有关编制情况，着手开展国家开发银行"十四五"时期水利业务发展专项规划编制工作。中国农业发展银行积极推动支持长江大保护、黄河流域生态保护和高质量发展，多次赴云南、安徽、江苏、江西、宁夏等省（自治区）开展调研，了解实际工作中遇到的困难和问题，及时与推动长江经济带发展领导小组办公室、国家发展改革委、水利部等部门沟通，了解相关工作进展情况，主动参与配套制度设计和重大问题研究工作。中国农业银行高度重视金融扶贫工作，把金融服务水利建设与脱贫攻坚有机结合，截至 2020 年年底，中国农业银行在 832 个国家扶贫重点县水利建设贷款余额 1170.38 亿元，为解决贫困地区防洪安全、饮水安全、生态安全问题提供了坚实的支撑。

2021 年是实施"十四五"规划和开启全面建设社会主义现代化国家新征程的第一年，水利部将全面对标党的十九届五中全会通过的"十四五"规划建议，持续深化与金融机构的战略合作，继续扩大水利信贷规模，为金融支持新阶段水利高质量发展作出更大贡献。

刘艺召　霍静怡　执笔

杨昕宇　付　涛　审核

全国水权交易进展

水利部财务司　水利部水资源管理司　中国水权交易所

一、全国水权交易总体情况

2020 年，各地深入贯彻落实习近平总书记"节水优先、空间均衡、系统治理、两手发力"治水思路，加快培育水权水市场，充分运用市场机制优化水资源配置。内蒙古、甘肃、河南、河北、山西、湖南、江苏、安徽、江西、贵州等省（自治区）强力推进水权改革，在制度建设、交易实践、探索创新等方面取得积极进展。江西省出台《江西省水权交易管理办法》，江苏省出台《关于加快推进水权改革工作的意见》，山西省全面推进水源、水权、水利、水工、水务"五水综改"。内蒙古自治区大力推进跨盟市区域水权交易，河南省深入开展南水北调中线工程受水区水权交易，甘肃、湖南、河北等省持续推动灌溉用水户水权交易。安徽省六安市首次实现丰水地区备用水源富余水量有偿出让，新安江流域水权确权登记试点顺利完成、确权水量 2.24 亿 m³，江苏省宿迁市组织了全国首宗地下水取水权交易，湖南省长沙市高新区开展了国内第一宗雨水资源交易。

二、中国水权交易所交易情况

2020 年，中国水权交易所成交 273 单水权交易，水量约 3.00 亿 m³。其中：区域水权交易 3 单，交易水量 2.90 亿 m³；取水权交易 48 单，交易水量 511.51 万 m³；灌溉用水户水权交易 222 单，交易水量 491.68 万 m³。

中国水权交易所自 2016 年开业运营运来，累计促成水权交易 602 单，交易水量 31.89 亿 m³。其中：区域水权交易 10 单，交易水量 7.66 亿 m³；取水权交易 129 单，交易水量 24.01 亿 m³；灌溉用水户水权交易 463 单，交易水量 0.22 亿 m^3。从交易规模来看，内蒙古自治区交易 79 单，交易水量 26.20 亿 m^3，占总交易水量的 82.16%。

赵诗月　田　枞　毕守海　邓延利　高　磊　执笔

郑红星　郭孟卓　姜　楠　审核

农业水价综合改革工作取得重要进展

水利部农村水利水电司

2020 年，水利部深入贯彻党中央、国务院关于推进农业水价综合改革的决策部署，与相关部门密切配合、分工协作，大力指导和支持各地推进农业水价综合改革，改革工作取得重要进展，实现了从局部试点示范到面上整体推进，从单一环节突破到全链条深化。截至 2020 年年底，全国累计实施农业水价综合改革面积约 4 亿亩，北京市、上海市、江苏省和浙江省率先完成改革任务。

一、统筹做好工作部署和考核

国家发展改革委、财政部、水利部、农业农村部联合印发《关于持续推进农业水价综合改革工作的通知》，明确 2020 年改革任务，确定年度工作重点，进一步明晰部门工作职责。水利部办公厅印发《关于持续推进大中型灌区农业水价综合改革的通知》，部署以大中型灌区为重点推进灌区供水成本核算和价格调整，不断完善灌区供水计量设施，加强灌区农业用水管理。完善全国改革台账，完成年度绩效评价，将评价结果纳入最严格水资源管理制度、粮食安全省长责任制考核，向 4 个改革进展较慢省份的省级人民政府下发问题清单，督促深入落实改革措施。在江苏省盐城市召开农业水价综合改革工作座谈会，交流改革经验做法，研究部署全面深入推进改革的举措。

二、持续夯实改革基础

中央投资 131 亿元对 97 处大型灌区和 375 处中型灌区骨干工程实施节水改造，基本解决了灌区"卡脖子"等突出问题，农业综合生产能力和灌溉用水效率明显提高。完成 2000 多处大型和重点中型灌区供水成本核算，稳步推进骨干工程水价调整。加快供水计量体系建设，结合大中型灌区节水改造项目同步完善计量设施。组织各省（自治区）制定省级大中型灌区供水计量设施建设方案，落实到每个灌区渠首和干支渠口门。加快推进灌区标准化规范化管理，全国已有150处大型灌区、160多处泵站开展了标准化管理试点，灌区管理能力和服务水平不断提高。中央财政继续安排水利发展资金15亿元，用于支持各地推进农业水价综合改革，建立健全农业用水精准补贴和节水奖励机制。

三、全面加强农业用水管理

开展取用水管理专项整治行动，全面实施灌区取水口、农村灌溉井核查登记。指导改革区域以取水许可总量为基础，按照灌溉用水定额，逐步把指标分解到用水主体，实行总量控制。国家层面用水定额体系逐步建立，制定出台水稻、小麦等8种主要农作物用水定额。完成省级灌溉用水定额评估，7省（自治区）颁布实施新灌溉用水定额标准。开展第二批灌区水效领跑者引领行动，提升灌区节水水平。配合有关部门组织开展2020年全国农民用水合作示范组织创建，引领农民用水合作组织规范组建和创新发展。

下一步，水利部将以大中型灌区为重点，以灌区改造为抓手，完善灌排工程体系和供水计量设施，强化农业用水管理，推动供水价格调整，力争"十四五"末全国基本实现改革目标。

一是科学谋划"十四五"改革工作。会同国家发展改革委部署各地对改革任务完成情况进行阶段性总结，明确今后5年年度改革任务，将改革面积分解到市县和地块，强力抓好已建机制的落实，有针对性地补齐短板，确保改革任务按期完成。指导地方有序推进改革验收工作。

二是启动实施大中型灌区续建配套与现代化改造。印发《"十四五"全国大型灌区续建配套与现代化改造实施方案》《全国中型灌区续建配套与节水改造实施方案（2021—2022年）》，明确灌区改造任务，持续完善灌排工程体系。选择东部和基础条件较好的中西部地区率先开展现代化试点，打造一批现代化灌区样板。督促各地落实大中型灌区供水计量设施建设方案，结合灌区改造完善灌区渠首、干支渠口门以及斗口的供水计量设施。

三是积极推进灌区农业供水成本核算和供水价格调整。在完成大型和重点中型灌区供水成本核算的基础上，进一步推进灌区供水价格调整。选择一批具备条件的一般中型灌区优先开展供水成本核算，逐步实现大中型灌区供水成本核算全覆盖。

四是加强灌区农业用水管理。在完成灌区取水口核查登记的基础上，督促未办理取水许可的灌区及时申领取水许可证。与国家发展改革委联合公告发布第二批灌区区域水效领跑者名单，发挥典型示范、引领带动作用。支持灌溉试验站网建设，完善灌溉用水定额，推行灌溉用水总量控制和定额管理，加强灌区用水计量，提升服务能力和水平。

夏明勇　龙海游　刘国军　执笔

陈明忠　审核

农村供水工程水费收缴工作
取得明显进展

水利部农村水利水电司

2019 年 6 月 19 日，李克强总理主持召开国务院常务会议明确提出"要建立合理的水价形成和水费收缴机制"。水利部将水费收缴作为农村供水工程长效运行的"牛鼻子"和深化水利改革的重点任务来抓。2020 年，坚持工程建设和管理"两手抓""两手硬"，召开 3 次全国性会议对农村供水工程水费收缴工作进行了安排部署，强力推进，取得了明显进展。

一、基本情况

2020 年，水利部指导督促地方水利部门克服新冠肺炎疫情影响，聚焦贫困人口饮水安全问题，扎实推进农村饮水安全巩固提升工程建设，同时加强督促调度，强化追责问责，优化奖惩机制，统筹推进农村供水工程水费收缴工作。经过各地持续努力，截至 2020 年年底，全国县级农村供水工程已全面定价，实现了农村供水千人以上工程已收费比例 95%、水费收缴率 90% 的目标。根据各地上报，江苏省、安徽省、云南省、甘肃省、宁夏回族自治区和新疆生产建设兵团已实现农村供水工程水费收缴全覆盖。通过收取水费，为工程良性运行提供了资金保障，促进了节约用水，让用水户加强对工程的监督，倒逼提升农村供水保障水平。人民日报、新华社等主流媒体对农村供水工程水费收缴工作成效给予多次报道和高度肯定。

二、主要推进措施

一是合理测算成本，制定适宜水价。为指导各地分类合理测算农村供水成本、开展水费计收，编制了 T/JSGS 001—2020《农村集中供水工程供水成本测算导则》，推进各地采信使用。指导地方根据"补偿成本、合理收费、公平负担"的原则，考虑用水户的承受能力，按照不同供水工艺，进行供水成本核算，提出农村供水单一制、两部制、阶梯式水价以及区域指导水价的适用条件和测算方法，为农村供水工程定价提供依据和遵循。湖北省举办农村供水水价专题培训班，讲解《农村集中供水工程供水成本测算导则》和水价知识，交流经验做法。河北省、贵州省水利厅会同省发展改革委联合印发通知或指导意见，指导各地科学、规范监管农村供水价格，发挥价格杠杆调节和激励约束作用。重庆市梁平区小型集中供水由村组通过"一事一议"协商定价，实行单一制水价或"基本水价+计量水价"两部制水价，水价1~5元/t，水价向全体村民征求意见同意后实施，水费收缴率高。

二是明确目标任务，强化组织调度。水利部印发文件明确2020年6月底前要全面制定县级农村供水工程水价相关政策，农村供水工程全面定价；2020年年底前千人以上工程收费比例超过95%、水费收缴率超过90%。为了加快农村供水工程水费收缴工作，将水费收缴纳入2020年度水利部重点督查内容，采取按月调度、明察暗访、追责问责等方式，对各地农村供水工程水费收缴和推进工作进行节点跟踪，全力推进。广东省建立每月信息台账报送制度，委托第三方单位深入开展专项暗访检查，定期召开调度视频会议，逐市点名通报。北京市将农村供水计量收费等工作纳入分管市长月度固定点评内容。河南省将水费收缴推进情况纳入"责任分包+专题调研+技术服务"的内容进行逐月通报，确保按照时间节点完成既定目标任务。

三是加大财政补助，建立激励机制。2019年，水利部会同财政部首次将农村供水工程维修养护纳入中央财政补助范围。2020年，财政部共安排农村供水工程维修养护中央补助资金25.1亿元，比2019年度提升了73%，重点对特殊困难地区、供水成本高的工程、特殊困难人群予以补助。在分配中央补助资金时，将地方水费收缴状况作为一项分配因素，建立中央补助资金与农村供水工程水费收缴和管理机制创新挂钩的激励机制。2020年，共完成农村供水工程维修养护经费40.8亿元，维护农村集中供水工程

10.3 万处、受益人口 2.6 亿人。陕西省铜川市按照每个行政村每年 5 万元的标准，足额落实专项管护资金，定期抽查资金使用情况，将验收和抽查结果作为次年水利工程维修养护计划安排和经费补助的主要依据。贵州省级财政每年安排 3.67 亿元，专项补助各地开展农村饮水工程维修养护和公益性管护岗位补贴，促进农村供水工程有人管护、有钱管护、有效管护。

四是坚持因地制宜，创新水费计收方式。督促有条件的地区，千人以上供水工程采取计量收费方式，优先采取"基本水价+计量水价"的两部制、阶梯式或单一制水价，覆盖供水成本；千人以下供水工程，因地制宜采取计量收费或固定收费方式。要求地方水费计收时，充分征求供水单位、用水户、村集体等各方意见，供水单位与用水户签订供水协议等方式，明确权利、责任和义务。通过"先付费再缴费"等预付费机制、分设服务大厅、代缴费点等方式，拓展线上支付，使用手机 APP、微信、支付宝等便捷水费收缴途径，便民利民。甘肃省张家川县实行两部制水价机制。基本水价为每户每年 117 元（30t）一次缴清，超用部分仍按 3.9 元/t 计量收费。水费按年预收，并设立多个收费大厅，提供便民服务。浙江省在山区群众多的县，依托镇村管理，开展"下沉式服务"，逐步关联银行卡代扣，提高自来水入户率和水费收缴率。

五是加大暗访力度，强化追责问责。为进一步摸清农村供水工程水费收缴等工作情况，组织流域管理机构等单位围绕水费收缴等重点工作，对 297 个县 3226 个村 2576 处工程进行大规模暗访，走访 10327 个用水户，压实地方主体责任。2020 年 5 月，印发《农村供水工程水费收缴工作问责实施细则》，健全完善农村供水工程水费收缴时间节点任务，明确问责方式。2020 年 7 月，印发"一省一单"责令未完成时序工作任务的省份进行整改。2020 年 11 月，对工作推进不力的省份进行约谈，以强力问责倒逼责任落实。黑龙江省委督查室开展水费收缴实地督查，着力解决"水费收缴标准不一、水费价格标准不一、影响群众满意率"等问题。山东省建立了"每周调度、现场查看、通报约谈"+"第三方评估"的"3+1"督导机制。山西省太原市政府督查室对农村供水水费收缴工作进行专项督查。采取简报、督查通报等形式，提出整改意见，责令相关单位限期整改，有效推动了水费收缴工作。

六是加强宣传引导，提升保障水平。深入宣传水费收缴与农村供水工程可持续运行和节约用水的关系，督促地方以农村居民喜闻乐见的方式，讲好农村饮水安全故事，让农村居民理解"放心水""商品水"，养成安全用水、有偿用水和节约用水的习惯，形成良好的社会舆论氛围。同时督促供水单位加强水源保护和安全巡查，强化净化消毒和水质检测监测，健全供水设施巡查排查、故障抢修以及应急供水等机制，提升供水服务质量，通过提升供水保障水平和服务质量，引导用水户主动缴费和愿意缴费。内蒙古自治区印制了《农村牧区集中供水工程水费收缴宣传画》1.2万余册，分发各盟市进行广泛深入的宣传发动。安徽省结合"世界水日""中国水周"，充分利用报刊、广播、电视、网络等媒体，通过制作宣传折页、拍摄微视频等多渠道、多方式开展宣传。新疆维吾尔自治区伽师县设立24小时服务热线电话，及时解决群众反映的水价水费、维修养护等各类投诉举报问题，引导群众自觉缴费，提升群众满意度。

下一步，水利部将继续加强督查问责，加大暗访抽查力度，对农村供水工程水费收缴情况开展大规模暗访核查。对水费收缴工作不力、未完成目标任务的地区，视问题严重程度按照有关规定予以追责问责。在安排2021年度农村供水工程维修养护中央补助经费时，与各地水费收缴情况挂钩，充分发挥资金的奖惩作用。通过多措并举全力推进水费收缴工作，确保到2021年年底实现农村供水工程全面收费、水费收缴率达到95%的目标，促进农村供水工程长效运行。

胡　孟　张贤瑜　王海涛　李连香　孙　皓　赵国栋　闻　童　执笔

陈明忠　张敦强　审核

水 利 法 治 篇

《中华人民共和国长江保护法》颁布

水利部政策法规司 水利部长江水利委员会

2020 年 12 月 26 日，习近平总书记签署第 65 号主席令公布了《中华人民共和国长江保护法》（以下简称《长江保护法》），该法自 2021 年 3 月 1 日起施行。《长江保护法》的颁布实施，关系长江流域生态环境保护和修复、资源合理高效利用、生态安全，关系党和国家工作大局，关系中华民族伟大复兴战略全局。水利部全程参与了《长江保护法》的立法过程，发挥了重要作用。

一、重要意义

（一）《长江保护法》把习近平总书记关于长江保护的重要指示要求和党中央重大决策部署转化为国家意志和全社会的行为准则

习近平总书记高度重视长江保护和长江经济带发展，2016 年 1 月在重庆召开的推动长江经济带发展座谈会上，习近平总书记专门指出，要抓紧制定一部《长江保护法》，联动修订《中华人民共和国水法》《中华人民共和国航道法》等，让保护长江生态环境有法可依。2016 年党中央、国务院印发的《长江经济带发展规划纲要》等重要文件都明确提出要制定《长江保护法》。《长江保护法》深入贯彻落实习近平生态文明思想，将习近平总书记关于长江保护的系列重要讲话精神作为根本遵循。坚持生态优先、绿色发展，坚持共抓大保护、不搞大开发；坚持统筹协调、顶层设计、整体推进，增强长江保护的系统性、整体性、协同性。制定并实施好《长江保护法》，就是将习近平总书记关于长江保护的重要指示要求和党中央重大决策部署制度化、法定化。

（二）《长江保护法》为长江母亲河永葆生机活力、中华民族永续发展提供了法治保障

长江流域占有全国 1/3 的水资源，具有独特丰富的自然生态系统和野

生动植物资源，是我国重要的战略水源地、生态宝库和黄金水道，千百年来哺育中华民族、滋养中华文明。一段时期以来，长江病了，而且病得还不轻。《长江保护法》坚持问题导向，针对长江流域生态系统退化趋势加剧、水污染物排放量大、环境风险隐患较多、产业结构布局不合理、绿色发展相对不足等问题，从长江流域系统性和特殊性出发，规定特别制度措施，用法律武器保护长江母亲河。

（三）《长江保护法》对长江经济带高质量发展具有重要的引领和促进作用

长江经济带是我国经济重心所在、活力所在，习近平总书记寄予厚望，提出使长江经济带成为我国生态优先绿色发展主战场、畅通国内国际双循环主动脉、引领经济高质量发展主力军。《长江保护法》通过加强规划管控和负面清单管理，优化产业布局，调整产业结构，划定生态保护红线，既加强生态环境保护，又倒逼产业转型升级，破除旧动能、培育新动能，实现长江经济带科学、有序、绿色和高质量发展。

（四）《长江保护法》在我国现行法律体系中具有独特的地位

《长江保护法》的制定，是在深入研究与长江有关的法律法规和政策文件，深刻把握流域立法的特点和长江流域特色的基础上形成的，是超越现有的行政区域管理范围制定的系统性、针对性的制度规范，不仅国内没有先例，与国外相关流域立法也有所不同，立法难度较大，立法成果也来之不易，为后续黄河等流域立法提供了宝贵的经验。

二、主要内容

《长江保护法》分为 9 章，包括总则、规划与管控、资源保护、水污染防治、生态环境修复、绿色发展、保障与监督、法律责任、附则，共96 条。

（一）关于立法目的

第一条即开宗明义规定，为了加强长江流域生态环境保护和修复，促进资源合理高效利用，保障生态安全，实现人与自然和谐共生、中华民族永续发展，制定本法。针对长江流域生态系统破坏的突出问题，把生态修复摆在压倒性位置，通过保障自然资源高效合理利用，防范和纠正各种影响破坏长江流域生态环境的行为，实现保护长江流域生态环境、支撑和推动长江经济带绿色发展、高质量发展的目的。

（二）关于法律适用范围

明确法律调整的行为范围和地域范围，是立法需要考虑的首要问题之一。在行为范围方面，《长江保护法》从生态系统保护的基本要素行为和威胁破坏长江流域生态环境的行为两方面确定了八个方面的行为范围；在地域范围方面，主要按照流域整体性保护原则，依据长江流域自然地理状况，以流经的相关19个行政区域范围为基础，将法律适用的地域范围确定为长江全流域相关县级行政区域。

（三）关于管理机制

一是规定国家建立长江流域协调机制，统一指导、统筹协调长江保护工作，审议长江保护重大政策、重大规划、协调跨地区跨部门重大事项，督促检查长江保护重要工作的落实情况。这一协调机制，与推动长江经济带发展领导小组的现有协调机制有机衔接，未改变各部门的既定管理职责。二是按照中央统筹、省负总责、市县抓落实的要求，建立长江保护工作机制，明确各级政府及其有关部门、各级河湖长的职责分工。三是建立区域协调协作机制，明确长江流域相关地方根据需要在地方性法规和政府规章制定、规划编制、监督执法等方面开展协调与协作，切实增强长江保护和发展的系统性、整体性、协同性。

（四）主要制度和措施

第二章规定了规划和管控的各项基本制度与措施，建立以国家发展规划为统领，以空间规划为基础，以专项规划、区域规划为支撑的长江流域规划体系。第三章至第五章从资源保护、水污染防治、生态环境修复等方面作出了具体制度和措施规定。强化水资源保护，加强饮用水水域保护和防洪减灾体系建设，完善水量分配和用水调度制度，保证河湖生态用水需要；强化污染防治，严格控制总磷等污染物排污，提升流域防污治污能力；落实党中央关于长江十年禁渔的决策部署，加强禁捕管理和执法工作；强化生态修复，对河湖岸线、森林、草原、湿地、重点湖泊、长江河口、重点库区消落区等实施生态修复，改善和恢复生态系统的质量和功能。第七章绿色发展规定了促进提高能源资源利用效率的一些措施。

（五）关于法律责任

根据栗战书委员长"要充分体现责任更大更严，违法处罚更重更硬"的要求，强化考核评价和监督，实行长江流域生态环境保护责任制和考核评价制度，建立长江保护约谈制度，规定国务院定期向全国人大常委会报告长江保护工作；坚持问题导向，针对长江禁渔、岸线保护、非法采砂等重点问题，在现有法律基础上补充和细化有关规定，并大幅提高罚款额度，增加处罚方式，补齐现有法律的短板和不足，切实增强法律制度的权威性和可操作性。

三、立法过程

长江立法工作开展较早。自 20 世纪 90 年代，水利部就持续开展长江流域立法的基础研究，取得了一系列成果。2016 年 6 月，根据习近平总书记在推动长江经济带发展座谈会上的重要讲话要求，以及推动长江经济带发展领导小组办公室的安排部署，水利部会同有关部门承担《长江保护法》前期研究和论证相关工作，形成了关于制定《长江保护法》的立项报告和草案框架，于 2018 年 3 月报送全国人大常委会法工委。《十三届全国人大常委会立法规划》将《长江保护法》列入一类项目，明确由全国人大环资委组织起草。2019 年以后，全国人大常委会全面启动《长江保护法》起草工作，成立工作专班，用一年的时间完成起草，又用一年的时间进行了 3 次审议，2 次向社会公布草案全文，广泛地吸收各方面的意见和建议。

作为《长江保护法》起草领导小组和工作专班的成员单位，水利部在草案起草和审查审议过程中积极提供立法支撑，提出建设性意见，得到立法机关的高度肯定。《长江保护法》立法工作全面启动以来，水利部积极配合全国人大环资委、常委会法工委、宪法法律委开展各项起草、审查和审议工作。水利部领导 10 余次主持专题会议研究讨论立法重大问题，多次参加全国人大相关会议反映意见，并就流域综合规划、水利相关标准、岸线管理等重点问题，赴全国人大专题汇报。组织部内各有关司局、单位及长江委、太湖局积极参与起草并配合做好修改完善等工作，选派业务骨干参加起草专班；反复研究草案文本，开展专题论证，形成逾10万字的研究成果；参加各类汇报、讨论、审议会议30余次；协助全国人大宪法法律委赴湖北、安徽、江西、江苏等地考察调研。此外，一些水利系统的人大代表、干部职工、专家学者、有关企业、行业协会等也利用参加座谈会、评估会、草案公开征求意见等机会积极建言献策，为《长江保护法》的顺利出台作出了很大贡献。

经过努力，《长江保护法》中多处规定了水利的职能职责，直接涉及的条款接近全部条文的1/3，为水利部门在长江大保护中履职尽责、积极发挥作用提供了重要的法律依据。例如，在水资源管理方面，明确了规划水资源论证、长江流域饮用水水源地名录等制度、跨流域调水管控；在河湖管控方面，规定河湖长制、实施河湖岸线特殊管制等制度，特别是严格了非法采砂和占用水域岸线行为的法律责任，增强了震慑作用；在水生态保护修复方面，强化了生态流量管控、河湖水系连通、河口保护等制度；在洪涝灾害防御方面，要求加强堤防、蓄滞洪区建设和病险水库除险加固，提升洪涝灾害防御工程标准，建立包括水工程联合调度、水文监测、防汛预警预报等制度在内的非工程体系，提高长江流域水旱灾害防御整体能力。

姚似锦　王坤宇　执笔

李晓静　审核

水利立法工作进展

水利部政策法规司

2020 年，水利部以党中央、国务院部署的立法项目为重点，围绕水利改革发展中心工作，全力推进水利立法工作，取得重要成果和重大进展。

一、习近平总书记明确指示的重要流域立法工作

（一）《中华人民共和国长江保护法》颁布实施

水利部作为《中华人民共和国长江保护法》（以下简称《长江保护法》）起草领导小组和工作专班的成员单位，积极配合全国人大常委会法工委、宪法法律委开展起草、审查和审议工作，提供立法支撑，提出建设性意见，得到立法机关的高度肯定。2020 年 12 月 26 日，《长江保护法》经十三届全国人大常委会第 24 次会议表决通过，于 2021 年 3 月 1 日起施行。《长江保护法》分为 9 章，包括总则、规划与管控、资源保护、水污染防治、生态环境修复、绿色发展、保障与监督、法律责任、附则，共 96 条，对长江流域水资源管理、河湖管控、水生态保护修复、洪涝灾害防御等方面作出了重要制度安排，直接涉及水利部门职责的条款接近全部条文的 1/3，为水利部门在长江大保护中履职尽责、积极发挥作用提供了重要法律依据。

（二）黄河立法工作全面展开

组织黄委推进黄河立法前期研究工作，形成 13 个专题研究成果。多次就黄河立法向党中央、全国人大、国务院、全国政协汇报，为党中央、国务院黄河立法决策提供了有力支撑。2020 年 9 月，按照党中央、国务院的安排部署，由水利部、国家发展改革委牵头承担具体起草任务，为此，组建了水利部、国家发展改革委负责同志为组长，中央有关部门参加的黄河

立法起草工作小组，部内组建相应起草工作机构，拟定工作方案，细化落实任务，整合各方力量，紧盯时间节点，压茬推进专题研究、立法调研、草案起草、征求意见等工作。

二、落实习近平总书记"3·14"重要讲话精神的重点立法工作

（一）加快推进《地下水管理条例》审查工作

配合司法部完成专家论证、立法调研、部门协调、社会风险评估议、草案核稿等关键工作。2020 年 12 月，该条例草案经司法部部务会议审查通过，报国务院常务会议审议。该条例针对地下水超采和污染两大问题，在规范地下水调查评价与规划编制、加强地下水节约与保护、健全地下水超采治理措施、完善地下水污染防治措施、加强监督管理、严格法律责任等方面作出明确规定，为地下水的可持续利用提供了有力的保障。

（二）积极推进《河道采砂管理条例》审查工作

习近平总书记等中央领导多次对河道非法采砂问题作出重要批示。2019 年 10 月，水利部起草完成《河道采砂管理条例》草案并报国务院。2020 年，配合司法部两次征求中央部门和地方政府意见，完成专家咨询论证、实地调研等工作；多次就采砂规划、实施方案、许可、统一经营管理、工程性采砂、《长江河道采砂管理条例》存废等重点问题专门征求水利系统意见。该条例主要审查工作基本完成，为 2021 年出台奠定了良好的基础。

（三）有序推进《节约用水条例》联合起草工作

在进一步学习领会习近平总书记关于治水工作的重要论述精神和中央有关部署要求，全面总结节水工作实践的基础上，有效地借鉴地方节水立法的新经验，会同国家发展改革委、住房和城乡建设部对该条例草案框架结构和主要内容作出大幅调整，完成征求中央有关部门、省级地方人民政府及社会公众意见的工作，经修改完善后，形成了较为成熟的草案文本。

三、适应新形势水利改革发展需要的重点立法工作

一是持续推进《河道管理条例（修订）》起草工作。系统梳理重点问

题，开展书面调研，组织水利规划、河道管理、立法执法等领域专家开展咨询研讨，完成征求水利系统意见和专题修改，与司法部进行了初步沟通，形成修订草案初稿，为后续立法工作提供了思路和方向。修订草案注重立法衔接，突出务实管用，突出维护河湖健康美丽和促进生态文明理念，对该条例结构和内容进行了大幅的修订，新增生态用水管理、水系连通、水域占用补偿、河湖长制职责，细化河道规划、管理范围、河口整治、涉河建设项目管理等制度，强化违法行为的处罚力度。

二是《水文监测资料汇交管理办法》颁布施行。经部务会议审议通过，2020 年 10 月 22 日以水利部令第 51 号公布，自 2020 年 12 月 1 日起正式施行。该办法作为《水文条例》的配套规章，规定了水文监测资料的汇交单位和汇交范围，明确了管理职责和汇交资料的程序、方式、期限、技术要求等，有利于拓宽资料收集范围，延长资料系列，提升水文工作的服务能力，实现水文监测资料规范化管理，更好地为经济社会发展提供水文服务。

三是开展《水利工程建设项目验收管理规定（修订)》审查工作。重点对该规定的合法性、合理性、与有关规定的衔接性、意见采纳情况等进行审核。在审查期间，水利部副部长魏山忠、总工程师刘伟平先后召开会议研究或提出明确要求。2020 年 9 月 8 日，部务会议对该规定进行审议，要求围绕管用和可操作性两个要点对该规定进一步修改和完善。

四是与交通运输部等 7 部联合发布《高速铁路安全防护管理办法》（交通运输部令第 8 号)。

此外，《农村供水条例》前期研究和起草工作取得积极进展，形成草案初稿。

四、积极配合立法机构开展其他法律起草工作

一是配合全国人大环资委开展《湿地保护法》起草工作。水利部积极参与《湿地保护法》草案起草工作，参加全国人大环资委牵头的立法起草小组，多次参与审议讨论。魏山忠副部长主持召开专题会议进行研究。完成多轮研提意见，重点就法律适用范围、与涉水法律法规相衔接、在湿地

保护工作中发挥水行政主管部门专业优势等方面提出意见建议，保障湿地保护与河湖管理保护相衔接。2020年10月，《湿地保护法》草案已经被全国人大环资委第二十七次全体会议审议通过。

二是配合国家粮食与物资储备局牵头的《粮食安全法》、司法部牵头的《突发事件应对法》等立法修法工作，参加起草专班，参与审议讨论，多次研提意见。

五、不断夯实水利立法基础工作

一是加强水利立法顶层设计。系统梳理水利立法需求，立改废释并举，法律法规规章统筹，整体推进与重点突破结合，编制印发《水法规建设规划（2020—2025年）》，明确了水法规建设的总体要求、阶段目标、重点任务、实施步骤和保障措施。该规划坚持问题导向和目标导向，着眼立法布局和体系构建的系统性、完整性、科学性和均衡性，围绕综合与监督、水旱灾害防御、水资源管理、河湖管理、水生态保护、水工程管理等六大领域，确定水法规制定、修改、废止、解释重点任务共计60件，按2020—2022年和2023—2025年两个阶段实施。

二是落实习近平总书记关于制定《长江保护法》、联动修改《中华人民共和国水法》的要求，组织开展《中华人民共和国水法》修订前期研究，完成立法思路定位和重点问题研究阶段的任务。

三是组织完成基于保障国家水安全的水法规体系建设研究，从保障国家水安全的角度，从制度层面，对水法规体系构建与完善进行研究并提出建议。

四是认真办理全国人大代表议案、建议和全国政协委员提案答复共计37项，回应代表和委员对水利工作的关切。

2021年，水利部继续以习近平生态文明思想、法治思想为指引，落实"节水优先、空间均衡、系统治理、两手发力"治水思路，贯彻"新阶段、新理念、新格局"要求，以推进党中央、国务院部署的立法项目为重点，推进水利立法工作。一是以黄河立法为重点推进水利立法工作。积极发挥好牵头作用，加强部门协调联动，全力推进黄河立法条文起草工作，确保

2021年6月底前形成法律草案送审稿报国务院，配合做好后续审查审议工作。二是积极做好《地下水管理条例》《河道采砂管理条例》审查审议相关工作，力争2021年颁布实施并做好释义和编制宣贯工作。三是持续推进《节约用水条例》《珠江水量调度条例》《河道管理条例（修订）》《农村供水条例》等立法工作。四是推进《水利工程建设项目验收管理规定》《水利工程建设监理规定》《水行政处罚实施办法》等部门规章制定修订工作。五是结合《长江保护法》实施，抓紧研究制定水工程联合调度、规划水资源论证、河湖岸线管控等配套制度。

姚似锦　李　达　执笔

李晓静　审核

黄河立法工作全面启动

水利部政策法规司　水利部黄河水利委员会

按照党中央、国务院部署，水利部、国家发展改革委牵头负责黄河立法具体起草工作。2020 年 10 月以来，水利部会同国家发展改革委精心组织、奋力推进，有关工作相继启动并取得积极进展。

一是及时部署推动。成立了水利部、国家发展改革委牵头，司法部、自然资源部、生态环境部、工业和信息化部、财政部、住房和城乡建设部、农业农村部、文化和旅游部、应急部、国家能源局、国家林草局和水利部黄河水利委员会等部委、单位参加的黄河立法起草工作小组。2020 年 11 月 20 日，起草工作小组召开第一次会议，传达学习中央领导同志重要指示批示精神，对黄河立法起草工作进行动员部署。12 月 1 日，水利部办公厅、国家发展改革委办公厅联合印发《黄河立法起草工作方案》，明确目标任务、分工安排和时间要求。12 月 28 日，水利部办公厅印发《水利部黄河立法起草工作实施方案》，细化部内黄河立法工作安排。

二是建立工作机制。起草工作小组制定了工作规则，建立了成员单位司局级联络员机制、各部门业务骨干组成的起草工作专班、咨询专家库，以及与流域内 9 省（自治区）沟通联系机制；完善工作通报机制，印发黄河立法起草工作简报，适时通报各部门工作进展情况。起草工作小组成员单位还建立内部工作机制，明确任务分工，组建研究专班，集中开展立法相关工作。

三是完成综合调研。2020 年 12 月 8—11 日，水利部、国家发展改革委会同起草工作小组各成员单位组成两个调研组，分别由水利部副部长魏山忠和总规划师汪安南带队，分赴河南、山东、甘肃、陕西等 4 省开展黄河立法起草工作综合调研，实地调研黄河生态保护、防洪保安、水资源节约利用、高质量发展和黄河文化等情况，分别在山东济南、陕西西安与流域内各省（自治区）人民政府座谈，听取对黄河立法的意见建议。

四是制定草案框架。在前期研究、征求起草工作小组各成员单位、流域9省（自治区）人民政府和相关领域专家的意见等工作基础上，经联络员会议研究，制定印发了《黄河立法草案框架》，构建了总则，规划与空间布局，生态保护与修复，水资源节约集约利用，水沙关系调节与防洪保安，环境污染防治，高质量发展，黄河文化保护传承弘扬，监督、监测与保障，法律责任和附则等11章的总体框架和内容，作为开展黄河立法专题研究和条文起草的基础。

五是开展专题研究。按照工作方案安排，起草工作小组各成员单位全面启动了流域规划体系、生态环境保护修复、水资源高效利用、防汛抗旱等10个专题研究，制定实施方案，开展专项调研。针对牵头和参与的专题，水利部制定《黄河立法研究专题及部内分工安排》，细化任务分工，明确时间要求，及时开展专项调研、资料搜集、草案条文研究等工作。

六是开展草案起草。结合立法调研和专题研究，起草工作小组各成员单位同步开展条文起草工作。截至2020年年底，水利部、国家发展改革委研究起草了规划、水资源、防洪、高质量发展等相关条文，自然资源部、生态环境部、工业和信息化部、文化和旅游部等部门分别围绕生态保护修复、环境污染防治、高质量发展、黄河文化保护传承弘扬等提出了相应的条文意见。

姚似锦　唐忠辉　执笔

李晓静　审核

水行政执法效能提升

水利部政策法规司

水行政执法是各级水行政主管部门和流域管理机构积极践行"节水优先、空间均衡、系统治理、两手发力"治水思路的重要保障，是全面贯彻实施水法规制度、推进水利治理体系和治理能力现代化的必然要求。"十三五"时期，水利部深入学习贯彻习近平法治思想、习近平关于治水工作的重要论述精神，认真落实中央全面依法治国委员会工作要点有关任务要求，聚焦河湖"清四乱"、河道采砂、水资源管理、水土保持等重点监管领域，以"零容忍"态度，严厉打击各类水事违法行为，让水法规制度"带电""长牙"，执法效能不断提升、震慑作用持续增强。

一、水事违法查处力度明显加大

"十三五"时期是水行政执法动真碰硬的五年。五年来，水行政执法持续"长牙""带电"，成为水利监管的重要手段、河长制从"有名"到"有实""有能"转变的重要保障，通过河湖、水资源、水土保持、陈年积案"清零"、扫黑除恶等专项行动以及大案要案实施挂牌督办，多年累积的陈年旧案已得到全面解决，对水事违法行为形成高压态势和较强震慑力。共立案查处违法案件9.9万件，现场制止违法行为59万起，罚款29.4亿元，2020年结案率创新高达94.8%。

一是坚决打赢河湖执法三年行动收官战。落实河长制湖长制加强执法监管部署，专门编制实施河湖执法三年工作方案，对1800多个市县的河湖执法情况进行专项督导、随机抽查和调研复核。对河湖"清四乱"、长江经济带水土保持监督执法、黄河生态保护等整治活动及各方面检查、暗访等发现的违法行为，依法予以查处。水利部、省级水行政主管部门和流域管理机构挂牌督办案件72件，内蒙古自治区两家水务公司拖欠5700多万元水资源费案、辽宁省辽阳市和开原市非法采砂案、江苏省仪征团结造船厂违法占用长江岸线滩地案、河南省南阳市淅川通用机场丹江口水库违法填库案、广佛肇高速公路项目违法弃渣案、广西壮族自治区柳州市柳江段12栋违建"水上别墅"案、青海省扎倒公路11座湟水河大桥违建案等一批大案要案得到有效查处。

二是开展水事违法陈年积案"清零"行动。将其列入水利部年度督办重点考核事项，加强组织领导，强化工作调度，指导督促各地各流域机构顶住压力、动真碰硬，加强挂牌督办，4267件水事违法陈年积案全部"清零"。落实长江禁捕有关执法工作，指导沿江各地水行政主管部门主动加强所管辖河湖的执法巡查检查，发现线索及时移送。河湖"清四乱"、取用水管理专项整治等专项行动发现的违法案件得到有效查处。

三是严打水利领域黑恶势力。以打击河道非法采砂为重点，将扫黑除恶专项斗争贯彻于水行政执法的全过程，加强执法巡查、业务监管、案件查处和线索摸排核查，配合做好调查取证以及后续查处工作。三年来，累计向公安、检察等机关移交涉黑涉恶线索2055条，判刑超过695人。指导落实河道采砂"两高"司法解释，11个省份出台河道非法采砂砂石价值认定和危害河道防洪安全鉴定规范性文件，配合法院、检察院制定了非法采矿罪的数额标准，为严厉打击河道非法采砂犯罪行为提供制度保障。2018—2020年，政策法规司连续三年被评为全国扫黑除恶专项斗争先进单位。

二、执法监督方式不断创新

一是推动执法监督制度化。为了更好地履行"三定"规定赋予的法定执法监督职责，全面贯彻推行水行政执法"三项制度"，巩固"不忘初心、牢记使命"主题教育专项整治成果，水利部制定《水行政执法监督检查办法（试行）》，共6章28条，包括总则、监督检查内容、监督检查方式、问题认定与整改、责任追究和附则等内容，进一步规范水行政执法监督检查工作，促进水行政主管部门依法履行法定执法职责，推动严格规范公正文明执法。

二是开展黄河流域水行政执法专项监督。为了贯彻落实习近平总书记关于黄河流域生态保护和高质量发展的重要讲话精神，2020年8月以来，水利部、司法部联合在黄河流域开展了水行政执法专项监督，以切实解决关系群众切身利益的江河治理领域执法不作为、乱作为等问题为目标，以全面推行行政执法"三项制度"、加强执法队伍建设和执法保障情况为重点，对黄河流域水行政执法工作进行专门"体检"。紧盯违法涉河建设、非法取水、非法采砂、人为造成水土流失等突出水事违法行为的查处，检查是否存在有案不立、立案不查，执法不公、执法一刀切，执法不文明、粗暴执法等现象。通过"七查一听"等方式（查资料、查专项行动及重大案件、查现场、查数据图像、查监督举报、查能力、查满意度、座谈访谈），开展多维度的实地监督。不仅查书面资料，更查违法现场，注重听群众和司法机关工作人员的意见；既要查监督投诉举报，又要通过信息化手段抽查案件处理情况。从5个方面27个要点检查水行政执法巡查、执法案卷、执法队伍建设、制度建设等情况，采取"四不两直"（不发通知、不打招呼、不听汇报、不用陪同接待、直奔基层、直插现场）、利用无人机等方式抽查复核案件和疑似违法问题。同时，还随机抽取20%的执法人员进行法律知识和水利专业知识测试，确保监督质量。

三、执法规范化建设和能力建设持续推进

按照国务院部署，各级水行政主管部门和流域管理机构聚焦水行政执法的源头、过程、结果等关键环节，印发实施全面推行水行政执法"三项制度"实施方案，强化执法监督与考评，落实水政监察人员岗前培训、持证上岗和资格管理制度，执法行为进一步规范。

提前一年完成流域管理机构水政监察队伍执法能力建设任务，以提升信息化、配套完善装备设施和提高监管能力为重点，编制实施《流域管理机构水政监察队伍执法能力建设规划（2020—2025年）》。2020年，推动流域管理机构实施2艘水政监察船和2座码头的建设。各地想方设法加大水政执法装备建设和投入力度，湖北、广东、贵州等省实施执法装备建设专项规划，江苏省在全国率先出台4类34项水行政执法专业资产配置

标准。

加强水行政执法信息化建设。基于"水利一张图"开发建设执法管理平台，积极推行"互联网+水政执法"，长江委、黄委、海委、太湖局和江苏、江西、湖北、广东等省建立了集巡查监控、立案查处、跟踪督办、执法统计于一体的执法管理系统，为水行政执法和其他业务监管提供了平台支撑。目前，运用卫星遥感监测、无人机航拍、视频监控等信息技术，发现、制止、查处水事违法行为的比例超过70%。江西省推行立体执法，实现从岸上到水体再到水底、从审批到建设再到运行全覆盖。

四、水行政综合执法协同机制持续健全

一是进一步厘清生态环境保护综合行政执法的主体和边界。与生态环境部联合印发通知，明确生态环境保护综合行政执法水利事项和执法职责，水行政主管部门依法"对擅自修建水工程，或者建设桥梁、码头和其他拦河、跨河、临河建筑物、构筑物，铺设跨河管道、电缆等行为的行政处罚""对太湖流域擅自占用规定的水域、滩地等行为的行政处罚"行使执法职责。

二是水利综合执法机制不断完善。水政监察队伍统一对外执法的体制基本形成，各地和流域管理机构探索推行水政工作机构统筹、水政监察队伍负责、各相关业务局（处、科、股）参加的水行政执法工作机制，促进了水利管理、监督与执法无缝对接。浙江、山东等省积极探索建立与地方综合执法体制改革相衔接的水行政执法机制，确保法定执法职责落实到位。

三是联合协同执法机制进一步健全。依托河长制平台，流域与区域、区域与区域、水利部门与公安机关等部门联合执法机制不断完善，"河长+警长""河长+检察长"机制在不少地方显现成效。长江委、黄委等流域管理机构和22个省份"水行政+公安"联合执法已成常态化、制度化。长江委联合相关部门完善联防联动合作机制，积极与公安、交通运输、农业农村等部门开展联合执法，形成长江河道采砂、长江禁捕联动合力。太湖局牵头建立太湖跨省湖长协商协作机制和"一湖两河"联合执法机制，有效

地保护了太湖水域岸线。各地积极探索在水利部门派驻警务室（站）、检察室等机制，其中北京、福建、江西3个省（直辖市）检察机关在水利部门派驻检察室实现全覆盖，辽宁省公安机关设立四级河湖总警长、副总警长、警长6013名。

2021年，水利部将贯彻落实习近平总书记在中央全面依法治国工作会议上关于"推进严格规范公正文明执法，系统研究谋划和解决法治领域人民群众反映强烈的突出问题，用法治保障人民安居乐业"的要求，强化水行政执法在水利监管中的作用，特别是加强河湖、水资源、水生态等社会关注、群众关心的领域执法巡查力度，将专项行动与常态执法、联合执法与协同执法相结合，压实执法责任，强化执法监督，提升执法效能，进一步营造良好的水事秩序氛围，增强群众的获得感、幸福感和安全感。

赵 鹏 王雯靖 执笔

张祥伟 夏海霞 审核

水利系统深入开展扫黑除恶专项斗争

水利部政策法规司

2018 年以来，水利部认真贯彻习近平总书记关于开展扫黑除恶专项斗争的重要指示和《中共中央　国务院关于开展扫黑除恶专项斗争的通知》精神，全面落实全国扫黑除恶专项斗争领导小组 10 次会议和 3 次推进会部署，在水利部党组的坚强领导下，认真履行行业监管职责，扎实推进水利系统扫黑除恶专项斗争取得全面胜利。水利部政策法规司及江西、安徽、广东 3 省水利厅被评为全国扫黑除恶专项斗争厅局级先进单位，水利系统 4 名同志被评为全国扫黑除恶专项斗争先进工作者、表现突出厅局级干部。

一、高度重视，组织发动及时有力

水利部党组高度重视，深入推动水利系统扫黑除恶专项斗争，明确要求做好非法采砂中的扫黑除恶。魏山忠副部长带队赴河南、辽宁开展了水利领域扫黑除恶专项斗争情况调研。水利部专门印发《关于水利系统深入开展扫黑除恶工作的通知》，将扫黑除恶专项斗争贯彻于水行政执法的全过程，全面落实水利扫黑除恶专项斗争各项任务。择优组织 27 人次参加中央扫黑除恶三轮督导及"回头看"工作，其中 3 名同志获评督导先进个人。

二、强化监管职责，专项整治扎实有效

三年来，组织流域机构和地方各级水利部门，开展河湖执法三年行动（2018—2020 年），首次开展重大水事违法案件挂牌督办，共挂牌督办 72 件，2019 年 6 月底全部解挂；组织开展水事违法陈年积案"清零"行动，2018 年以前水事违法陈年积案 4267 件如期全部结案"清零"，一批立案

10 余年的案件得到有效查处。结合主题教育，开展水利领域扫黑除恶专项斗争专项整治，组织督导发现水利系统存在问题的 8 个省份限期整改，同时，要求各省份举一反三，自查自纠。对全国扫黑办交办河北张家口地区非法采砂等问题开展专项调查。截至 2020 年 11 月，全国累计巡查河道4151 万 km，巡查水域 1070 万 km²，出动执法人员 930 万人次，现场制止违法行为 36.3 万起，立案查处水事违法案件 6.6 万件。

三、健全长效机制，衔接机制常态化

部署深挖涉黑涉恶线索，及时移交公安机关办理。加强案件办理的信息沟通，建立健全案件移送和线索报送制度。指导推动 11 个省份和 3 个流域机构出台河道非法采砂砂石价值认定和危害河道防洪安全鉴定的规范性文件。指导各地依托河长制平台，积极推行流域与区域、区域与区域、水利部门与相关部门联合执法，加强与纪委监委、司法、公安等部门联动，不断完善水行政执法与刑事司法衔接机制。截至 2020 年年底，组织流域机构和地方水利部门向公安等机关移交涉黑涉恶线索 2055 条，配合打掉涉水黑恶组织 75 个，破获刑事案件 448 件，判刑 695 人。

赵　鹏　王雯竫　执笔

夏海霞　审核

水事违法陈年积案 "清零" 行动全面完成

水利部政策法规司

　　针对陈年积案数量多、解决难度大等问题,水利部在全国部署开展了水事违法陈年积案 "清零" 行动。各流域管理机构和各地按照水利部部署,担当作为、动真碰硬,全力推动陈年积案 "清零" 行动顺利开展。截至 2020 年 8 月底,4267 件陈年积案全部实现 "清零",社会反响较大,起到了很好的震慑作用。

一、强化组织推动

　　2019 年 5 月,水利部制定印发了《陈年积案 "清零" 行动实施方案》,在水利部门户网站进行公开,要求地方水行政主管部门和各流域管理机构消存量、遏增量,对 2018 年前积累的陈年积案进行 "清零"。水利部原部长鄂竟平在 2020 年全国水利工作会议上对完成陈年积案 "清零"任务提出明确要求,将此项工作列入 2020 年度督办重中之重考核事项。魏山忠副部长在 2019 年河湖执法推进会上对陈年积案 "清零" 予以重点部署,多次主持部长专题办公会议研究推进。各地各流域管理机构按照水利部部署,制定了本地区或本单位的实施方案,明确目标任务,细化责任分工,采取有力措施,强力推进 "清零" 工作。

二、排查摸底立账

　　根据水行政执法统计直报系统,截至 2018 年年底,全国共有陈年积案 2512 件。各流域管理机构和省级水行政主管部门根据要求,组织对管理范围和辖区内水事违法行为及案件进行全面梳理排查,共排查新增陈年积案 1755 件,依据行政处罚法和水法规的有关规定,经部、省两级复核确认共有 4267 件陈年积案，建立案件台账，实行动态管理，明确了"三个主体"（执法主体、督办主体、责任主体）。在陈年积案中，河湖案 1956 件，占比 46%，还有一批立案 10 年以上一直未结案。

三、统筹调度推进

开展"清零"行动以来，在每期《水政执法动态信息》中对各流域管理机构和各省级水行政主管部门工作开展情况及排名进行通报。对未按时点要求完成"清零"的案件及"三个主体"清单，按程序在水利部门户网站进行公告，接受社会监督，倒逼履职尽责。加强与有关流域管理机构和省级水行政主管部门的沟通，争取支持和指导。特别是针对重大疑难案件，采取现场指导、电话沟通、视频会商等方式，指导各省级水行政主管部门和流域管理机构制定"一案一策"，分类推进，确保按时保质结案。

四、复核保证质量

2019 年 8 月，组织 7 个流域管理机构分两轮专题调研 31 个省份的陈年积案"清零"行动情况，随机抽查和调研复核案件 400 余件，协调解决工作中遇到的困难和问题，提出了 100 多条意见建议，督促案件依法查处。在前期工作的基础上，2020 年 4—8 月，部署 7 个流域管理机构和 31 个省级水行政主管部门按照未结案案件 100%、已结案案件 10% 比例，组织对1281 件陈年积案"清零"情况进行随机抽查及现场复核。9—10 月，对安徽、广东、贵州、云南 4 省的 60 件陈年积案"清零"进行了抽查复核。据统计，水利部、流域、省级三级累计组织抽查复核陈年积案 1341 件，占总数的 31.4%，被抽查案件按规定要求结案率达 100%。

赵　鹏　王雯靖　执笔

夏海霞　审核

水利法治宣传教育开展情况

水利部政策法规司

2020 年，各级水利部门认真学习贯彻习近平法治思想，坚持法治宣传教育与依法治水管水实践相结合，突出重点和关键节点，广泛开展内容丰富、形式多样的水法治宣传教育，取得了积极的成效。

一、举办专题培训班，学习贯彻习近平法治思想

2020 年 11 月 30 日至 12 月 6 日是第三个宪法宣传周。12 月 1 日，水利部在京举办第五期水利系统司局级领导干部法治专题培训班，深入学习宣传贯彻习近平法治思想，大力弘扬宪法精神，提升水利领导干部法治素养。水利部副部长魏山忠出席培训班开班式并做动员讲话，要求全体学员认真学习领会习近平法治思想的精神要义和深刻内涵，把学习贯彻习近平法治思想与贯彻落实习近平总书记关于治水工作的重要论述精神和党的十九届五中全会精神结合起来，联系依法治水管水实际，融会贯通，学以致用，以宪法为根本遵循，增强法治意识、法治思维，坚持依法行政，深入推进政府职能转变，创新行政管理和服务方式，提高依法办事能力，全面正确履行法定职责，做依法治水管水的践行者，遵法学法守法用法的模范。部机关司局，各流域管理机构，各省（自治区、直辖市）水利（水务）厅（局）和新疆生产建设兵团水利局的 56 名司局级领导干部参加培训。在"宪法宣传周"期间，部机关还通过张贴宪法宣传标语和宣传画，营造浓厚的宪法宣传氛围。水利系统各单位落实"谁执法谁普法"的普法责任制，结合新冠肺炎疫情防控有关要求，因地制宜组织开展特色鲜明、实效性强的宪法宣传主题活动，推动宪法学习宣传教育讲准、讲透、讲活，增强宪法宣传的吸引力和感染力。

二、充分运用传统媒体和新媒体，开展"世界水日""中国水周"宣传活动

2020 年 3 月 22 日是第二十八届"世界水日"，3 月 22—28 日是第三十三届"中国水周"。联合国确定 2020 年"世界水日"的主题为"水与气候变化"。水利部确定 2020 年"世界水日""中国水周"活动的主题为"坚持节水优先，建设幸福河湖"。在宣传活动期间，水利部原部长鄂竟平在《人民日报》发表《坚持节水优先，建设幸福河湖》署名文章。水利部印发关于组织开展 2020 年"世界水日""中国水周"活动的通知，发布宣传口号和主题宣传画，在水利部官网、"中国水利""法治水利"微信公众号举办 2020 年水法规知识大赛，参赛总人数达 28.4 万人，创部网络大赛历史新纪录。全国水利系统充分利用网络和新媒体平台，围绕主题采取多种形式开展宣传活动，提升了广大干部职工和社会公众对水法规以及节水和河湖保护知识的知晓度，不断增强全社会依法治水管水的意识。

三、自查与抽查相结合，开展水利系统"七五"普法总结验收

2016 年以来，水利部普法办持续推进"七五"普法工作，每年印发水利普法依法治理工作要点，对年度法治宣传工作进行安排部署。2020 年重点做好水利"七五"普法收官，确定了 16 项重点任务。制定水利系统"七五"普法总结验收考核评估指标体系，各流域各地对照指标体系进行自查，水利部普法办对长江委、太湖局、宁夏水利厅开展抽查指导。司法部、全国普法办专门组织对黄委"七五"普法进行抽查督导，对水利部和黄委"七五"普法工作充分肯定。水利部普法办推荐的江苏南京"聚焦长江"水法治宣传园地被全国普法办命名为第三批全国法治宣传教育基地。在中宣部、中央网信办、司法部、全国普法办主办的第十六届全国法治动漫微视频征集展示活动中，水利部普法办荣获优秀组织奖。

四、印发实施方案，组织开展《中华人民共和国民法典》学习宣贯

为了深入贯彻落实习近平总书记关于学习《中华人民共和国民法典》（以下简称《民法典》）重要讲话精神，充分认识颁布实施《民法典》的重大意义，不断提高广大水利干部职工的法治思维和法治意识，梳理了《民法典》涉及水利工作的重点条款，印发了《关于水利系统学习宣传民法典的实施方案》，确定 11 项宣传重点，对学习宣传工作作出具体安排。将《民法典》列入第五期水利系统司局级领导干部法治专题培训班重要内容，安排两个专题，分别讲授总体情况和侵权责任。在水利教育培训网上线《民法典》学习视频，组织水利系统认真学习。

五、强化责任担当，加强陈年积案"清零"和扫黑除恶专项行动宣传

以河湖执法三年行动、水事违法积案"清零"行动为重点，指导地方和流域机构加强水行政执法宣传报道，水行政执法机制持续完善，执法效能大幅提升。特别是水事违法陈年积案"清零"行动，质量高、效果好、震慑强、社会反响大，被《人民日报》、新华社等十余家中央主流媒体进行了广泛的宣传报道。加强水利行业扫黑除恶专项斗争宣传报道，配合全国扫黑办、中央电视台完成电视政论片《扫黑除恶——为了国泰民安》宣传报道的采访录制工作。配合全国扫黑办做好"全国扫黑除恶专项斗争网上展览馆"水利系统文本材料的报送、筛选、审查、复核等工作，在社会范围内形成推动和威慑作用。

六、用好"两个窗口"，积极打造水利法治宣传载体

把"法治水利"微信公众号和"水政在线"网站作为水利法治宣传的"两个窗口"，及时宣传水利法治、"放管服"改革信息和防疫法律知识，组织水利"七五"普法专题宣传，两个多月，一省一期，连续刊载各流域各省（自治区、直辖市）"七五"普法亮点成效，注重编发实际案例和实践经验，占领主流舆论宣传阵地。2020 年，"水政在线"网站推送信息971 篇。"法治水利"微信公众号全年共推送消息 337 期、419 条，"法治水利"影响力进一步扩大。

刘　洁　李绍民　张家玮　执笔

陈东明　倪　鹏　审核

水利系统"七五"普法圆满收官

水利部政策法规司

一、加强组织领导，健全普法体制机制

水利部高度重视普法依法治理工作，水利部党组把"七五"普法作为推进水利系统依法行政的重要基础工作，多次主持研究水利法治重要事项，及时听取工作汇报。水利部印发《全国水利系统法治宣传教育第七个五年规划》，每年制定实施水利系统普法依法治理工作要点和重要时间节点普法活动实施方案。自 2018 年起，水利部将普法教育纳入年度考核，强化结果运用，在普法教育方面出现问题并造成不良影响的不得评优。2019年，水利部印发《水行政执法监督业务经费定额标准（试行）》，明确水利普法定额标准，保障了经常性普法经费。组织开展水利系统"七五"普法中期检查和总结验收，确保全面完成"七五"普法各项任务。

二、紧抓普法重点，力促普法精准有效

水利部党组多次组织学习习近平法治思想，领会核心要义和关键要求，认真抓好贯彻落实。每年组织开展宪法宣传周活动，举行部机关公务员宣誓仪式，举办辅导讲座，弘扬宪法精神。水利部党组中心组（扩大）学习会专题学习《中华人民共和国民法典》（以下简称《民法典》），制定水利系统学习宣传《民法典》实施方案，加强《民法典》宣传。适应全面从严治党新形势新要求，加强党内法规学习宣传。每年"世界水日""中国水周"期间，各级水利部门围绕宣传主题精心组织，举办法治讲座、新闻发布会、水法规知识大赛，广大职工积极参与，线上线下深度联动，以多种形式扎实开展集中宣传活动。据统计，每年发布相关报道超过 2 万篇，在全社会营造了浓厚

的爱水惜水节水和依法治水管水的良好氛围。围绕党和国家工作大局，组织开展了"服务大局普法行""防控疫情、法治同行""全民国家安全日""网络安全宣传周""安全生产月"等专项活动。坚持把领导干部作为学法普法的"关键少数"，水利部党组理论中心组带头集体学法，进一步完善了机关工作人员、水政执法人员学法用法机制。举办5期全国水利系统司局级领导干部法治专题培训班，全国水利系统司局级领导干部近300人次接受培训。在水利系统党校和重点培训班次的教学中，加强了依法行政和涉水法规内容的学习，不断提升水利干部队伍的法治素养。

三、落实普法责任，推进普法执法融合

2017年9月，水利部印发《关于实行水利系统"谁执法谁普法"普法责任制实施意见》，促进普法与执法有机融合。2018年10月，制定《水利部普法责任清单》，划定了普法工作的"责任田"。把普法责任贯穿法治实践的事前、事中、事后全过程，提高行政相对人的法律意识，增强了行政相对人严格守法的自觉性。坚持问题导向，组织开展了对全国河道溺水伤亡案例的调研。2020年10月，最高人民法院将水利部推荐的北京"男子冰面遛狗溺亡索赔案"列为指导性案例。

四、加强阵地建设，营造浓厚水法治文化氛围

经过20多年的努力，"世界水日""中国水周"成为我国水利公益性宣传和水利法治宣传最重要的平台；"人·水·法"系列法治宣传片成为水利普法的重要品牌。各级水利部门沿河、沿湖打造了水法治文化长廊、主题公园、主题广场等，因地制宜加强法治宣传教育。在"七五"普法期间，黄河河南法治文化带、长江南京"聚焦长江"水法治宣传园地被全国普法办分别命名为第二批、第三批全国法治宣传教育基地。重视"中国水利""法治水利"微信公众号、"水政在线"网站等普法平台建设，积极发挥政务新媒体矩阵的传播效应。

刘　洁　李绍民　张家玮　执笔

陈东明　倪　鹏　审核

水 利 扶 贫 篇

水利脱贫攻坚圆满收官

水利部水库移民司

"十三五"以来，水利部高度重视水利扶贫工作，坚持以习近平新时代中国特色社会主义思想为指导，深入学习贯彻习近平总书记关于扶贫工作的重要论述精神，全面贯彻落实党中央、国务院关于打赢脱贫攻坚战的决策部署，坚持精准扶贫、精准脱贫基本方略，聚焦"两不愁三保障"，聚焦深度贫困地区，强化责任落实，加大攻坚力度，扎实推进水利行业扶贫、定点扶贫、片区联系和重点区域扶贫工作，取得显著成效，为贫困地区打赢脱贫攻坚战提供了重要水利支撑和保障。"十三五"时期，共安排贫困地区中央水利建设投资 3655 亿元。

一、提高政治站位，高位部署推动攻坚工作

成立了由水利部部长为组长、所有副部长为副组长，22 个司局主要负责同志为成员的部扶贫领导小组，领导小组办公室主任由部领导兼任。由 84 个部机关司局和部直属单位组成了 6 个定点扶贫"组团式"帮扶组，对口帮扶定点扶贫县（区）。多次召开水利部党组会、部扶贫领导小组及办公室主任会和专题会，召开 20 多次全国性水利扶贫工作会议，学习贯彻中央脱贫攻坚决策部署，研究推动水利扶贫工作。出台《水利部 国务院扶贫办关于实施水利扶贫开发行动的指导意见》等 20 多份水利扶贫政策性文件，编制《"十三五"全国水利扶贫专项规划》等 10 多个水利扶贫相关规划方案，建立了水利扶贫支撑保障体系。水利部领导多次深入贫困地区调研指导，帮助贫困地区解决水利扶贫有关问题。

二、突出重点任务，解决农村饮水安全问题

将解决贫困人口饮水安全问题作为水利扶贫的头号工程，精准施策，

强力推进。发布《农村饮水安全评价准则》，明确农村饮水安全脱贫攻坚水量、水质、供水保证率、用水方便程度等 4 项评价指标。组织各地对农村饮水安全情况进行全覆盖拉网式核查和"回头看"大排查，摸清贫困人口饮水安全状况底数。推动农村饮水安全"三个责任"和"三项制度"落实，强化工程管护，推进水费收缴。在"十三五"期间，安排农村饮水安全巩固提升工程建设投资 2093 亿元，其中中央投资 296.06 亿元，推进工程建设；2019 年首次将农村供水工程维修养护纳入中央财政补助范围，两年累计安排中央投资 39.6 亿元，支持贫困地区农村供水工程维修养护。累计巩固提升了 2.7 亿农村人口的供水保障水平，解决了 1710 万贫困人口的饮水安全问题，按现行标准全面地解决了贫困人口的饮水安全问题。解决了 975 万农村居民饮水型氟超标问题，2020 年专门安排中央投资 16.06 亿元解决 120 万农村人口的苦咸水问题。贫困地区农村集中供水率和自来水普及率分别由 2015 年的 82%、76% 提升到 2020 年的 88%、83%。

三、紧盯薄弱环节，补齐水利基础设施短板

围绕贫困地区水利脱贫攻坚需求，加强农田灌排、防洪抗旱、水土保持、重大水利等工程建设。"十三五"时期，支持贫困地区实施 97 处大中型灌区续建配套与节水改造、26 处大型灌排泵站更新改造，建设抗旱应急备用井 1020 眼、引调提水工程 680 处，开展 56 座大中型和 3883 座小型病险水库除险加固、2306 个中小河流治理项目治理、106 座中型和 110 座小型水库建设，实施小流域综合治理、坡耕地水土流失综合治理等国家水土保持重点工程，推进节水供水重大水利工程建设。贫困地区新增和改善农田有效灌溉面积 8029 万亩，完成中小河流治理河长 1.4 万 km，新增供水能力 181 亿 m³，治理水土流失面积 6.35 万 km²，改造坡耕地 493 万亩。截至 2020 年年底，已开工的 149 项节水供水重大水利工程中涉及贫困地区的有 85 项。

四、助力脱贫增收，发挥水利惠民政策作用

指导地方实施农村水电扶贫工程，开展水库移民脱贫攻坚，抓好水利

劳务扶贫工作，助力贫困人口脱贫。"十三五"时期中央投资支持建设的农村水电扶贫项目已累计上缴扶贫收益 2.53 亿元，直接帮扶贫困户 9.8 万多户。支持 25 个有脱贫攻坚任务的省份实施水库移民美丽家园建设、避险解困工程和增收致富行动，助力贫困水库移民全部实现脱贫。水利工程建设与管护就业岗位优先吸纳有相应劳动能力的贫困人口就业，共吸纳贫困劳动力 108 万人，人均增收 1 万元。

五、实施"八大工程"，切实做好定点扶贫工作

认真做好湖北省十堰市郧阳区和重庆市万州区、武隆区、城口县、丰都县、巫溪县定点扶贫工作，6 县（区）全部脱贫摘帽，贫困村和贫困人口的脱贫任务也已圆满完成。持续"组团帮扶"，由 84 家单位组成 6 个帮扶组，实施水利行业支持、贫困户产业帮扶、贫困户技能培训、贫困学生勤工俭学帮扶、水利建设技术帮扶、专业技术人才培训、贫困村党建促脱贫帮扶、内引外联帮扶等"八大工程"，全面完成中央单位定点扶贫责任书明确的各项指标。"十三五"时期，6 县（区）累计完成水利建设投资 80.37 亿元，其中中央投资 37.89 亿元。在 2017—2019 年中央单位定点扶贫年度考核中，水利部连续 3 年获得"好"的等次。

六、发挥水利优势，推进重点区域扶贫工作

加大深度贫困地区、对口支援地区和革命老区帮扶力度，在水利建设项目、资金等方面给予优先安排。开工建设新疆玉龙喀什水利枢纽工程、四川凉山州龙塘水库及灌区工程等"三区三州"深度贫困地区重大水利工程。2020 年，安排涉及"三区三州"省份重大水利工程中央投资 163.5 亿元，占全国中央投资的 22%。"十三五"时期，加快推动河北阜平、安徽金寨、江西宁都、甘肃临夏、青海贵德等对口支援地区水利建设，安排中央水利建设投资 74.1 亿元。推进革命老区水利扶贫工作，支持甘肃引洮供水二期、四川黄石盘水库、广西驮英水库及灌区等一批重大水利工程建设。发挥滇桂黔石漠化片区区域发展与脱贫攻坚牵头联系作用，加强沟通联系、调查研究和督促指导，助力片区 3 个省份按期打赢脱贫攻坚战。

七、激发内生动力，加大人才技术帮扶力度

择优选派 200 多名优秀干部和水利专家到脱贫攻坚一线挂职扶贫和技术帮扶。接收 330 余名贫困地区水利干部到水利部交流锻炼。创新实施"人才组团"帮扶，连续 4 年选派 4 批次、110 多名业务骨干到西藏阿里、那曲工作 3 个月。大力推广水利人才"订单式"培养模式，连续举办水利扶贫专题培训班，为贫困地区培养本土化、专业化水利人才，累计培训水利扶贫干部近 1 万人次。连续两年协调水利院校，推动 1600 名贫困地区水利干部参加学历提升教育。组织专家开展扶贫专项技术咨询服务，指导帮助贫困地区编制水利规划、实施科研项目、推广应用技术。

蓝希龙　执笔

朱闽丰　审核

水利部定点扶贫工作成效

水利部水库移民司

　　一是坚持高站位部署和推动定点扶贫工作。2020年3月，水利部原部长鄂竟平签署了《中央单位定点扶贫责任书（2020年度）》，部扶贫办对责任书的任务进行了分解。6个定点帮扶组分别制定了6县（区）年度定点扶贫工作计划。2020年3月26日，组织召开了水利部定点扶贫工作座谈会，全面部署2020年度水利部定点扶贫工作。二是坚持疫情防控和定点扶贫两手抓。坚决贯彻落实党中央、国务院关于对新冠疫情防控的决策部署，在国务院扶贫办、中央和国家机关工委的指导下，认真抓好落实工作。建立定点扶贫县（区）疫情日报制度；充分发挥行业优势，加大水利支持力度，提供水利技术支持，优先安排服务性岗位就业；加大消费扶贫力度，积极响应中央号召组织推销湖北疫区农产品，仅第二季度就购买和推销定点扶贫县（区）十堰市郧阳区扶贫产品近1000万元。三是圆满完成中央单位定点扶贫责任书各项任务。其中：投入帮扶资金和引进帮扶资金完成率分别为147%和286%；培训基层干部和技术人员完成率为475%和136%；购买农产品和帮助销售农产品完成率分别为413%和119%。四是"八大工程"取得了显著成效。落实水利建设投资20.54亿元，其中中央投资11.34亿元；捐资725万元，用于产业帮扶贴息或贷款担保285.8万元，撬动贷款资金6652.89万元，股权帮扶410万元，帮扶贫困户1951户。

　　通过扎实细致的工作，郧阳、城口、巫溪3县（区）于2020年年初脱贫摘帽，万州、武隆、丰都3县（区）在2017年脱贫摘帽基础上，进一步巩固脱贫攻坚成果，6县（区）贫困村和贫困人口的脱贫任务均圆满完成。

付群明　执笔

朱闽丰　审核

对口支援（协作）工作谋新篇布新局

水利部水库移民司

2020 年，水利部按照党中央、国务院关于打赢脱贫攻坚战、建立区域协调发展新机制的战略部署，继续贯彻落实《中共中央　国务院关于建立更加有效的区域协调发展新机制的意见》精神，认真谋划下一阶段全国对口支援三峡库区和南水北调对口协作工作，推进实施对口支援三峡库区合作规划和丹江口库区及上游地区对口协作工作方案，帮助库区和水源地打赢脱贫攻坚战、巩固脱贫攻坚成果、同步建成小康社会、实现绿色高质量发展等，并取得显著成效。

一、指导、组织开展对口支援（协作）工作

制定《2020 年全国对口支援三峡库区工作指导意见》，指导援受双方开展多领域、深层次交流合作。组织召开全国对口支援三峡库区合作工作座谈会，研究部署对口支援工作。印发保持规划衔接期政策措施稳定的文件，向各对口支援省（自治区、直辖市）说明衔接期对口支援政策要求，确保 2021 年对口支援无偿资金继续纳入财政预算。赴对口支援省（自治区、直辖市）和库区县（区）开展督导调研，督促双方按照年度工作指导意见开展需求对接和方案设计，压实双方工作责任。举办对口支援工作培训班，完成对口支援年度数据的统计和报送工作。

二、开展顶层谋划，为"十四五"明确工作思路

结合《中共中央关于制定国民经济和社会发展第十四个五年规划和二〇三五年远景目标的建议》，提前进行顶层谋划，在充分考虑全国对口支援三峡库区工作实际的基础上，组织编制完成《全国对口支援三峡库区合作

规划（2021—2025 年）》，指导开展全国对口支援三峡库区工作。针对规划编制专门召开座谈会听取了两省（直辖市）有关部门以及 19 个库区县（区）的意见和建议，并广泛征求国家有关部门和对口支援省（自治区、直辖市）、央企意见。积极与国家发展改革委进行沟通，协商共同推进"十四五"时期丹江口库区对口协作工作。会同国家发展改革委向国务院报送关于继续开展丹江口库区及上游地区对口协作工作的请示。

三、充分发挥对口支援作用，帮助库区抗击新冠疫情

努力消除疫情影响，依托对口支援平台促进消费扶贫，积极对接资源信息，组织举办各类网上农产品推介、农产品展销以及集中采购活动。在严峻的疫情防控形势下，克服重重困难，按照"一手抓疫情防控、一手抓复工复产"的要求，与湖北省、重庆市联合举办 2020 年全国对口支援三峡库区经贸洽谈会暨对口支援项目签约仪式，共签约 52 个项目，签约金额512 亿元。

姜远驰　执笔

赵晓明　审核

助力脱贫攻坚
提升农村饮水安全保障能力

水利部农村水利水电司

农村饮水安全事关亿万农民身体健康和生活福祉。习近平总书记强调不能把饮水不安全问题带入小康社会，要让农村人口喝上放心水。李克强总理主持召开国务院常务会议研究部署农村饮水安全工作，多次在《政府工作报告》中提出明确要求。水利部坚决贯彻落实党中央、国务院决策部署，把解决贫困人口饮水安全问题作为政治任务和水利扶贫的头号工程，主动担当作为，勠力攻坚克难，全力推进解决贫困人口饮水安全问题，全面打赢了农村饮水安全脱贫攻坚战。

一、总体情况

农村饮水安全脱贫攻坚战打响以来，为了做到贫困人口饮水状况精准识别、不漏一村、不落一户，水利部主要领导亲自抓，分管领导具体抓，印发了《关于坚决打赢农村饮水安全脱贫攻坚战的通知》等 20 多个农村饮水安全脱贫攻坚政策文件，召开 20 多次全国性或区域性工作推进会。所有部领导深入"三区三州"等深度贫困地区，重点督导，强力推进解决贫困人口饮水安全问题。在相关部门和地方党委、政府共同努力下，加快农村饮水安全巩固提升工程建设进度，聚焦解决贫困人口饮水安全问题。2016 年以来，全国共投入农村供水工程建设资金 2093 亿元，其中中央资金 296.06 亿元，提升了 2.7 亿农村人口的供水保障水平，解决了 1710 万贫困人口的饮水安全问题。湖南省完成农村供水工程建设资金超过 176 亿元，安徽、四川、云南、陕西等 4 省完成工程建设资金 100 亿元以上，湖北、甘肃两省完成工程建设资金 90 多亿元。2020 年，各地克服新冠肺炎疫情和洪涝灾害影响，完成农村供水工程建设资金 333.7 亿元，提升了

4233 万农村人口的供水保障水平，通过挂牌督战，解决了剩余 2.53 万贫困人口饮水安全问题，攻克了农村饮水安全脱贫攻坚最后的堡垒。各地农村饮水安全脱贫攻坚情况见表1。

表1　　　　　　　　各地农村饮水安全脱贫攻坚情况

序号	省（自治区、直辖市）	解决饮水问题的贫困人口数/万人	序号	省（自治区、直辖市）	解决饮水问题的贫困人口数/万人
1	河北	41.76	14	广西	103.46
2	山西	61.46	15	海南	6.30
3	内蒙古	15.82	16	重庆	13.26
4	辽宁	4.20	17	四川	133.48
5	吉林	18.01	18	贵州	189.02
6	黑龙江	19.75	19	云南	224.18
7	安徽	65.23	20	西藏	22.25
8	福建	4.03	21	陕西	65.69
9	江西	34.14	22	甘肃	47.36
10	山东	13.88	23	青海	30.96
11	河南	100.39	24	宁夏	27.20
12	湖北	164.45	25	新疆	82.02
13	湖南	221.69	合　计		1710

按照现行标准，贫困人口饮水安全问题得到全面解决，到 2020 年年底，贫困地区农村集中供水率达到 88%，自来水普及率达到 83%，农村饮水安全脱贫攻坚取得了决定性胜利。

二、挂牌督战，决胜农村饮水安全脱贫攻坚

截至 2019 年年底，全国有 23 个省（自治区、直辖市）已经完成农村饮水安全脱贫攻坚任务，还剩余新疆维吾尔自治区伽师县和四川省凉山州 7 个县 2.53 万名贫困人口存在饮水安全问题，是最难啃的"硬骨头"。

2020 年，水利部坚决贯彻落实习近平总书记在决战决胜脱贫攻坚座谈会上的重要讲话精神，克服新冠肺炎疫情影响，采取超常规措施全力推进，对新疆维吾尔自治区伽师县和四川省凉山州 7 个县进行挂牌督战。对

伽师县，会同新疆水利厅指导督促伽师县克服疫情影响，优化施工工序，多开工作面，在保证工程质量的前提下，抢抓建设工期。2020年5月26日，伽师县城乡饮水安全工程提前1个多月全面完工通水，解决了1.53万贫困人口的饮水安全问题，标志着新疆维吾尔自治区贫困人口饮水安全问题得到彻底的解决。对凉山州7个县，水利部副部长田学斌6次主持召开调度会，强力推进。组织有关单位累计派出36人，对184个村开展为期16天的全覆盖式暗访核查，查找问题，制定方案，实施清单化管理。会同四川省327人帮扶队长驻现场，既督又战、联合作战。经过部、省、州、县四级联合发力，截至2020年6月底，凉山州7个县农村饮水安全尾工建设任务全面完成，全面解决剩余的0.97万贫困人口饮水安全问题。至此全国贫困人口饮水安全问题得到了全面解决。

三、强化行业监管，层层压实责任

一是层层压实责任。在全面建立农村饮水安全管理"三个责任"的基础上，2020年，印发《关于做好贫困地区农村饮水安全保障工作的通知》，指导832个贫困县将农村饮水安全管理责任层层压实到乡镇政府和村委会，建立了全部3.25万处千人以上工程名录，明确了12465个乡镇、14.5万个行政村的责任人及联系方式，促进了农村饮水安全管理责任体系有名有实。二是建立分片包干联系机制。建立7个流域管理机构对832个贫困县分片包干联系机制，强化技术帮扶、培训指导和常态化暗访核查。组织相关单位分别与新疆维吾尔自治区、西藏自治区水利厅签订精准帮扶框架合作协议，加大对深度贫困地区的技术帮扶力度。组织开展大规模、多频次暗访和靶向核查、"一对一"水利扶贫监督检查等，对中西部22个省份加强监测调度，对2019年年底52个未摘帽贫困县和12314问题反馈较多的10个贫困县，共514个村1592户及361处农村集中供水工程进行"回头看"暗访，确保贫困人口饮水安全问题全面稳定解决。三是畅通群众举报渠道。建立12314监督举报平台，指导各地分级建立农村饮水安全监督电话和电子邮箱，对各渠道反映的1800多个问题建立清单和整改台账，专人盯办整改，确保件件能落实，事事有回音。陕西省水利厅建立城乡供水

"四级回访"监管信息平台，落实覆盖省、市、县、乡四级的管理责任人和联系方式，形成省有平台推送、市有清单落实、县有组织履职、乡有人员尽责的"四级回访"监管体系。湖北省水利厅组建 8 个脱贫攻坚分片联系组，分片联系全省 17 个市州、37 个国家和省级贫困县、11 个重点攻坚县市，每组由 1 名厅领导带队，下沉到基层，协调解决问题，全力巩固农村饮水安全脱贫攻坚成果。

四、加强监测排查，防止问题反弹

一是加大监测排查力度。2020 年年初，两次印发文件，指导督促各地强化人员值班值守、水源保护、安全巡查、净化消毒和水厂封闭管理要求；组织电话抽查了 8400 多处农村千人以上工程运行保障、530 多个县级行业监管责任人履职、2800 多个市县农村饮水举报监督电话运转情况，靶向核查了 2200 多户贫困户饮水状况，有力地保障了疫情期间供水安全。联合国务院扶贫办，组织各地水利和扶贫部门联合开展动态监测与全面排查，发现问题立查立改，保障正常供水。二是强化应急供水保障。指导各地以县为单元，以万人工程为对象，在 2020 年 6 月底前编制完善农村供水应急预案，成立应急抢修队伍，做好物资储备，加强应急演练，确保在洪涝灾害、突发污染等情况下的供水安全。三是加强水毁工程修复。2020 年，全国 16 个省（自治区、直辖市）378 个县的 1.4 万处农村供水工程不同程度地遭受水毁，水利部联合国务院扶贫办督促各地加强巡查排查，建立水毁工程台账，落实修复责任，拓宽资金渠道，优先安排实施涉及贫困地区和贫困人口的工程修复和重建，防止影响脱贫攻坚成效。四是保障冬季正常供水。针对部分地区出现的不同程度的管道冻损和干旱缺水等问题，通过印发通知、召开视频会等方式，指导督促地方紧盯薄弱地区和特殊困难人群的饮水安全问题，做好冬季供水设施设备防冻工作，健全完善应急供水预案，全力保障正常供水。2020 年，从各地上报和暗访核查等渠道发现问题来看，贫困人口未发现存在严重停水断水、水质超标等颠覆性问题。四川省加强与应急管理、气象等部门沟通联系，建立应急处置联动机制。重要节假日，千人以上工程 24 小时值班，提前补充消毒药剂、管材管件等应急物资，提高应急保障水平。重庆市 2020 年对因洪灾原因造成的缺水问题，采取水车送水等措施应急解决，下达水利救灾资金 4200 万元开展灾后重建，迅速恢复了 131.3 万受灾群众正常供水。甘肃省水利厅向全省 86 个县主要领导致信，协调省通信管理局向全省农村用水户发送冬季用水保温防冻短信提醒，扎实推动保障冬季稳定供水。

2021 年，水利部将密切跟踪和动态监测脱贫和供水条件薄弱地区的农村供水工程运行和农村人口饮水状况，持续开展明察暗访，及时发现问题，及时解决问题，动态清零，防止问题反弹。指导督促脱贫地区把农村供水工程建设纳入巩固拓展脱贫攻坚成果项目库，多渠道筹集资金，实施农村供水保障工程建设，强化工程管理管护和水费收缴，不断提升农村供水保障水平。

胡　孟　李奎海　何慧凝　王海涛　孙　皓　赵国栋　徐楠楠　执笔

陈明忠　张敦强　审核

妥善解决饮水型氟超标和苦咸水问题

水利部农村水利水电司

水利部会同有关部门和相关省份，坚决贯彻落实党中央、国务院决策部署，多措并举，全力推动解决农村地区饮水型氟超标和苦咸水问题。一是加大支持。在"十三五"农村饮水安全巩固提升工程原有 220 亿元中央补助资金的基础上，会同国家发展改革委新增中央补助资金 60 亿元，重点对贫困地区、饮水型氟超标改水任务较重等地区进行补助。将解决农村苦咸水问题作为打赢脱贫攻坚战的一项标志性工作强力推进，会同财政部安排中央资金 16.06 亿元，支持甘肃、宁夏、陕西、河南、内蒙古、吉林等 6 省（自治区）农村苦咸水改水工作，有力地保障了工程建设资金的需求。二是科学指导。多次联合有关部门召开现场会和视频会议进行部署，印发通知，指导相关省份全面摸清底数，合理编制改水方案，因地制宜采取水源置换、净化处理和易地搬迁等方式进行科学改水，优先采取合格水源置换的方式进行彻底解决。组织编写氟超标和苦咸水改水技术指南，建立中国水利水电科学研究院、水利部灌排中心对 6 省（自治区）苦咸水改水分片包干联系机制，逐县指导。三是建立台账。建立饮水型氟超标人口到县到村工作台账，按月调度，动态管理，滚动销号。对所有苦咸水改水工程建立清单名录，逐一明确建设内容、覆盖范围、解决人口、完工时间，对工程建设进度实行半月调度，实施清单化管理。四是规范建设。明确改水工程建设要求，多次联合有关部门对进度较慢省份开展实地督查，指导有关省份克服新冠肺炎疫情影响，优化施工工序，采取超常规措施，多开工作面，倒排工期，压茬推进，确保在 2020 年年底前完成改水任务。指导督促地方在改水工程建成后，全面开展水质检测，严格验收要求，水质检测达标一处，验收一处。五是加强管护。要求地方逐处落实改水工程管理管护主体，明确管理责任，确保每处改水工程都有人管。合理制定水价，全面开展水费收缴工作，辅以必要的财政补助，保障工程运行经费，确保工程长期稳定发挥效益。

经过艰苦努力，截至 2020 年年底，全国 22 个省（自治区、直辖市）和新疆生产建设兵团 975 万农村人口的饮水型氟超标问题得到妥善解决，其中通过水源置换、净化处理（含供水小站）和易地搬迁方式解决的氟超标人口比例分别为 46%、53% 和 1%。6 省（自治区）746 处苦咸水改水工程全部完工通水，120 万农村人口苦咸水问题得到全面解决，其中通过水源置换、净化处理解决的苦咸水人口比例分别为 80% 和 20%。农村人口从此摆脱了饮水型"氟斑牙""氟骨症"和喝苦咸水的困扰，喝上了安全水、放心水和幸福水。

何慧凝　徐楠楠　张贤瑜　李连香　执笔

张敦强　审核

链接

宁夏回族自治区隆德县：告别水荒日子甜

六盘山环抱中的隆德县是宁夏回族自治区海拔最高、人口密度最大的地区之一，人均水资源占有量仅为全国平均值的1/6。2017年由于连年干旱，蔓延为水荒，县城4座水库，其中3座干枯停供，1座蓄水量只有7万m^3，农村人饮水源8座水库过半干涸。

隆德县启动抗旱Ⅱ级应急预案，在县城采取限时供水，水务部门在居民小区等地设置了24个应急供水点。宁夏回族自治区启动实施隆德县城乡抗旱应急调水工程，解决隆德县抗旱用水问题，将宁夏中南部城乡饮水安全水源工程的水调至黄家峡水库，作为隆德县城应急供水水源，短期内建成加压泵站2座、配套建筑物46座，铺设管道13.2km，使城乡居民喝上甘甜的泾河水。

近年来，民生水利快马加鞭，新建的两处跨流域调水工程，形成县内各流域的水系互联互通、丰枯补剂的水资源合理配置体系，年调水规模达到190万m^3，可保障县城4.8万居民及沿线乡镇6.1万群众的生产生活用水。2020年实施的县城至好水段连通工程，最大限度解决了好水、张程2个乡的农村饮水供需矛盾突出问题。

不仅"有水喝"，还要"喝好水"。隆德县打通饮水安全最后一公里，以基层服务体系建设和水管体制改革为契机，整合人力、财力、物力，设置了城关等6个跨乡镇按流域（区域）划分的水利工作站，流域内涉水事务实行"一站式办理、一站式管理、一站式服务"。引进"互联网+城乡供水"管理体系，在原有城乡供水水源、水厂、管网中增加监控、监测设备，改造农户老化供水设施；建设专业管理所管理平台和县水务局监管平台，实现了供水工程从水源到农户的远程化操控，管理成本逐年下降，管理水平逐年提高。

目前，全县建成 42 处农村饮水安全工程，29 处城乡水源地、9 座水厂，实现城乡饮水安全全覆盖，农村自来水入户率达到 100%，供水保证率达到 98% 以上。

宁夏回族自治区"互联网+城乡供水"示范省（自治区）建设启动以来，隆德县全面推进建设工作落实，进一步理顺管理体制，改制成立了渝清水务有限责任公司，提高供水服务质量和效率。2020 年实施的人饮改造提升工程，有效地解决了冬季冻管、爆管的问题。

孟砚岷　执笔

席　晶　李　攀　审核

如期完成"十三五"
农村水电扶贫工程建设任务

水利部农村水利水电司

一、建设内容及进展

为了贯彻落实中央精准扶贫精准脱贫基本方略和国务院《"十三五"脱贫攻坚规划》关于开展农村小水电扶贫工程建设的要求，自 2016 年起，水利部联合国家发展改革委在江西等 7 省（自治区、直辖市）水能资源丰富的贫困地区，以保护生态环境为前提，以增加建档立卡贫困户收入、增强贫困地区电力保障、促进贫困地区发展为重点，开展农村水电扶贫工程建设。《水利部办公厅关于印发"十三五"全国水利扶贫专项规划中 8 项指标的通知》明确，"十三五"农村水电扶贫工程预期完成新增或改善农村水电装机容量 70 万 kW。

2017 年，国家发展改革委和水利部联合印发《农村小水电扶贫工程实施方案（修订）》，水利部印发《农村小水电扶贫工程建设方案（2018—2020 年)》，明确规定了项目选择条件、中央补助政策、项目计划管理、工程建设管理、投资管理、投资回报、扶贫对象范围、动态调整机制等，明确农村水电扶贫工程中央投资和省级财政投资形成的资产属国有资产，扶贫电站投产发电后，项目法人每年将中央投资收益（不低于 6%，低于 6%的由项目法人补足）存入县级人民政府指定账户，专项用于扶持建档立卡贫困户和贫困村基础设施建设等公益事业。

截至 2020 年年底，农村水电扶贫工程累计下达中央预算内投资 23 亿元，涉及江西、湖北、湖南、广西、重庆、贵州、陕西 7 省（自治区、直辖市）70 个国家级贫困县（区），实现新增或改善农村水电装机容量 71.9 万 kW，累计上缴扶贫收益 2.53 亿元，精准帮扶 9.8 万户建档立卡贫困户。

二、2020 年开展的工作

2020 年，水利部在进一步强化制度落实的基础上，通过实时跟踪、现场督查和挂牌督战等方式，督促项目省份提高认识，明确责任，加强项目施工管理，指导优化建设方案，加快项目实施进度，规范工程建设管理以及收益分配，确保如期完成"十三五"农村水电扶贫工程建设任务，为持续稳定兑现扶贫收益提供保证。

2020 年，受新冠肺炎疫情和南方特大山洪灾害影响，农村水电扶贫工程错失枯水期的施工黄金期，部分项目因灾受损，进度严重滞后。为了如期完成建设目标，水利部原部长鄂竟平指示"无论有何困难，也要全力完成任务。要突出针对性，狠抓责任制"，水利部副部长田学斌多次亲自调度部署工程建设，水利部副部长魏山忠到项目现场督导检查，各项目省份克服重重困难，主动担当作为，采取超常规措施推进工程建设。一是开展挂牌督战。建立督战项目台账，重点项目明确了水利部、省（自治区、直辖市）水利（水务）厅（局）、县委（县政府）及水利部门、项目业主 4 级责任人。严格月调度，按月督办项目建设计划落实，每月通报进展问题，印发了 2 份督办函。湖北、湖南执行旬调度，广西、重庆周调度，湖南、陕西约谈进度滞后的项目所在县人民政府负责同志，贵州、广西印发督办函。部分项目业主增加机械设备和施工人员，24 小时不间断施工。二是加强现场督导。水利部 6 次派员赴湖南、重庆、贵州、陕西等省（直辖市）现场督导。各项目省份水利（水务）厅（局）负责同志多次到挂牌督战项目现场督导，陕西省西乡县、镇坪县主要领导现场办公，组织灾后恢复重建，协调汛后施工调配。三是强化技术指导。组织流域机构和部直属单位专家 13 次赴 6 个省（自治区、直辖市）项目现场，点对点开展技术指导，帮助优化施工组织。重庆市水利局邀请市设计院专家，研究解决关键节点工程制约问题，优化了施工方案。四是协调解决建设资金、设备供货、上网线路等难题。项目省份优先安排中央投资至年底前可建成的项目。广西壮族自治区水利厅协调解决了项目所需 1800 万元贷款等问题。陕西省水利厅和太白县人民政府协调解决了项目上网线路问题。重庆市巫溪县人民政府负责同志协调解决了项目设备供货等问题。经各方不懈努力，如期完成了"十三五"农村水电扶贫工程预期目标。

三、工程建设成效

农村水电扶贫工程建设直接增加了建档立卡贫困户的现金收入，改善了贫困地区基础设施条件，有效地拉动了贫困地区产业发展，形成了较为成熟的产业扶贫新机制，解决了脱贫攻坚"最后一公里"的问题，得到了地方党委政府、项目业主、贫困村组和建档立卡贫困户的欢迎。

一是直接增加了建档立卡贫困户现金收入。按照扶贫电站中央投资收益每年不低于6%（高于6%的据实计算）的要求，从2017年起，农村水电扶贫项目每年从扶贫电站收益中拿出不低于1800万元用于扶贫。截至2020年年底，每年不低于1.08亿元，其中80%以上用于直接补助建档立卡贫困户。各地根据实际情况，每户补助300~8000元不等。自2021年起，农村水电扶贫项目每年上缴扶贫收益将不低于1.38亿元。

二是拓宽了贫困群众增收渠道。扶贫电站让被征地农民自愿以征地收入入股分红、优先安排贫困户参与工程建设、吸收贫困户子女到电站就业等方式，多渠道增加贫困群众的收入，累计通过建设用工、提供就业和社会保障等帮扶贫困户2.7万多户。

三是改善了贫困村基础设施条件。扶贫电站在工程建设过程中为周边贫困村修路、架桥、引水灌溉，同时电站扶贫收益中约有20%统筹用于改善建档立卡贫困村的基础设施，受益群众达3.4万户。

四是拉动产业发展，增强地方政府扶贫能力。扶贫电站收益稳定，中央投入形成的优质资产收益，近期可助推建档立卡贫困户脱贫，远期可专项用于帮扶需兜底的贫困人口，缓解了贫困县财政薄弱、机动财力有限的困难。

赵　虹　执笔

陈明忠　邢援越　审核

"十三五"水利援疆工作综述

水利部规划计划司

"十三五"时期,水利部深入贯彻新时代党的治疆方略和党中央关于新疆工作的决策部署,紧紧围绕新疆社会稳定和长治久安工作总目标,制定水利援疆实施方案,定期召开水利援疆工作会议,全面推动新疆水利改革发展并取得显著成效。

一是项目援疆取得丰硕成果,加快推动了新疆重大水利基础设施建设和民生水利设施逐步完善。"十三五"时期,中央补助新疆水利资金700多亿元。新疆16项工程纳入172项节水供水重大水利工程,目前16项重大工程全部开工建设,6项工程基本完工。支持实施480余项农村饮水安全巩固提升工程,受益人口达600多万,解决了210多万贫困人口的饮水问题,农村自来水普及率、集中供水率、供水保证率、水质合格率均达到90%以上,新疆贫困人口饮水安全问题全面解决。督促推动叶尔羌河干流全面防洪治理,推进13条流域面积3000 km² 以上的中小河流治理,城乡防洪能力显著提高。支持41处大型灌区续建配套与节水改造,实施南疆63处中型灌区续建配套与节水改造,农业综合生产能力和灌溉用水效率明显提高。继续支持塔里木河流域综合治理、地下水超采区压采治理,强化水资源保护力度,全疆水功能区水质达标率达到96%以上。

二是技术援疆取得显著成效,助力新疆水利自身发展能力不断提升。突出强化需求导向和规划引领,指导新疆编制水资源保障规划方案,为"十三五"新疆水利工作有序开展提供了科学依据。组织技术单位,派遣各类专家近1000人次,开展业务指导、技术交流、专业培训,帮助解决重大科技难题。

三是人才援疆持续加大力度,促进新疆水利队伍业务素质整体提高。自2014年以来,派出20名干部到新疆工作,接收2名新疆干部到水利部机关工作，各直属单位根据新疆需求灵活安排柔性援疆。将各类培训资源向新疆倾斜，开展援疆专题培训班 17 期 1300 余人次。通过博士服务团、"西部之光"访问学者、特培计划支援新疆水利建设。

四是对口援疆充分发挥优势，有力支援了新疆对口地区水利发展。积极协调对口援疆工作，优先将水利项目纳入规划和实施计划，优先安排新疆项目，优先落实新疆水利建设资金。19 省（自治区、直辖市）对口单位在资金、人才、技术等方面发挥了援助单位的特色优势，全方位支援新疆对口地区的水利建设。水利部直属单位结合本单位的业务特点和对口受援单位的需求，加大政策研究、规划编制、科学研究、工程设计、项目管理、工程运行调度等方面的帮扶力度和人才培养，认真落实各项援疆任务。各流域管理机构加大水文等基础监测、项目布局与技术方案论证、行政许可与项目审查审批、项目管理、人才培养等方面的帮扶力度，在水资源规划、水土保持、防汛抗旱、工程勘测设计、工程监测、水保监测、生态监测等领域开展技术交流和培训，认真落实各项援疆任务。

王九大　刘　伟　丁蓬莱　执笔

乔建华　审核

"十三五" 水利援藏工作综述

水利部水利工程建设司

"十三五"时期，水利部认真贯彻落实中央治藏方略，按照水利部历次援藏工作会议的要求，紧密结合西藏区情、水情和经济社会发展新动向，全方位加大水利援藏工作的力度，完善经济援藏、技术援藏、人才援藏、对口援藏四位一体的工作格局，全面完成"十三五"水利援藏的目标和任务，推动西藏水利改革发展取得重大进展。

一、工作机制不断健全

强化水利部援藏工作领导小组的统一领导，协调解决水利援藏工作中的重大问题，加强援助与受援工作对接，完善对口援助机制，确保中央对西藏的特殊优惠政策落实到位。各援藏单位和受援单位完善定期协商机制，突出援助重点，发挥双方优势，巩固和扩大援藏工作成果。强化政策倾斜和督促检查制度，加大对西藏水利改革发展的政策倾斜与支持。完善对口援藏工作考核机制和通报制度，加强对在建水利工程的稽察督查，定期公布项目实施和进展情况，确保项目建设进度、质量安全和效益。各受援单位推进建立受援工作机制，完善信息交流、情况通报、绩效评估等机制，抓好受援部署、组织、协调和落实工作，提升自身"造血"能力和项目服务水平。

二、经济援藏力度加大

"十三五"时期，水利部把西藏作为优先扶持的重点区域，进一步加大了西藏水利的经济援助力度。在重大水利工程方面，旁多水利枢纽、拉洛水利枢纽及配套灌区全面发挥综合效益，湘河水利枢纽如期截流，雅砻、恰央等中型水库基本建成，城乡供水能力得到提升。在农村饮水安全工程方面，建档立卡贫困人口饮水安全问题全部销号。在农田水利方面，江北、拉洛、澎波等灌区基本建成，新增和改善农田有效灌溉面积228万亩，改善农牧业发展基础条件。在防洪减灾方面，开展了雅鲁藏布江、怒江等6条重要河流和101条中小河流重点河段治理，实施日喀则市桑珠孜区、巴青县新城区等重点城市防洪工程建设，防洪减灾能力不断提升。在水土保持方面，新增水土流失治理面积1581 km^2，"十三五"时期共安排投资346亿元，是"十二五"的1.5倍。

三、技术援藏有序推进

在规划设计方面，对西藏优先提供技术咨询，指导完成西藏水利改革发展"十三五"规划、一批江河流域综合规划以及水利信息化等专业规划编制工作，积极推进帕孜、宗通卡、桑德、索朗嘎咕至桑日河段生态综合整治等工程前期工作。在科技研究方面，推动部相关科研院所在西藏建立科研试验基地，安排300多万元专项经费用于西藏水利技术示范项目推广应用，组织实施"西部高寒地区水利水电工程混凝土防裂技术推广示范项目""青藏高原湖泊地理信息精细感知关键技术"等关键技术研究工作。在建设管理方面，协助西藏开展总承包等新型建设管理模式试点，指导西藏开展小型水库管理体制改革示范县创建工作。在水资源管理及河湖管护方面，指导西藏开展落实最严格水资源管理制度、河湖"清四乱"专项整治工作、重点河湖生态流量管理工作，以及全面建立河长制湖长制、农业水价综合改革、确权划界等相关工作。在信息化建设方面，加大了对水资源监控、水文监测、水土保持监测等领域信息化技术应用的指导力度。此外，2017年以来向阿里地区派出3批73人次技术人员开展组团式短期技术援助，取得较好的效果。

四、人才援藏作用明显

采取干部交流、挂职锻炼、定期轮换等形式，共选派援藏干部81人。先后安排西藏水利干部到内地工作交流35人次，安排西藏水利干部到内地考察学习302人次。各援藏单位有针对性地举办了规划计划、政策法规、财务管理、建设管理、质量监督、饮水安全、水土保持、水文监测、计量认证等培训班，培训人数4900人次。各对口援藏单位定期选派业务骨干到受援单位工作，先后派出专家和技术人员1736人次进藏对口指导工作。水利部机关各司局、直属各单位领导带队或组织专业技术队伍赴藏开展专题调研考察和开展技术工作，人数达到1222人次。通过培训、考察和对口援藏帮扶，西藏水利干部职工素质明显提高，技术能力明显提升，西藏人才队伍不断扩大，培养了一批学得会、留得住、用得上的水利建设和管理人才。

五、对口援藏深化提升

《水利部"十三五"援藏工作规划》明确了16个水利部直属单位和西藏26个单位的对口援助关系，确定了对口援藏95项具体任务和责任单位。各责任单位认真落实责任与分工，充分发挥资金、人才、技术优势，积极开展对口援藏工作，援助受援单位（地区）总投入3419万元，与受援单位（地区）签订互惠合作项目97项，为受援单位开展了一系列流域规划、工程规划、工程设计、工程调度运行方案等的编制工作，各项任务进展顺利。各省（直辖市）水利（水务）厅（局）也在所在省委（市委）的统一领导下，根据水利部援藏工作精神，在人才、技术、农业灌排、小水库等方面提供了有力的援助，获得当地的好评。

"十四五"时期，水利援藏工作将全面贯彻中央第七次西藏工作座谈会精神和新时代党的治藏方略，深入落实"节水优先、空间均衡、系统治理、两手发力"治水思路，创新水利援藏方式、健全水利援藏机制、丰富水利援藏内涵、拓宽水利援藏渠道，加大水利援藏力度、提高水利援藏实效，坚持和完善经济援藏、技术援藏、人才援藏、对口援藏相结合的工作格局，为新时代西藏实现跨越式发展，促进西藏长足发展和长治久安，筑牢国家生态安全屏障提供有力的支撑和保障。

戚波 王殊 执笔
赵卫 审核

水旱灾害防御篇

2020 年水旱灾害防御工作综述

水利部水旱灾害防御司

2020 年,面对 1998 年以来最严重的汛情,在党中央、国务院的坚强领导下,水利部坚决扛起防汛抗旱责任,聚焦防范化解水旱灾害重大风险,突出强化行业监管,全力以赴落实各项措施,取得了水旱灾害防御工作的全面胜利,为做好"六稳"工作、落实"六保"任务提供了坚实的保障。

一、汛情、旱情、险情

2020 年我国的汛情、旱情、险情主要有以下五个特点。

一是降雨量大且分布高度集中。全国面平均降水量为 686 mm,较常年偏多 10%,为 1961 年以来第三多。长江中下游 6 月中旬至 7 月底的降雨量、淮河流域 7 月中下旬的降雨量较常年多 1 倍,太湖流域梅雨期的降雨量较常年多 1.4 倍,松辽流域 8 月下旬至 9 月上旬的降雨量较常年多 3 倍。

二是大江大河洪水齐发态势罕见。大江大河共发生 21 次编号洪水,次数超过 1998 年,较常年多 1.5 倍。其中,长江发生流域性大洪水,上游发生特大洪水,三峡水库出现建库以来最大入库流量;淮河发生流域性较大洪水,王家坝水位最高时涨至 29.76 m,为 1968 年以来第一高;太湖发生流域性大洪水,最高水位达到 4.79 m,为 1954 年以来第三高。长江、淮河、松花江、太湖齐发流域性洪水,为 1998 年以来首次。

三是中小河流洪水频超历史纪录。836 条河流发生超警戒水位以上洪水,较多年平均偏多 80%。其中,269 条河流发生超保证水位洪水、78 条河流发生超历史纪录洪水。部分地区河流频发超历史纪录洪水,仅 7 月中下旬,安徽、江西、四川、湖北、云南 5 个省就有 48 条河流发生超历史纪录洪水。其中,安徽省巢湖水位超历史纪录时间长达 16 天,为 1962 年有实测资料以来最长。

四是水利工程设施水毁面广量大。截至 2020 年 10 月，洪涝灾害共损坏大中型水库 131 座、小型水库 1991 座，损坏堤防 4.01 万处、1.11 万 km，损坏护岸 4.4 万处、水闸 8744 座、塘坝 5.04 万座、灌溉设施 11.4 万处等，水利工程设施直接经济损失达 625 亿元，主要集中在四川、安徽、甘肃、江西、湖北、重庆、湖南等省（直辖市）。

五是西南、东北等地旱涝急转。14 个省（自治区、直辖市）出现不同程度的旱情，2020 年 7 月旱情一度较重，高峰时期全国耕地受旱面积达 8480 万亩，较常年同期偏多 3 成。旱情南北交替出现，西南地区发生冬春旱，华北地区发生春旱，东北地区发生夏伏旱。四川、重庆、辽宁、吉林、黑龙江等省（直辖市）前期旱情较重，进入汛期后旱涝急转。

二、水旱灾害防御工作

党中央、国务院极为重视水旱灾害防御工作，习近平总书记两次主持召开中央政治局常委会会议研究部署防汛救灾工作，四次作出重要指示批示并赴淮河王家坝、巢湖视察，李克强总理多次作出批示，两次主持国务院常务会议研究部署防汛工作，韩正副总理、胡春华副总理、王勇国务委员等国务院领导同志多次提出明确要求。水利部认真贯彻落实党中央、国务院领导同志重要指示批示，按照国务院、国家防总相关会议部署要求，组织指导各流域、各地有力、有序地做好水旱灾害防御各项工作。

一是紧紧扭住"三大风险"，超前部署全程盯防。明确超标洪水、水库失事、山洪灾害为水旱灾害防御领域"三大风险"，分别召开专题会议作出部署。汛前编制完成大江大河、重要支流和重点防洪城市超标洪水防御预案，制定洪水防御"作战图"，组织七大流域开展调度演练。严格大中型水库汛限水位监管，紧盯水库安全"三个责任人"和"三个重点环节"，提升小型水库安全管理能力。开展 2076 个县、1 万名山洪灾害防御业务人员培训演练，推进山洪灾害防治项目建设，强化监测预警设施运行维护，确保预警信息及时发送。

二是强化监测预报预警，有力支撑科学决策。密切监视汛情旱情发展，累计会商 193 次，有针对性地部署防御工作。启动水旱灾害防御应急响应 9 次，其中 Ⅱ 级响应 2 次。强化水情监测预报预警，共发布 1620 条河流 2424 个断面作业预报 48.2 万站次，向社会发布水情预警 1933 次。创新建立 3 天预报、3 天预测、3 天展望的"三个 3 天"降雨预报模式，延长预见期。发布 16.9 万次县级山洪灾害预警，向 661.8 万名防汛责任人发送预警信息 4173.4 万条，首次通过三大电信运营商向社会发布预警短信 4.67 亿条，为基层人民政府转移受威胁区群众提供了先机。

三是精细组织调度运用，充分发挥工程效益。全国 4042 座次大中型水库共拦蓄洪水 1780 亿 m³，减淹城镇 1334 个次、减淹耕地 3415 万亩、避免转移人员 2213 万人次，发挥了巨大的防灾减灾效益。如长江流域开展以三峡为核心的水库群联调，有效应对 5 次编号洪水，避免荆江分洪区和"两湖"蓄滞洪区的运用。黄河流域利用小浪底水库腾库迎汛时机，人工塑造大洪水过程连续、集中冲刷下游卡口，提升主河槽过流能力。太湖流域调度太浦闸、望亭水利枢纽突破设计流量排水，降低太湖水位，为后期防范台风强降雨赢得了主动。果断动用分洪措施，安徽省启用蒙洼等 10 处蓄滞洪区，蓄洪 21.1 亿 m³，长江中下游 5 省主动运用 861 处圩垸，释放行洪空间，有效保证重点保护对象的防洪安全。

四是强化监督检查，压紧压实防汛责任。制定修订汛限水位、水工程防洪抗旱调度运用、山洪灾害监测预警等三项监管制度。公布全国大型水库大坝安全责任人名单。通过河湖"清四乱"常态化、规范化，有效管控河湖行蓄洪空间。建立"值班抽查+工作组指导+暗访督查"的督查机制，提醒各级水利部门时刻绷紧防汛责任弦；汛前克服新冠肺炎疫情影响，由部级领导带队对 18 个省（自治区、直辖市）重点区域备汛工作进行检查，汛中全系统共派出 3.7 万个工作组、20.5 万人次在防汛前线落实各项防御措施。

五是密切部门协同配合，发挥防汛抗洪合力。商财政部下达水利救灾资金 28.5 亿元，支持地方做好水毁工程修复和抗旱保供水工作。会同工业和信息化部建立面向社会发布山洪灾害预警信息机制。联合中国气象局发布山洪灾害气象预警。主汛期与中央主流媒体建立快速发布机制，及时回应社会关切。完善与应急管理部联合会商和信息共享机制，及时提供水情监测预报成果，提请做好抢险救援准备。

通过各级水利部门的共同努力，做到标准内洪水没有出现意外，超标准洪水应对有力、有序、有效，未出现打乱仗的情况，全国没有一座水库因为工作不到位出现垮坝失事情况，有力地保障了人民群众的生命安全和财产安全，努力把损失降到了最低。

三、2021 年工作思路

2021 年，水利部坚持人民至上、生命至上，深入贯彻落实党的十九届五中全会精神，立足监测预报预警、水工程调度和抢险技术支撑等主要职责，强化结果导向、问题导向和忧患意识，强化研判分析，科学部署防控，指导各流域、各地做好水旱灾害防御工作。

一是落实落细各项措施，坚决守住水旱灾害防御底线。强化值班值守，根据汛情旱情发展，及时启动应急响应，作出防御部署。依法依规调度水工程，严控违规超汛限运行，特别是抓好小型水库安全度汛。持续强化山洪灾害防治能力，确保不因为山洪灾害出现群死群伤。把确保人民生命安全和饮水安全放在第一位，最大程度减轻水旱灾害的影响和损失。

二是"预"字当先，防患和化解水旱灾害风险。加强监测预报预警，缩短预报时间，提高预报精度，延长预见期，拓展预警发布渠道，保障预警信息及时有效。充分利用信息技术，强化数字模拟预演分析，为有效应对水旱灾害"黑天鹅"和"灰犀牛"事件提供有力支撑。及时编制完善防御预案，为有序开展水旱灾害防御工作打好基础。

三是切实提升水工程调度指挥现代化水平。加快推进水工程防汛抗旱调度信息化建设，努力实现预报调度一体化。用好堤防、水库、蓄滞洪区"三张牌"，统筹流域与区域、上下游、干支流和左右岸，科学实施水工程联调，提前做好蓄滞洪区运用准备，充分发挥水工程防洪减灾效益。

张智吾　周　晋　执笔

闫培华　审核

长江流域水库群防洪效益显著

水利部水旱灾害防御司

2020年，长江出现5次编号洪水，自1998年以来再次发生流域性大洪水，上游发生特大洪水，水利部、长江水利委员会科学精细调度以三峡为核心的长江上中游水库群，防洪减灾效益显著。

一、未雨绸缪，夯实调度准备工作

修订完善调度方案预案。水利部组织编制并批复了丹江口水库优化调度方案（2020年度）、2020年长江流域水工程联合调度运用计划，组织编制完成大江大河、重要支流和防洪城市超标洪水防御预案，制定流域洪水防御"作战图"，为防洪调度决策提供了有力的技术支撑。

开展防洪调度演练。以中华人民共和国成立以来长江流域最大洪水——1954年大洪水为背景，开展了2020年长江防洪调度演练，为有效防御超标洪水重大风险积累了宝贵的经验。

按期消落，保障汛期防洪库容。纳入长江流域联合调度的40座控制性水库均按规定时间全部消落到位，共有777亿 m³ 库容可调蓄洪水，为迎战2020年长江流域大洪水提供了可靠保障。

二、统筹各方，科学精细调度水库群

加强预测预报，为水库群调度提供有力支撑。水利部启动水旱灾害防御Ⅱ级应急响应，强化会商研判，针对长江5次编号洪水及时发出预警，滚动发布江河水情汛情，共发布38万余站次预报。

统筹上下游左右岸，科学拦洪削峰错峰。统筹干支流、上下游、左右岸等防洪需求，科学精细调度上中游30余座控制性水库拦洪削峰错峰，累

计拦蓄洪量超过 490 亿 m³，其中三峡水库拦蓄约 254 亿 m³，5 次编号洪水削峰率均在 30% 以上。

利用洪水间歇，及时疏散积压船舶。在防洪风险可控的前提下，统筹考虑装载经济发展急需品和危化品船只过闸需求，调度三峡水库适时减小出库流量，疏散积压船舶 1000 余艘。

三、集团作战，防洪减灾效益显著

大中型水库发挥巨大的防洪减灾效益。2020 年长江流域 2589 座次大中型水库拦蓄洪水 1029 亿 m³，减淹城镇 615 个次、减淹耕地面积 1465.70 万亩、避免人员转移 943 万余人。

上中游控制性水库应对长江 5 次编号洪水成效显著。在防御长江 1 号洪水的过程中，上中游水库群拦蓄洪量约为 73 亿 m³，其中三峡水库拦蓄约 25 亿 m³，降低莲花塘水位 0.8 m 左右，实现了莲花塘站水位不超保证水位的目标。在防御长江 2 号洪水的过程中，上中游水库群拦蓄洪量约为 173 亿 m³，其中三峡水库拦蓄约 88 亿 m³，降低城陵矶江段洪峰水位约 1.7 m，成功与洞庭湖洪水错峰，避免了城陵矶附近蓄滞洪区的运用，极大地减轻了长江中下游，尤其是洞庭湖区的防洪压力。在防御长江 3 号洪水的过程中，上中游水库群拦蓄洪量约 56 亿 m³，其中三峡水库拦蓄约 33 亿 m³，降低城陵矶江段洪峰水位约 0.6 m，避免了长江上游及清江、洞庭湖来水恶劣遭遇，再次避免了城陵矶附近蓄滞洪区的运用。在防御长江 4 号和 5 号洪水的过程中，上游水库群拦蓄洪量约 190 亿 m³，其中三峡水库拦蓄约 108 亿 m³，降低岷江下游、嘉陵江下游洪峰水位 1.4 m 和 2.3 m，降低长江干流川渝河段洪峰水位 2.9~3.3 m，减少洪水淹没面积约 235 km²，减少受灾人口约 70 万；避免荆江分洪区运用和 60 余万人转移、耕地淹没 49.3 万亩。

闫永銮　褚明华　骆进军　执笔

尚全民　审核

专栏十六

及时启用淮河流域行蓄洪区

水利部水旱灾害防御司

在 2020 年汛期，淮河流域入梅早、梅雨期长、梅雨量大。7 月 14—19 日，淮河南部山区普降大暴雨，史灌河、淠河降特大暴雨，沿淮及以南地区平均降雨量在 100 mm 以上，其中淮河上中游以南地区降雨量在 250 mm 以上。受降雨影响，淮河发生了流域性较大洪水，其中正阳关以上区域发生大洪水。淮河干流河南潢川县踅子集至江苏盱眙河段全线超警戒水位，王家坝至鲁台子河段超保证水位。王家坝站和正阳关站最高水位分别为 29.76 m 和 26.75 m，均列有实测资料以来第二位；润河集站、汪集站和小柳巷站最高水位分别为 27.92 m、27.60 m 和 18.12 m，均列有实测资料以来第一位。

面对严重的汛情，水利部组织联合调度上游骨干水库提前预泄腾库和精准拦洪削峰错峰。鲇鱼山、梅山、响洪甸、佛子岭等 15 座大型水库最大拦蓄洪量约为 21 亿 m³，鲇鱼山、梅山、响洪甸水库削峰率近 80%，削减史灌河、淠河、洪汝河洪峰流量约四至六成，降低淮河干流王家坝站、润河集站和正阳关站洪峰水位 0.14～0.50 m。联合调度石漫滩和田岗水库精准拦蓄洪水，有效避免了老王坡蓄滞洪区的分洪运用。

随着洪水向中游演进，王家坝站水位迅速上涨，2020 年 7 月 17 日 22 时 48 分达到警戒水位 27.50 m。当预报王家坝站水位将突破 29.30 m 的保证水位但不会超过 29.50 m 时，经综合研判洪水量级、工程运行状况和行蓄洪区内居民脱贫攻坚等各种因素，水利部商有关地方初步考虑暂不启用蒙洼蓄洪区分洪。从最不利情况出发，坚持人民至上、生命至上，水利部指导督促安徽省提前做好蒙洼等行蓄洪区运用准备，及时转移区内人员，确保人民群众生命安全。

2020 年 7 月 19 日，水利部密集开展会商研判，密切监视淮河流域汛情，加密王家坝等重要控制断面的监测频次，每 6 min 报告一次水位和流量，滚动作出预测预报。7 月 19 日晚，预报王家坝站水位将继续上涨，最高水位可能达到 29.90 m，超过王家坝闸堰顶高程 29.76 m 时，水利部商淮河水利委员会和有关地方，及时提出了王家坝闸开闸向蒙洼蓄洪区分洪的调度意见。7 月 20 日清晨，国务委员、国家防总总指挥王勇在水利部主持召开防汛会商会，经过科学研判，依法依规，审慎决策，决定启用蒙洼蓄洪，并于 8 时 34 分开启王家坝闸向蒙洼蓄洪区分洪，分洪时王家坝站水位达 29.75 m。此后，安徽省商淮河水利委员会，于 7 月 20 日又相继启用了南润段、上六坊堤、邱家湖、姜唐湖、下六坊堤和董峰湖等 6 个行蓄洪区；7 月 24 日启用了荆山湖行洪区。2020 年淮河汛期共启用了 8 个行蓄洪区。

王家坝闸于 2020 年 7 月 23 日 13 时 18 分关闭，停止向蒙洼蓄洪区分洪，蒙洼分蓄洪水历时约 76.5 h，累计蓄洪量约为 3.75 亿 m³。2020 年淮河汛期启用的蒙洼等 8 个行蓄洪区共计蓄滞洪量约为 20.5 亿 m³，降低淮河干流王家坝至蚌埠河段洪峰水位约 0.2~0.4 m，确保了重点保护对象的防洪安全。

张康波　执笔

王　翔　审核

专栏十七

科学防控　山洪灾害防御措施得当

水利部水旱灾害防御司

2020年全国先后出现48次强降雨过程，天气形势异常复杂，局地短历时强降雨多发、频发。面对严峻的防御形势，水利部和地方各级水利部门深入贯彻落实党中央、国务院决策部署，坚持人民至上、生命至上，聚焦防范化解重大山洪灾害风险，超前部署、主动作为、科学防控，成功实现"山洪灾害不出现群死群伤"的目标。在降雨强度、洪水量级均超过历史平均水平的情况下，2020年山洪灾害死亡人数明显减少，防灾减灾成效显著。

一是及时安排部署，逐级压实责任。汛前，水利部召开山洪灾害防御专题视频会议进行安排部署。汛中，先后多次印发通知，对山洪灾害监测预警责任制落实、设施设备检查维修、预警信息发布等工作提出明确要求，压紧压实各级水利部门责任。汛期，每逢防御会商，都把山洪灾害防御作为工作重点，及时通过下发通知和电话提醒等方式进行有针对性的安排部署。

二是强化技术指导，提升业务水平。水利部制定印发《省级山洪灾害监测预报预警平台技术要求（试行）》《山洪灾害防御规范化工作清单》等行业指导文件。统筹疫情防控和防汛需求，采取线上方式开展基层山洪灾害防御培训，培训对象涵盖各地省级、市级、县级水行政主管部门相关技术骨干1万余人。组织开展面向"三区三州"深度贫困地区基层人员技术帮扶培训，培训1000余人，有效地提升了基层山洪灾害防御能力。

三是加强督查暗访，补齐短板弱项。水利部首次颁布《山洪灾害监测预警监督检查办法》，制定《2020年山洪灾害监测预警督查暗访工作方案》，编制培训手册，开展暗访调研培训，先后组织47个暗访组、144人次对106个县、218个乡镇、439个村（连队）开展了暗访抽查。针对查出的突出问题和薄弱环节，通过"一省一单"的方式跟踪督导地方采取有力措施，加紧补齐短板弱项，按要求整改到位，消除风险隐患。

四是狠抓建设管理，推动项目实施。及时下达山洪灾害防治建设任务和工作要求，加强前期工作指导，建立项目建设进度统计通报制度，按月统计通报各地建设总体进展、资金落实和支付进度及建设过程中存在的问题，编发进度通报10期。通过调度会、电话督导及纳入部级督办考核事项等措施，督促各地努力克服新冠肺炎疫情、汛期时间长等不利因素，在确保项目建设质量的前提下加大工作力度，加快建设进度，项目建设总体进度达到了年初预定目标。

五是拓宽信息发布渠道，强化风险预警。积极拓展预警信息发布渠道，联合工业和信息化部共同推动依托三大电信运营商开展面向危险地区社会公众的预警服务，印发《关于依托移动通信网络发布山洪灾害预警信息工作的通知》，推动预警信息发送范围扩展到社会公众，推行预警信息"靶向预警"和社会化发布，扩大了信息覆盖面，消除了预警盲区。联合中国气象局发布气象预警128期，在中央广播电视总台天气预报栏目播出50期。全国有12个省（自治区、直辖市）开展了省级山洪灾害气象预警服务，共发布山洪灾害气象预警800余期。据统计，2020年汛期，全国共发布16.92万次县级山洪灾害预警，向661.8万名防汛责任人发送预警信息4173.37万条，启动预警广播47.1万次，首次利用三大电信运营商向社会公众发布预警短信4.67亿条，为基层人民政府及时组织受山洪威胁地区群众按照"方向对、跑得快"的要领转移避险提供了先机。

吴泽斌　路江鑫　涂　勇　执笔

成福云　审核

江苏省金坛区：
农村基层防汛有了"千里眼"

"这里是直溪镇人民政府，我镇6月15日开始陆续开机排涝，下午开机泵站18座，6月16日开机泵站24座……"2020年6月15日，江苏省常州市金坛区直溪镇人民政府通过远程视频，与金坛区防办开展远程视频会商，参与会商的部门和人员覆盖全区9个镇区和街道。

"严密关注水情工情和气象变化，确保重点圩堤、大坝的安全，一有情况及时采取有效措施并向区防指汇报……"金坛区防汛防旱指挥部通过农村基层防汛预报预警体系系统对全区各地汛情进行实时监控和指挥。

2020年，金坛区防汛抗洪形势严峻，区防汛防旱指挥部通过监测预警系统，所有水情、工情和气象等信息和数据跃然眼前，为防汛提供了科学依据。2020年年初以来，金坛区水利局新建了集统一化、智能化于一体的视频监控管理平台——农村基层防汛预报预警体系系统。该系统能及时掌握全区低洼易涝区、外洪威胁区的分布、影响程度等情况，有效地增强了防灾减灾能力和风险管理能力，为及时、准确地发布预警信息、安全转移人员提供了数据支撑，最大限度地减免了洪涝灾害造成的损失，促进了经济社会持续发展。

金坛区通过新建10个基层水位站、38个视频监控站点采集22个重点泵站、枢纽的工情信息，构建起完善的农村基层防汛预报预警系统。该系统不仅能够及时、准确地监测、收集所辖区域的雨情、水情、灾情、工情等信息，还能实时查看卫星云图、降雨预报、雷达图，通过分析实时数据和测算未来雨量、水位的走势，大大提高了防汛工作人员获取实时汛情的效率和调度决策水平，也让防汛更加及时和科学。该系统不仅与水文、气象、应急资源规划等防汛防旱平台实现横向的信息数据互联互通，还与省、市、区、镇四级管理部门实现纵向的视频会商、监测预警，能够为防汛决策提供科学依据。

胡　奕　陆　燕　蒋建君　执笔

席　晶　李　攀　审核

2020 年全国雨水情特点

水利部信息中心

2020 年，我国气候复杂多变，出现 1998 年以来最严重的汛情。汛期降雨区域和时段集中、暴雨极端性强，北上台风影响重；大江大河洪水多发、量级大，长江、太湖、淮河、松花江齐发流域性洪水；超警戒水位河流数量多、历时长，有 836 条河流发生超警戒水位以上洪水，其中 78 条超历史纪录；西南、华北、东北、黄淮等地阶段性局地旱情较重。全国雨水情主要呈现以下特点。

一是降雨总量偏多、时空集中。2020 年全国面平均降水量为 686 mm，较常年偏多 10%。在汛期，全国共出现 34 次强降雨过程，降雨量较常年同期偏多 15%，为 1961 年以来第一多，长江中下游等地梅雨期及梅雨量均为历史之最。6 月中旬至 7 月，长江中下游面雨量为 576 mm；8 月中下旬，长江上游面雨量为 238 mm，均较常年偏多近 1 倍；7 月中下旬，淮河流域面雨量为 251 mm，较常年偏多近 1 倍；太湖梅雨量为 584 mm，较常年偏多 1.4 倍；8 月下旬至 9 月上旬，松花江面雨量为 202 mm，较常年偏多近 3 倍。

二是大江大河洪水多发、量级大。长江、黄河、淮河、松辽、珠江、太湖流域共发生 21 次编号洪水，超过 1998 年（20 次），较常年偏多 1.5 倍，为 23 年来最多。长江发生流域性大洪水，其中上游发生特大洪水，三峡水库出现建库以来最大入库流量 75000 m³/s，中下游最长超警戒水位达 67 天；淮河发生流域性较大洪水，王家坝最高水位 29.76 m，为 1968 年以来第一高；太湖发生流域性大洪水，最高水位 4.79 m，为 1954 年以来第三高；松花江发生流域性较大洪水，中下游最长超警戒水位达 41 天。长江、太湖、淮河、松花江齐发流域性洪水，属 1998 年以来首次。

三是超警戒水位河流数量多、历时长。全国七大流域836条河流发生超警戒水位以上洪水，为1998年以来最多，其中269条超保证水位、78条超历史纪录，超警戒水位河流分布范围广，涉及四川、云南、广西、江苏、浙江、重庆、安徽等26个省（自治区、直辖市）。长江干流及洞庭湖、鄱阳湖超警戒水位26~67天，太湖超警戒水位48天，松花江干流超警戒水位7~41天，安徽巢湖超警戒水位78天、超历史纪录16天，其中长江超警戒水位天数列历史第三位，安徽巢湖超警戒水位天数列历史第一位，为1962年有实测资料以来最长。

四是北上台风比例高、影响重。全年共有16个台风生成、有5个登陆我国，较常年分别偏少5.1个和1.8个；共有4个台风北上影响我国，占台风总数的25%。历史首次出现7月"空台"。8月下旬至9月上旬的半个月内，东北遭遇罕见的台风"三连击"："巴威""美莎克""海神"先后影响松辽流域（片），致使79条河流发生超警戒水位以上洪水，21条河流发生超保证水位洪水，5条河流发生超历史纪录洪水，历史罕见。

五是水文干旱总体偏轻，局地旱情较重。全国主要江河年径流量较常年总体偏多，仅海河流域拒马河偏少明显。年末全国6920座水库蓄水总量为4690.8亿 m^3，较常年同期偏多15%。受降雨偏少、江河来水偏枯和水利工程蓄水不足等因素影响，西南、华北、东北和东南沿海地区先后阶段性发生区域性干旱，局地旱情较为严重。5月初至6月中旬，西南中部和南部、华北大部、西北东部、黄淮中部等地部分地区土壤出现中度以上缺墒，6月中旬旱情高峰期，内蒙古、河南两省（自治区）一度有62个县出现中度以上缺墒。

六是春季开河（江）总体偏早，冬季封冻明显偏晚。黄河内蒙古河段3月18日全线平稳开河，开河日期较常年偏早8天；黑龙江省境内主要江河4月29日全线开江，开江日期较常年偏早，其中嫩江干流开江日期较常年提前4~11天，松花江干流提前2~9天，乌苏里江干流提前5~6天，黑龙江干流提前1~15天。黄河内蒙古河段12月4日出现首封，首封日期较常年偏晚1天；黑龙江省境内主要江河12月19日全部封冻，封江日期较常年明显偏晚，其中嫩江干流偏晚 3~21 天（除嫩江站提前 4 天），松花江干流偏晚 3~10 天（除哈尔滨市提前 1 天），黑龙江干流偏晚 2~30 天，乌苏里江干流偏晚 8~13 天。

李　岩　宫博亚　执笔

刘志雨　审核

强化水文监测预报预警
守住水旱灾害防御底线

水利部水文司　水利部信息中心

2020 年，面对年初突如其来的新冠肺炎疫情和 1998 年以来最为严重的汛情，全国水文部门牢记水文工作的初心和使命，认真贯彻落实党中央、国务院领导关于疫情防控和防汛救灾重要指示批示精神，坚持人民至上、生命至上，周密部署、精心监测、准确预报、及时预警，为守住水旱灾害防御底线提供了有力支撑。

一、多措并举，做好备汛工作

新冠肺炎疫情给 2020 年的备汛工作造成了一定的困难，水利部认真贯彻党中央、国务院领导指示批示精神，多措并举，创新工作方式，扎实推进水文测报汛前准备各项工作。一是精心组织安排部署。适时召开全国水文工作视频会议，印发汛前准备工作通知，立足于防大汛测大洪，安排部署应对超标洪水和局地暴雨洪水的防汛水文测报工作。各流域机构和省（自治区、直辖市）水文部门精心维修养护水文测报设施设备，制定和修订了超标洪水应急测报预案，江西、重庆等省（直辖市）还充分利用固定建筑物或增设临时水尺，延长水位流量关系至 100 年一遇洪水位，根据测站特性、设备配置、人员安排制定了比降法、浮标法、电波流速仪、无人机航拍等超标洪水测验方案，偏远地区的重要水文站增配卫星电话。二是进行视频连线督促。结合各流域片汛前准备工作进展情况和存在的主要问题，分片区与各流域管理机构和省（自治区、直辖市）水文部门视频连线，督促落实汛前准备各项工作。又专门与受疫情影响较大的长江委水文局视频连线，研究解决其在备汛工作中遇到的问题。三是开展水文测报监督检查。印发《水文监测监督检查办法（试行）》，通知部署各单位结合汛前准备工作对所属的水文测站进行全面自查，国家基本水文站全覆盖，发现问题，及时整改。暗访检查 7 个流域和 30 个省（自治区、直辖市）所属的 203 处国家基本水文站，以"一单位一单"的方式印发整改通知。汛前各级水文单位共派出 1265 个检查组次，现场检查覆盖 9743 处各类水文测站，较 2019 年增加 26%，有效地督促了汛前各项准备工作的细化落实。四是强化日常跟踪指导。水利部采取电话问询和微信工作群等多种方式及时了解掌握各地汛前准备进展和水文测报工作情况，根据各地雨水情形势和实时水情信息报送情况，有针对性地进行指导和督促，同时要求各地第一时间上报水文测报方面的重大事项与重要举措，上下联动，把水文测报防汛备汛工作抓牢抓实。五是加强应急演练。各地水文部门系统地分析历史大洪水的特点，充分利用无人机、电波流速仪、电子浮标、侧扫雷达等多类非接触式高新技术设施设备，有针对性地开展超标洪水水文应急测报演练，检验预案、磨合机制、锻炼队伍、提升能力。汛前共开展了应急演练 1451 场次，11670 人次参与，场次、人次均创历史新高。通过扎实开展汛前准备工作，为汛期水文测报工作的顺利开展奠定了重要的基础。

二、精心监测，密切监视雨水情

全国水文部门以科技创新为引领，以数据监测为基础，以网络信息化为手段，全力当好水旱灾害防御的"尖兵"和"耳目"。一是加强测报系统维护。紧盯数据"有没有""好不好""险不险"，对雨量、水位、流量等实时监测信息进行监控管理，加强各类水文测站运行维护，及时发现和处理异常数据。在汛期，各地水文自动测报信息畅通率基本维持在 95% 以上，确保发生洪水时测得到、报得出。二是加强信息采集报送。不断强化责任意识，严格落实各级水文值班和领导带班制度，依托各类水文测站，加密监测雨水情信息，密切监视降雨和洪水过程，共采集雨水情信息 22.9 亿条，较 2019 年大幅增加。在 2020 年 5 月 29 日至 6 月 10 日的暴雨洪水过程防御中，广西水文密切监视水情，全区 3403 个雨量和 656 个水位遥测站采集实时数据 1400 万条，163 个流量自动监测站利用固定式雷达测速等新技术装备采集流量数据 21.5 万条，通过公益短信平台向社会公众发布全网水情短信，服务社会公众 4342 万人次，得到了各级领导和社会各界的充分肯定。三是加大新技术装备应用。大力推动水文新技术装备配备和应用，加快水文测报技术手段提档升级，水利部面向社会开展了水文测报新技术装备征集工作，经评审和公示，发布了《水文测报新技术装备推广目录》，推进新技术装备在实际生产中的应用，跟踪应用情况和用户反馈。各地抓住中高水机会，积极开展新仪器、新技术应用，努力提高测报的精度和效率。ADCP、电波流速仪成为水文应急监测的首选，全站仪、一体化水位计、无人机测流、遥控船测流和北斗卫星信道更是在防汛关键时刻发挥了不可替代的重要作用。四是统筹应急监测力量。省级、市级水文应急监测队和测区水文应急监测小组三级联动，密切配合，跨区域支援，充分调用一切可用的应急资源，全力做好应急测报工作。在迎战长江、黄河等大江大河和中小河流各类洪水过程中，水文部门迅速响应，累计出动应急监测队 4350 次（人员 18318 人次），较 2019 年增加 65%；抢测洪水 13559 场次，较 2019 年增加 88%；开展洪水调查 637 次，较 2019 年增加 74%，获得各级地方政府表彰 126 次。2020 年 7 月 20 日，安徽水文为精准施测王家坝闸泄洪流量，水文应急监测队提前 2 小时做好应急开闸泄洪流量监测的各项准备工作，同步使用走航式 ADCP、电波流速仪和无人机 3 种方式实测流量，测得泄洪流量为 1560 m^3/s，第一时间为王家坝蒙洼蓄洪区的管理调度提供了关键数据。

三、精准预报，支撑防洪减灾

各地水文单位强化联动会商，加强水文气象耦合，充分应用各类新增信息源，建立了"3 天预报、3 天预测、3 天展望"的"三个 3 天"降雨预报模式，提高预见期与预报精度。一是完善预报预警方案。整理汇编历史典型洪水资料，分析提炼流域性洪水的特点、周期、气候背景和成因，梳理大江大河超标洪水防御"作战图"重要断面洪水预报方案，修订黄河 8 个断面、海河 15 个重要断面洪水预报方案，进一步落实海河流域"以测补报"举措，增强超标洪水测验手段，提升在极端情况下水文测报的保障能力，确保测得到、报得出。二是强化大江大河洪水预报。在洪水关键期，每天滚动预报并与流域、省级水文部门联动会商，组织督促各地水文部门大江大河洪水预报成果的上报共享。水利部系统梳理大江大河超标洪水防御"作战图"重要断面洪水预报方案，成立七大流域预报专班。在洪水关键期，每天滚动预报并与中国气象局和流域、省级水文部门会商2~3次，预报总体优良率达到85%，较2019年提高5%，关键预报精准可靠，有力地支撑了防洪调度的科学决策。长江水文精心监测、准确预报、及时预警，提出洪水调度建议321次，为开展三峡水库等水库群联合拦洪削峰、错峰及防洪补偿调度提供强有力的技术支撑。三是深化气象水文协作。积极与气象部门开展连线会商，加强水文气象耦合，开展重点区域点对点会商调度，充分利用气象预警、临近24小时和72小时网格化降雨数值预报超前预警江河洪水，有效地延长了预见期，提高了洪水预报的精度。福建省升级改造洪水预报系统，使用气象降雨数值预报数据进行自动预报，将大江大河洪水预见期从原来的8~12小时提前到3~5天，针对中小河流积极开展洪水估报、涨幅预报。四是推进开展中小河流及小型水库水雨情快速预警。广东省持续完善中小河流预警预报方案修编及历史资料填充，对未设站点的河流开展洪水量级预警服务，为防御洪水提供参考。在"6·22"綦江暴雨洪水过程中，重庆水文提前10小时发布洪水预警，为沿河10万余名居民的紧急疏散争取了宝贵的时间，在此次超历史洪灾中实现人员零伤亡。据统计，全国水文部门共编写水情专报34055期，发布洪水预报62383站次，发送水情预警短信8463万条，有力地支撑了防汛抗旱减灾的科学指挥决策，保障了人民群众生命安全和财产安全。

下一步，水文部门将继续坚持以问题为导向，围绕水利工作和经济社会发展对水文测报信息的需求，进一步增强底线意识、忧患意识，立足防大汛测大洪，提前着眼各项汛前准备工作，着力补齐水文监测预报预警工作短板，有针对性地完善水文测站超标洪水水文测报预案，增强超标洪水测验手段，提升在极端情况下水文测报的保障能力，确保测得到、报得出。汛期加密水雨情监测，加强值班值守，进一步提高暴雨预警预报精细化水平，为水旱灾害防御提供强有力的支撑。加快水文测报技术手段提档升级，加大水文监测新技术装备的研发、推广和应用，努力提高水文监测预报预警能力和水平。

熊珊珊　执笔

魏新平　审核

水资源节约与管理篇

全面节水　积极推动实施国家节水行动

全国节约用水办公室

2020年，为深入贯彻党的十九届五中全会精神，落实"节水优先、空间均衡、系统治理、两手发力"治水思路，水利部以习近平新时代中国特色社会主义思想为指导，大力实施国家节水行动，《国家节水行动方案》（以下简称《方案》）各项工作扎实开展。

一、凝心聚力，锐意进取推动工作

（一）统筹推动《方案》实施

为进一步推动《方案》落地见效，国家发展改革委办公厅、水利部办公厅联合印发《〈国家节水行动方案〉分工方案》，明确了总体目标和34项任务的部门分工，其中，水利部牵头负责总体目标和14项任务，国家发展改革委负责5项任务，农业农村部负责3项任务，工业和信息化部负责3项任务，住房和城乡建设部负责3项任务，科技部负责3项任务，财政部负责2项任务，人民银行负责1项任务。2020年2月，国家发展改革委资源节约和环境保护司与全国节约用水办公室联合行函，统筹掌握《方案》部门分工落实情况。

为了进一步推动《方案》落地见效，水利部有关司局按照分工要求，加强统筹和沟通协商，将各项任务作为司局年度工作重点，严格时间节点控制；全国节约用水办公室编写了水利部贯彻落实情况年度总结，建立了《〈方案〉部内分工任务台账表》。

（二）各地积极落实《方案》

《方案》出台后，31个省（自治区、直辖市）相继出台了本地区的国家节水行动省级实施方案。其中，山西、浙江、新疆3省（自治区）的实施方案由省（自治区）政府发布，天津、河北、内蒙古等 27 省（自治区、直辖市）的实施方案由省（自治区、直辖市）发展改革委联合水利（水务）厅（局）发布，北京市的实施方案由北京市生态文明委发布。省级节水行动实施方案印发情况见表 1。

表 1　　　　　　　　　　省级节水行动实施方案印发情况

省（自治区、直辖市）	印发部门	文号	印发时间
北京	市生态文明委	京生态文明委〔2020〕5 号	2020 年
天津	市水务局、市发展改革委	津水规范〔2019〕4 号	2019 年
河北	省水利厅、省发展改革委	冀水节〔2019〕25 号	2019 年
山西	省人民政府	晋政发〔2019〕26 号	2019 年
内蒙古	自治区水利厅、自治区发展改革委	内水资〔2019〕138 号	2019 年
辽宁	省水利厅、省发展改革委	辽水合〔2019〕18 号	2019 年
吉林	省水利厅、省发展改革委	吉水资联〔2019〕334 号	2019 年
黑龙江	省水利厅、省发展改革委	黑水发〔2019〕238 号	2019 年
上海	市水务局、市发展改革委	沪水务〔2019〕1394 号	2019 年
江苏	省水利厅、省发展改革委	苏水节〔2019〕7 号	2019 年
浙江	省人民政府	浙政办发〔2020〕27 号	2020 年
安徽	省水利厅、省发展改革委	皖水节〔2019〕137 号	2019 年
福建	省水利厅、省发展改革委	闽水资源〔2019〕4 号	2019 年
江西	省发展改革委、省水利厅	赣发改环资〔2019〕1107 号	2019 年
山东	省水利厅、省发展改革委	鲁水节字〔2019〕3 号	2019 年
河南	省发展改革委、省水利厅	豫发改环资〔2019〕789 号	2019 年
湖北	省水利厅、省发展改革委	鄂水利函〔2019〕323 号	2019 年
湖南	省发展改革委、省水利厅	湘发改环资〔2019〕893 号	2019 年
广东	省水利厅、省发展改革委	粤水节约〔2019〕11 号	2019 年
广西	自治区水利厅、自治区发展改革委	桂水资源函〔2019〕94 号	2019 年
海南	省发展改革委、省水务厅	琼发改环资〔2020〕15 号	2020 年
重庆	市水利局、市发展改革委	渝水〔2020〕30 号	2020 年
四川	省发展改革委、省水利厅	川发改环资〔2019〕515 号	2019 年
贵州	省水利厅、省发展改革委	黔水节〔2019〕24 号	2019 年
云南	省发展改革委、省水利厅	云发改环资〔2019〕945 号	2019 年

省（自治区、直辖市）	印 发 部 门	文 号	印发时间
西藏	自治区发展改革委、自治区水利厅	藏发改环资〔2019〕668 号	2019 年
陕西	省发展改革委、省水利厅	陕发改环资〔2019〕1248 号	2019 年
甘肃	省水利厅、省发展改革委	甘水节约发〔2019〕293 号	2019 年
青海	省水利厅、省发展改革委	青水节〔2019〕156 号	2019 年
宁夏	自治区水利厅、自治区发展改革委	宁水节供发〔2019〕13 号	2019 年
新疆	自治区人民政府	新政办发〔2019〕125 号	2020 年

随着治水工作的不断深化和节水理念的深入人心，面对新的形势任务，跨部门协调推进已经成为落实《方案》的有效手段。目前，大部分省（自治区、直辖市）已经建立省级节约用水工作协调机制，地方各级党委和政府积极担负起本辖区节水工作责任。省级节约用水工作协调机制建立情况见表2。

表2 省级节约用水工作协调机制建立情况

省（自治区、直辖市）	省级节约用水工作协调机制
天津	建立了省级节约用水工作协调机制，成立了天津市建设节水型社会领导小组，10 个成员单位参与
河北	建立了省级节约用水协调机制
山西	建立了节约用水工作厅际联席会议制度，23 个成员单位参与
内蒙古	建立了节水行动厅际联席会议制度，22 个成员单位参与
辽宁	建立了省（中）直有关部门节约用水工作处级联络员制度
吉林	建立了省级节约用水工作推进机制，18 个省直部门参与
黑龙江	建立了省级节约用水协调机制，调整了省政府实行最严格水资源管理和节约用水工作联席会议成员
上海	建立了节约用水联席会议制度，市人民政府副秘书长为第一召集人，14 个委办局共同参与
江苏	建立了最严格水资源管理考核和节约用水工作联席会议，省人民政府分管领导任组长
浙江	建立了省级节水工作协调机制
安徽	建立了省级节水工作协调机制，17 家省直单位参与
福建	建立了省级节约用水工作联席会议制度

续表

省（自治区、直辖市）	省级节约用水工作协调机制
江西	成立了省级节约用水工作协调推进小组，省人民政府分管副省长任组长，14家成员单位参与
山东	建立了省级节约用水工作联席会议制度
河南	建立了节约用水工作厅际协调机制
湖北	建立了节约用水工作厅际协调机制，11个成员单位参与
广东	建立了节约用水工作协调机制
广西	建立了节约用水工作厅际联席会议制度，18个成员单位参与
海南	建立了节约用水厅际联席会议制度和协调机制
重庆	建立了"政府引导、市场调节、公众参与"的节约用水机制
四川	建立了省级节约用水工作协调机制，17个省直部门参与
贵州	建立了省级节约用水工作联席会议及跟踪督导机制
云南	建立了省级节约用水联席会议制度，19个省直部门参与
陕西	建立了省级节约用水工作联席会议机制
甘肃	建立了省级节约用水工作联席会议制度
青海	建立了省级节约用水工作协调机制
宁夏	建立了部门间协作机制

二、精准对焦，稳步落实主要任务

从目前情况看，2019 年我国用水总量为 6021.2 亿 m³，全国万元 GDP 用水量和万元工业增加值用水量分别比 2015 年下降约 23.8% 和 27.5%，农田灌溉水有效利用系数为 0.559，提前完成《方案》中 2020 年的目标。2020 年，国家用水定额体系基本建成，建立重点监控用水单位名录，完成第三批 350 个县（区）节水型社会达标建设，建成 1790 家节水机关、298 所节水型高校。

（一）总量强度双控目标顺利完成

年度用水总量控制在 6100 亿 m³ 以内。印发《水利部关于黄河流域水资源超载地区暂停新增取水许可的通知》，全面实施黄河流域水资源超载地区暂停新增取水许可。共组织编制 2030 项国家和省级用水定额，发布 2013 项。其中，国家用水定额完成编制 51 项，年内发布实施 34 项；各地编制修订、发布实施省级用水定额 1979 项。节水评价制度深入实施，叫停118 个节水不达标项目。

（二）农业节水增效初显

布置指导各地开展"十四五"大型灌区续建配套与现代化改造实施方案编制工作。安排中央水利发展资金 60.86 亿元，支持 358 个重点中型灌区开展节水配套改造建设，改造渠首工程 629 处、渠道 4159 km、渠系建筑物 9728 处，建设工程管护设施 1483 处，完善计量设施 3447 处。出台《农村供水工程水费收缴推进工作问责实施细则》，农村千人以上供水工程水费收缴基本实现全覆盖。

（三）城镇节水降损积极推进

部署开展水利行业节水机关建设工作，省级水行政主管部门全面建成节水型机关。国家用水定额体系中服务业和建筑业相关定额全部完成编制工作，在全国范围内对有关服务业领域用水进行严格约束。在 12 个城市开展再生水配置利用实地调研与座谈交流，编制《典型城市再生水配置利用调研报告》，形成《典型地区再生水利用配置试点实施方案（建议稿）》。

（四）重点地区节水开源效果明显

向国务院联合报送《关于我国污水资源化利用有关情况的报告》《关于推进污水资源化利用的指导意见》。联合印发《关于推进污水资源化利用的指导意见》。目前，全国非常规水源利用量为 107.7 亿 m³，年增21.4%。水利部以华北地区为地下水超采治理重点，利用南水北调东中线工程调水置换地下水灌溉，大力发展高效节水灌溉，推广节水小麦种植，截至 2020 年 11 月底，与 2019 年同期相比，京津冀平原区浅层地下水水位上升 0.37 m，其中回升和稳定的面积比例为 96%；深层地下水水位上升1.57 m，其中回升和稳定的面积比例为 92%。

（五）政策制度和市场机制不断创新

组织对 13 个地区和 74 家用水单位，开展节约用水专项监督检查和调研工作。联合国家市场监管总局、国家发展改革委，部署对用水产品开展水效标识的监督检查。经国家统计局批准，水利部印发实施《用水统计调查制度（试行）》，改进了统计调查方式，扩大了统计调查范围，简化了统计报表内容，强化了统计工作责任。全国 43 所高校实施合同节水，吸引社会资本约 1.6 亿元，预计合同期总节水量达 5800 万 m^3，部分高校节水率超 20%。

（六）社会节水意识不断提升

水利部办公厅、教育部办公厅联合印发《关于开展节约用水主题宣传教育活动的通知》，推动逐步将节水纳入国家宣传、国民素质教育和中小学教育活动。新华社等中央媒体刊载报道 117 篇（幅）。积极开展参与式、互动式节水主题宣传活动，吸引社会公众参与超过 11 亿人次。

三、奋发有为，科学谋划下一步工作

（一）量化深化推进部内任务完成

针对分工方案确定的水利部 14 项牵头任务，进一步分解具体事项形成工作台账，明确时间节点和责任人，定期梳理推进缓慢、进度滞后、质量不高的事项，对有关司局进行提醒和督促。

（二）协调推进部门分工任务落实

尽快推动建立高层次节约用水工作协调机制或领导小组，探索节约用水数据共享。加强与相关部委的沟通协调，梳理汇总《方案》中 2020 年主要目标任务的完成情况，分析形势，提出下一步工作措施，形成报告适时上报。

（三）督导检查推进地方任务完成

制订方案开展国家节水行动实施情况督导检查，形成问题清单限期整改，推动地方各级党委和政府对本辖区节水工作负总责，确保节水行动各项任务完成。

陈　梅　张树鑫　执笔

熊中才　审核

专栏十八

全面开展县域节水型社会达标建设

全国节约用水办公室

县域是国家治理的基本单元，开展县域节水型社会达标建设是贯彻节水优先方针、推进节水型社会建设的重要举措。根据2017年中央一号文件提出的"开展县域节水型社会建设达标考核"要求，2017年水利部在全国范围内部署县域节水型社会达标建设工作。全国31个省级水行政主管部门加强组织领导，制定实施措施，强化监督管理和业务指导，各县级人民政府认真落实目标责任和保障措施，扎实推进县域节水型社会达标建设工作，2020年，水利部推动建成第三批350个节水型社会建设达标县（区）。

一、入选保留目录

水利部高度重视县域节水型社会达标建设工作，要求将其作为落实节水优先方针的重要抓手，切实加强规范化、制度化建设。在全国评比达标表彰工作协调小组办公室《关于公布第一批全国创建示范活动保留项目目录的通告》中，"县域节水型社会达标建设"成为第一批目录中水利部及全国节水领域的唯一入选项目，为今后更好地开展工作提供了依据。

二、狠抓建设质量

魏山忠副部长在2020年水利系统节约用水工作视频会议上对建设进度滞后的省份进行点名，督促各地按时保质完成建设任务。全国节约用水办公室紧盯各省份建设进度和建设质量，组织开展技术培训，建立工作台账，对新疆、吉林、海南、湖南、广东、四川、辽宁、黑龙江、福建等重点省（自治区）进行督导。

三、严格检查复核

水利部部署开展县域节水型社会达标建设年度复核及"回头看"工作，组织对 374 个县（区）进行复核，对 13 个县（区）开展"回头看"。在全面资料复核的基础上，由流域管理机构或司局级领导带队进行现场抽查。历时一个多月，累计派出 237 人次，对 374 个县（区）中的 76 个县（区）现场抽查，每个县（区）抽查了 1~2 个灌区、2 个节水型企业、2 个节水型单位、2 个节水型小区，共 550 个节水载体，严格复核质量。魏山忠副部长主持专题会议，研究审定复核报告和达标县（区）名单。

2020 年 11 月 25 日，水利部公布第三批 350 个节水型社会建设达标县（区）名单。目前，水利部已经累计建成 616 个节水型社会建设达标县（区）。各达标县（区）严格落实总量和效率控制指标，强化用水定额使用，全面实施计划用水管理，扎实推进节水载体建设，大力开展节水设施改造，居民节水意识明显提升，县域节水工作得以巩固和发展，全社会形成浓厚的节水氛围，节水型社会建设取得显著成效。

李佳奇　朱明明　执笔

颜　勇　审核

专栏十九

全国水利行业节水机关建设全面开展

全国节约用水办公室

　　近年来，水利行业深入贯彻节水优先方针，坚决打好节约用水攻坚战。2019年，水利部启动水利行业节水机关建设，在水利部机关、各直属单位机关，各省（自治区、直辖市）水利（水务）厅（局）机关，各省地（市）、县级水利（水务）局机关中广泛开展节水机关建设，将水利行业机关建成"节水意识强、节水制度完备、节水器具普及、节水标准先进、监控管理严格"的节水标杆单位，探索可以向社会复制推广的节水机关建设模式，示范带动全社会节约用水。

　　截至2019年年底，水利部机关、部直属单位机关和省级水行政主管部门机关共有43家单位达到《水利行业节水机关建设标准》，建成节水机关，年均节水率为29%。截至2020年年底，全国共建成市县级水利行业节水机关1790家，其中，市级机关299家、县级机关1491家，年均节水率为31%。

　　水利部党组高度重视节水机关建设工作，多次召开专题办公会议研究节水机关工作，提出节水机关建设的重点是在提高用水效率上下功夫，穷尽一切手段做到真节水。各级水利机关认真落实节水机关建设有关要求，全面梳理机关用水环节、用水类型，深入细致地做工作，一个一个环节、一个一个类型地建立节水标准，坚持硬件软件一起抓，充分挖掘节水潜力。

　　在硬件方面，加强节水设施建设，开展用水设备节水改造。各级水利机关加强对重点用水部位的节水改造。一是使用节水技术和产品。对非节水和使用时间较长的器具进行更换，对节水效率较低的器具通过加装节水限流器、调节供水水压等方式提高器具的节水效率。二是加强计量监控。

分水源、分功能区配备用水计量设施，积极运用先进信息化技术，加强用水精细化管理，探索建立节约用水在线监控平台。三是积极利用"灰水"。加强分质分类废水回用，用较清洁的洗菜水清洗拖把和绿地浇灌，收集办公楼的饮水机尾水、洗手盆排水、空调冷凝水等"灰水"，经简单处理后，用于同层或跃层冲厕，实现一水多用。

在软件方面，强化制度建设和节水管理，营造浓郁的机关节水氛围。一是制定《水利职工节约用水行为规范（试行）》，从12个方面梳理日常工作生活用水行为，为干部职工划红线、立规矩，提高广大水利干部职工的节水意识。二是编制节水宣传材料，开展节水宣传主题活动、讲座、专题培训等。在门厅设电子屏滚动播放节水标语，在卫生间、茶水间、食堂等重点用水区域张贴节水宣传标语、海报等。三是制作具有节水标识的纸杯、文具等文创产品。充分利用网站及微信等新媒体，普及节水知识。各单位深入总结节水机关建设经验，形成可供当地借鉴推广的建设模式，吸引各界参观学习，形成经验模式总结材料38篇、宣传视频31部、宣传海报9张，在《中国水利报》、学习强国、节水办官微等平台登载宣传报道220余篇，地方各类媒体登载7400余篇。

罗　敏　李建昌　执笔

颜　勇　审核

链接

福建省福鼎市：打好组合拳　念好节水经

福建省福鼎市始终把节水优先放在首位，以水资源高效利用为主线，以制度建设为核心，以节水工程为重点，以节水科技为支撑，以宣传引导造氛围，打出节水"组合拳"，圆满完成节水型社会达标建设任务。

强化领导。福鼎市成立市领导挂帅的节水型社会达标建设工作领导小组，水利、财政、住建等35个部门联手发力，制定实施方案，建立由各责任单位分管领导、联络员和技术人员组成的节水型社会达标建设工作指挥、日常联络和技术指导3个工作网络，形成了"政府领导、部门落实、政策引导、社会参与、上下联动、共同建设"的良好局面。

夯实基础。在节水型社会达标建设中，福鼎市紧扣用水关键环节，在水资源论证、取水许可申报以及节水型载体认定等工作中，严格执行《福建省行业用水定额》，编制《福鼎市水资源承载能力监测预警机制工作报告》，有效地控制当地水资源开发利用的强度，保障经济社会发展与水资源条件相协调。按照严格控制取水量的原则，对各用水户实行计划用水管理。安装用水计量设施，强化工业用水计量管理。

科技加持。福鼎市坚持科技节水，运用科技手段广泛利用非常规水资源，加大污水处理回用，利用智能节水灌溉系统强化节水灌溉。同时，打造智慧水务，运用科技手段开展合同节水，持续降低供水管网漏损率。大力推广节水器具，全市公共场所节水型器具普及率达到100%。

价格调控。福鼎市坚持以经济手段为主，推进农业水价改革，对居民用水实行阶梯式计量水价，对非居民用水实施超定额、超计划累进加价。还充分发挥水价对节水工作的推动作用，多次对自来水、地下水、地表水等价格进行调整，逐步使水的价值与价格相符。

宣传引导。福鼎市注重节水宣传，在电视、广播、报刊、网络等新闻媒体或户外广告上投放节水公益广告，组织开展志愿节水技术咨询、节水有奖问卷调查等活动，开展节水进企业、进灌区，让节水人人有责、节水人人受益的观念深入人心。

张智杰　顾　云　叶艺琳　执笔

席　晶　李　攀　审核

山东省肥城市：唱好"严、活、实"节水三字经

近年来，山东省肥城市认真贯彻"节水优先、空间均衡、系统治理、两手发力"治水思路，唱好"严、活、实"节水三字经，强化水资源节约保护，全力保障经济社会持续健康发展。

用水管控突出"严"字。肥城市严格执行计划用水、节约用水、取水许可、用水定额管理等制度，严格水资源论证和取水许可审批，对所有新、改、扩建项目实行论证审批，坚决杜绝高耗水项目开工建设；加强水资源监控能力建设，建成水资源实时监控系统，设置地下水水位监测点10个；建设取水计量远程监测系统，实现了对重点取用水户用水量的实时监测。

引水调水突出"活"字。建成赵庄水库、黄河水净水站、查庄矿矿坑水处理中心，加大黄河水和矿坑水综合利用力度，保障驻地企业生产用水，年节约地下水2000万 m³；建成康王河湿地公园，依靠河流拦蓄、回灌、补给城区地下水，提升城区水质，真正做到了节水与补源相结合，实现了人水和谐。

行业节水突出"实"字。在农业节水上，推广应用管道输水灌溉和喷灌、滴灌等先进技术，实现了从"大水漫灌"向"精准灌溉"的转变，全市高效节水灌溉面积达59.89万亩，农田灌溉水利用系数提高到0.66。在工业节水上，引导企业进行节水改造和中水利用，实现节水增效；推广工业水重复利用技术，改造淘汰落后耗水设备和生产工艺，工业水重复利用率达到85%以上。在城市节水上，推广使用先进节水型器具，普及率达100%。

下一步，肥城市将按照实施国家节水行动的要求，继续开展行业节水典型培树活动，推进节水型社会建设工作深入开展，引导工业企业实施节水技术改造，提高水重复利用率；多种渠道开展节水宣传，全面强化全社会的节水意识；全力推进水资源精细化管理，严格落实论证取水许可、计划用水、总量控制等制度，强化取水许可事中事后监管，加强用水定额和计划用水管理，科学规范下达用水计划，确保计划执行落实到位；加强水资源监控信息平台和水资源税信息管理平台数据库维护，强化监控管理和水量核定，提升信息化水平。

赵　新　李　玉　邸　燕　执笔
席　晶　李　攀　审核

湖北省武汉市：高校节水跑出"加速度"

湖北省武汉市是一座"大学之城"。2019年以来，武汉市全面落实《国家节水行动方案》，实施"强力监管，目标管理，意识提升，技术服务，鼓励创新，政策扶持"的系统管理模式，高校节水工作呈现快速推进势头。

武汉市将节水减排作为城市生态修复、环境保护、绿色发展的强有力抓手之一，将节水纳入城市治理责任体系之中，市领导直接指导督办、参与推动。武汉市节水办对用水单耗超标的高校实施严控，依据用水定额核定高校用水计划，对超计划用水的高校收取超计划加价水费，通过价格杠杆倒逼高校节水减排工作。

武汉市制订高校节水减排三年行动计划，明确三年工作目标，即在2018年的基础上，全市高校用水量2019年整体下降10%，2020年整体下降20%，节水总量达1500万 m^3。各高校结合自身实际情况，对总体指标进行认领，相继制定各校的节水减排三年行动计划。2019年"世界水日"当天，高校节水减排三年行动正式启动，向社会发出"节水，我们一起行动"的倡议。各高校采取多种形式培养学生的节水减排意识，鼓励节水志愿者活动，在校园内营造水文化氛围并向社会辐射。

2019年，武汉市首先组织7所部属高校完成《节水型高校建设实施方案》编制工作。2020年，再次扩展到武汉理工大学等12所高校。自2019年以来，武汉市安排32所高校开展水平衡测试，推动完善内部用水管理及考核体系，完善内部用水计量系统。各校通过专题会议、现场会等形式开展技术培训和节水新技术推广。

武汉市水务局组织各种形式的推介会，邀请专家开展专题培训，实施合同节水管理的高校数量不断增加。对于规模较大的高校，鼓励采用效益分享型合同节水管理模式；对于规模较小的高校，鼓励采用效果保证型合同节水管理模式。在各种典型示范下，武汉市高校逐渐关注和接受了这种新管理模式。

在节水型高校创建工作中，武汉市对于申报成功的高校在定额用水管理中实行申报制，给予更大的自主管理空间；同时组织涉水技术专家团队为高校节水技术改造提供支持。利用财政节水专项资金，加大对节水示范项目的扶持力度。2018—2020 年，先后安排345 万元支持中国地质大学（武汉）等 7 所高校的合同节水管理示范项目。同时，在高校水平衡测试、计量水表安装、节水器具更换等方面也给予资金上的支持。

张 军 执笔

席 晶 李 攀 审核

强化水资源的刚性约束作用
推动水资源管理实现新突破

水利部水资源管理司

2020 年，水利部深入学习贯彻习近平总书记关于治水工作的重要论述精神，在水资源管理工作中以强化水资源的刚性约束作用为主线，以解决水资源短缺、水生态损害等突出问题为导向，紧紧围绕合理分水、管住用水、系统治水，加快健全水资源刚性约束指标体系，切实加强取用水监督管理，推动解决水资源过度开发利用问题，各项工作取得新进展和新成效。

一、合理分水

统筹生活、生产和生态用水配置，在保障河湖生态流量的前提下，确定经济社会发展可利用的水资源量，建立健全水资源刚性约束指标体系。

（一）河湖生态流量管理切实加强

切实履行指导河湖生态流量水量管理职责，出台了《关于做好河湖生态流量确定和保障工作的指导意见》（水资管〔2020〕67 号）和《全国重点河湖生态流量确定工作方案》（办资管〔2020〕151 号），提出了 3 年工作计划。组织制定了 286 条河湖生态流量目标，其中水利部发布了两批共 90 条重点河湖 166 个断面的生态流量目标。对已经确定生态流量目标的河湖，编制保障方案，加强监测预警，保障河湖基本生态用水需求。

（二）江河流域水量分配加快推进

加快推进跨省江河流域水量分配工作，年内新批复了金沙江、西江、西辽河等 9 条跨省江河水量分配方案，全国已经累计批复 52 条。加快推进省（自治区、直辖市）内的分水工作，各省（自治区、直辖市）编制完成了 193 条跨地市江河水量分配方案，截至 2020 年年底已批复 91 条。

（三）地下水管控指标确定全面启动

制定了《地下水管控指标确定技术要求（试行）》，印发了《关于开展地下水管控指标确定工作的通知》（办资管〔2020〕30 号），组织各省（自治区、直辖市）以县级行政区为单元，确定地下水取用水总量、水位以及地下水管理控制指标，强化水资源开发利用的刚性约束，为严格地下水管控奠定了基础。截至 2020 年年底，各省（自治区、直辖市）均已提交了省级工作成果，各流域管理机构正在进行复核。

（四）水资源开发利用分区管理积极推进

把水资源分区管理作为落实"空间均衡"和"以水定需"的重要基础，深入研究分区需考虑的主要因素、分区类型和划分标准，选择黄河、汉江流域及甘肃省进行了试划分，分类提出管控措施。

二、管住用水

按照确定下来的水资源管控指标，加大取用水监管力度，抑制不合理的用水需求，促进经济社会发展与水资源承载能力相适应。

（一）取用水管理专项整治行动全面开展

在长江、太湖流域取水工程（设施）核查登记的基础上，2020 年 5 月，水利部印发了《取用水管理专项整治行动方案》（水资管〔2020〕79 号），在全国范围部署开展了取用水管理专项整治行动，以核查登记为主线，摸清取水口现状，依法整治存在的问题，强化取用水监管。截至 2020 年年底，核查登记工作进展顺利，基本摸清了 560 多万个取水口的合规性和监测计量现状。长江、太湖流域整改提升完成率达到 99.8%，约 11 万个核查登记发现问题的取水口得到整改。

（二）对黄河流域水资源超载地区暂停新增取水许可

贯彻把水资源作为最大刚性约束的要求，在黄河流域开展此项工作，提出了黄河流域水资源超载地区清单，包括地表水超载 13 个地市［涉及 6 个省（自治区）］、地下水超载 62 个县［涉及 4 个省（自治区）17 个地市），制定了对超载地区暂停新增取水许可、推进超载问题治理的政策措施，坚决抑制不合理用水需求，推动解决黄河流域水资源过度开发利用问题。《关于开展地下水管控指标确定工作的通知》依法公开后，在全社会引起了巨大的反响，各主要媒体纷纷报道，各相关省（自治区）党委、政府高度重视，要求加快贯彻落实。

（三）严格水资源论证和取水许可管理

贯彻落实水资源刚性约束要求和"以水定城、以水定地、以水定人、以水定产"原则，制定了《水利部关于进一步加强水资源论证工作的意见》（水资管〔2020〕225号），部署推进规划水资源论证、建设项目水资源论证、水资源论证区域评估等工作，促进经济社会发展与水资源条件相适应。按照"放管服"改革要求，联合国务院办公厅电子政务办公室印发了《关于依托全国一体化在线政务服务平台做好取水许可证电子证照应用推广工作的通知》（国办电政函〔2020〕45号），推广应用取水许可电子证照，各流域管理机构和各省（自治区、直辖市）已基本全面具备电子证照的发放能力。

（四）做好水资源管理监督检查和考核

完成了2018—2019年最严格水资源管理制度考核，部署开展2020年最严格水资源管理制度考核工作。采取"四不两直"方式，开展了2020年水资源管理监督检查，组织91个检查组620人次，完成了对162个县级行政区、812个取水口、800个用水单位的暗访检查，针对发现的问题提出"一省一单"，督促有关地方整改落实。

（五）强化取用水监测计量统计工作

加强水资源监测体系顶层设计，在全面调查研究的基础上，编制完成全国水资源监测体系建设总体方案。进一步强化取用水计量主体责任，依法推进计量设施安装与运行维护，提高监测计量水平，增强取用水监管能力。制定了用水统计调查制度，报国家统计局批准后组织实施，将用水统计工作由面向行业转为面向社会，开发了用水统计直报系统，建立了统计调查对象名录库，扩大了直接统计范围，强化了统计责任，切实加强用水统计调查管理。编制发布 2019 年度《中国水资源公报》。

三、系统治水

按照系统治理的思路，以地下水管理、保护和超采治理为重点，加强水生态治理与保护修复，促进解决水资源过度开发利用问题。

（一）地下水管理与保护切实加强

建立了地下水水位变化通报机制，对 108 个浅层地下水超采及 37 个存在深层地下水开采问题的地市地下水水位变化情况进行排名，对水位降幅较大且排名靠后的进行会商，压实地方人民政府地下水治理与保护主体责任。通报印发后，相关省（自治区、直辖市）领导作出批示提出要求，超采治理地方主体责任得到进一步压实。组织编制完成三江平原、河西走廊、汾渭盆地等 9 个重点区域地下水超采治理和保护方案，分类提出地下水超采治理目标、措施及保护要求。

（二）地下水超采综合治理深入推进

统筹外调水、当地水、再生水等多水源，对华北地区 21 条河湖实施生态补水，2020 年共计补水 44.23 亿 m^3，超额完成年度补水任务，生态环境改善效果明显，该项工作获主流媒体积极报道，社会反响强烈。联合有关部门做好南水北调东中线一期工程受水区地下水压采评估，提出评估情况报告并上报国务院。截至 2019 年年底，受水区城区累计压减地下水开采量 23.56 亿 m^3，超额完成近期目标。

（三）完成生态保护水利相关任务

组织落实污染防治攻坚战水利工作任务，制定水利部年度工作计划，协调推动任务实施，完成落实情况报告并上报党中央、国务院。严格落实生态环境保护责任清单，组织制定水利部工作分工和年度工作计划，确保职责到位、工作到位和措施到位。制定印发了《重大突发水污染事件水利报告办法》（水资管〔2020〕314 号）等文件，进一步明确水利部门在应对水污染事件中的职责分工和工作程序，妥善应对多起重大突发水污染事件。

（四）有序做好饮用水水源保护

切实做好水利部门职责范围内的工作，加强饮用水水源动态监控，发现问题及时通报地方人民政府，提升饮用水水源保障水平。按照《中华人民共和国长江保护法》的要求，制定长江流域饮用水水源地名录。组织完成全国重要饮用水水源安全保障达标建设年度评估。

毕守海　马　超　王　华　王海洋　房　晶　司　源　执笔

杨得瑞　郭孟卓　审核

水利部加快推进江河流域水量分配

水利部水资源管理司

为加快建立水资源刚性约束制度，水利部加快建立水资源刚性约束指标体系，2020年全年推进了235条跨区域江河流域水量分配，力度空前。

跨省江河流域水量分配方面。金沙江、西江、沅江、西辽河、阿伦河、音河、包浍河、新汴河、奎滩河等9条河流水量分配方案已获正式批复。根据国务院授权文件，金沙江、西江由国家发展改革委和水利部联合批复，其余由水利部批复。全国已累计批复52条跨省江河流域水量分配，相比应分配跨省江河流域（94条），数量占比过半，流域面积占比达到了85%，水资源量占比达到72%。同时，2019年年底新启动的30条跨省江河流域水量分配方案已经全部编制完成，其中28条已经完成技术审查。

省内跨地市江河流域水量分配方面。各省（自治区、直辖市）共开展了193条跨地市江河流域水量分配方案，其中已经批复94条。四川、湖南、山东、黑龙江、贵州5省已经基本完成省内跨地市水量分配方案批复；辽宁、安徽、湖北、广西、重庆、云南6省（自治区、直辖市）已经基本完成省（自治区、直辖市）内跨地市水量分配方案编制。

水量分配方案明确了不同来水条件下流域及相关区域水量分配份额，确定了重要控制断面下泄水量、流量等控制指标，是建立健全水资源刚性约束的重要组成，为全面加强水资源节约保护与高效利用、控制流域水资源过度开发、强化全流域水资源统一调度、实施全流域水资源统一监管提供了重要的基础和依据。

齐兵强　刘　婷　执笔
杨得瑞　杜丙照　审核

专栏二十一

实施黄河流域以水而定、量水而行水资源监管

水利部水资源管理司

为深入贯彻落实习近平总书记"9·18""1·03"重要讲话精神，把水资源作为最大的刚性约束，以水而定、量水而行，水利部印发《水利部办公厅关于印发黄河流域以水而定量水而行水资源监管行动方案的通知》（以下简称《通知》），全力推进实施黄河流域以水而定、量水而行水资源监管。

一、建立水资源刚性约束指标体系

一是明确黄河干流和重要支流生态流量目标。组织黄委制定印发黄河干流和大通河、渭河、洮河等6条重要跨省支流，共15个控制断面的生态流量保障目标；组织各有关省（自治区）制定汾河、沁河等16条省（自治区）内重要河流、共26个控制断面的生态流量保障目标。二是明确各地区的地表水可用水量。以黄河"八七"分水方案为基础，进一步细化干支流水量分配，目前9条重要跨省支流中已批复5条水量分配方案、2条已与地方政府达成一致意见；组织各有关省（自治区）将本省（自治区）"八七"分水方案明确的分水份额进一步细化到各地市和干支流。三是明确各地区的地下水管控指标。组织黄河流域各有关省（自治区）以县为单元提出地下水取用水总量控制指标；正在推进以县为单元的地下水水位控制指标确定工作。

二、对黄河流域水资源超载地区暂停新增取水许可

通过认真研究、充分论证、广泛征求意见，明确了黄河流域水资源超载地区的划分标准；根据实际耗用水量，明确了干支流地表水超载的13个

地市、地下水超载的 62 个县；制定了暂停取水许可的具体政策，要求各相关地区抓紧制定实施超载治理方案。《通知》公开后，在全社会引起了巨大的反响，各相关省（自治区）党委、政府高度重视，多个省（自治区）领导同志作出批示，要求加快贯彻落实。

三、开展取用水管理专项整治行动

组织黄委和各省（自治区）全面清查黄河流域取水口情况，对清查发现的无证取水、超量取用水、无计量取用水等问题，建立台账，逐一清理。采取"四不两直"方式，对黄河流域水资源管理情况进行监督检查。截至 2021 年 1 月 26 日，黄河流域核查登记取水口 74.81 万个，其中地表水取水口 1.58 万个、地下水取水口 73.23 万个。

四、推动黄河流域地下水超采治理

确定了黄河流域地下水超采区，组织有关省（自治区）进一步明确了地下水限采和禁采范围。2020 年安排中央资金 8 亿元，支持山西省以岩溶大泉生态修复为重点，开展地下水超采综合治理。将黄河流域 43 个地市纳入全国地下水超采区水位变化通报。组织编制了黄淮地区、鄂尔多斯台地、汾渭谷地 3 个重点区域的地下水超采治理方案，为下一步推进黄河流域地下水超采治理与保护工作夯实了基础。

五、就黄河流域水资源管理重大问题进行了深入研究

按照坚持生态优先，大稳定、小调整等的总体要求，研究了调整黄河"八七"分水方案的思路。开展了黄河流域水资源开发利用分区工作。深入开展气候变化对黄河流域的影响等 8 项研究，形成了一批研究成果。

齐兵强　刘　婷　执笔
杨得瑞　杜丙照　审核

专栏二十二

黄河流域水资源超载地区暂停新增取水许可

水利部水资源管理司

为贯彻落实中央决策部署，把水资源作为最大的刚性约束，以水而定，量水而行，水利部印发了《水利部关于黄河流域水资源超载地区暂停新增取水许可的通知》（以下简称《通知》），明确自《通知》印发之日起，在黄河流域水资源超载地区暂停新增取水许可，就水资源超载治理提出了明确要求。

在黄河流域水资源超载地区确定标准方面，区分地表水和地下水分别确定：在地表水方面，以地市级行政区为单元，现状实际耗水量超过水量分配方案控制指标的地区，判定为地表水超载；在地下水方面，以县级行政区为单元，存在地下水超采问题的，判定为地下水超载。

根据水资源超载地区判定标准，经过5轮次技术复核与论证，最终明确13个地市干支流地表水超载，62个县地下水超载。

《通知》明确了暂停新增取水许可的具体政策措施：对取自超载河流地表水、各超载类型地下水的取水申请，分别暂停审批相应水源的新增取水许可；同时，考虑保障民生需求和支撑高质量发展的需求，对合理的新增生活用水和脱贫攻坚项目的用水需求，以及通过水权转让获得取用水指标的项目，可以继续审批新增取水许可，但是需要严格地进行水资源论证。

《通知》对超载治理提出了明确的要求：水资源超载地区应大力推动节水，积极推动水权转让，提高用水效率，盘活用水存量，更大程度发挥市场在水资源配置中的作用，为保障经济社会高质量发展新增用水需求提供水资源支撑；超载地区应当尽快制定水资源超载治理方案，报省级人民政府批复后实施；水资源超载治理方案应当明确超载治理的目标、完成时限、具体落实措施和各项工作的进度要求；应结合地方实际，综合采取节约用水、严格水资源监管、水源置换、产业结构调整等措施，加快推进超载综合治理。

《通知》同时提出了解除水资源超载地区暂停新增取水许可的条件：解除水资源超载地区暂停新增取水许可的前提条件是现有水资源超载地区经过治理转变为不超载。水利部每3年组织对黄河流域水资源超载情况进行一次系统评估，根据评估结果判定水资源超载地区。对现有水资源超载地区，通过治理后已转变为不超载的，解除对其暂停新增取水许可；对仍然超载的，继续执行暂停新增取水许可。考虑到水资源超载地区可能进一步加快超载治理工作的进度，水资源超载地区经治理、自评估后认为已经不超载的，可以提前向水利部申请解除暂停审批新增取水许可；水利部组织进行核验，核验通过后予以解除。

下一步，水利部将组织从以下方面加强监督管理：加强对水资源超载地区暂停审批新增取水许可执行情况的跟踪监督检查，采取暗访、抽查等方式，对政策执行情况进行监督检查，对检查中发现的执行不力、组织不力、监管不严等行为，将依法严格追究有关单位和个人的责任；健全水资源监测体系，将江河重要断面、重点取水口、地下水超采区作为主要监控对象，建设全天候的用水监测体系并逐步实现在线监测，强化监测数据分析运用。

齐兵强　刘　婷　执笔
杨得瑞　杜丙照　审核

2019 年度最严格水资源管理制度考核结果

水利部水资源管理司

根据《国务院关于实行最严格水资源管理制度的意见》（国发〔2012〕3 号）和《国务院办公厅关于印发实行最严格水资源管理制度考核办法的通知》（国办发〔2013〕2 号）规定，水利部会同国家发展改革委、工业和信息化部、财政部、自然资源部、生态环境部、住房和城乡建设部、农业农村部、国家统计局等部门成立了考核工作组，制定了 2019 年度考核工作方案，向各省（自治区、直辖市）人民政府印发了《水利部关于开展 2019 年度实行最严格水资源管理制度考核工作的通知》，对考核工作作出部署。

本次考核将 2018 年度、2019 年度的考核工作合并进行，在考核工作方案中进一步优化精简考核指标，重点考核 2018 年度最严格水资源管理制度目标的完成情况，参考 2019 年度目标完成初步结果，考核 2019 年度水资源管理、节约用水、河湖管理以及农村饮水安全等重点工作是否落实见效、突出问题是否得到整改。本年度考核工作采取日常考核与终期考核相结合的方式，根据监督检查、自查、核查情况，对 31 个省（自治区、直辖市）目标完成情况、制度建设和措施落实情况进行综合评价，形成各省（自治区、直辖市）2019 年度初步考核结果，经国务院审定后向社会公告，将考核结果报中组部，作为对各省（自治区、直辖市）人民政府主要负责人和领导班子综合考核评价的重要依据。

本年度最严格水资源管理制度考核结果为：31 个省（自治区、直辖市）2019 年度考核等级均为合格以上，其中江苏、上海、浙江、山东、江西、重庆、广东、北京等 8 个省（直辖市）考核等级为优秀。总的来看，2018 年度和 2019 年度实行最严格水资源管理制度目标顺利完成，2018 年度和 2019 年度全国 31 个省（自治区、直辖市）用水总量分别为 6015.5 亿 m³ 和 6021.2 亿 m³，全国万元国内生产总值用水量比 2015 年（按可比价计算）分别下降 19.2% 和 23.8%，万元工业增加值用水量比 2015 年（按可比价计算）分别下降 20.6% 和 27.5%，农田灌溉水有效利用系数分别为 0.554 和 0.559，重要江河湖泊水功能区水质达标率分别为 83.1% 和 86.9%。各项制度措施有效落实，节水优先深入推进，水资源监管得到强化，水资源保护持续加强，河湖长制进一步深化，农村饮水保障显著提升，取得积极进展。各地因地制宜，积极探索，在水资源节约、保护和管理工作中开展创新实践，成效明显。但是部分地区尚存在一些问题：最严格水资源管理制度需要持续推进；节水优先需要全面落实；水资源强监管能力需要进一步提高；河湖水生态保护力度有待加强。针对考核中发现的问题，水利部以"一省一单"的形式反馈各省（自治区、直辖市）人民政府，督促整改落实。

毕守海　王海洋　王　华　执笔

杨得瑞　郭孟卓　审核

合理配置　扎实推进水资源优化调度工作

水利部调水管理司

　　2020 年，水利部坚决贯彻落实党中央、国务院决策部署，紧紧围绕"节水优先、空间均衡、系统治理、两手发力"治水思路，扎实推进水资源统一调度工作，为统筹生活、生产和生态用水，水资源可持续利用提供坚实的支撑和保障。

一、持续推动水资源统一调度

　　水利部持续推进跨省江河流域水资源统一调度，督促指导流域管理机构编制跨省江河流域水资源调度方案、年度调度计划，实施跨省江河流域水资源调度管理。2020 年度，在已启动 15 条跨省江河水资源调度工作的基础上，组织流域管理机构编制印发了 11 条跨省江河的调度方案（计划）。指导完成年度水量调度工作，根据雨水情预测成果，结合重要水利工程蓄水情况、相关省（自治区、直辖市）年度取用水计划和纳入流域统一调度的工程运行计划建议，统筹生产、生活和生态用水，制定跨省江河流域年度水量调度计划，加强调度过程管理，确保实现年度调度目标。

　　（1）长江水利委员会。不断完善长江流域水资源动态管控平台，将流域内 238 个重要断面和水利工程纳入实时监测范围，逐一落实断面责任单位及责任人，实现断面预警信息自动发送至相关省（自治区、直辖市）水利（水务）厅（局）水资源管理负责人和工程管理单位负责人。通过电话问询、座谈协调、现场督导等措施，对最小下泄流量不达标的断面开展预警处置并跟踪督办。长江流域共启动汉江、赤水河等 5 条跨省江河水资源调度工作。6 月，印发《水利部关于 2020 年长江流域水工程联合调度运用计划的批复》，将水库（含水电站、航电枢纽）、蓄滞洪区、重要排涝泵站等纳入联合调度范围，充分发挥水工程对长江流域的整体防洪作用，有效地保障了流域内及受水区的供水安全。

（2）黄河水利委员会。全力统筹做好疫情防控和引黄供水工作，就全河供水工作特别是春灌供水和用水形势早研究、早动员、早部署，按照不误农时、应浇尽浇的原则全面谋划工农业引黄供水保障工作。黄河流域共启动黄河、黑河、渭河、北洛河等7条跨省江河水资源调度工作，黄河实现连续21年不断流，东居延海连续16年不干涸。2020年黄河水利委员会积极开展向雄安新区和白洋淀、永定河、内蒙古乌梁素海、黄河河口三角洲湿地等生态补水工作，成效显著。其中，引黄入冀18.26亿 m^3，入白洋淀1.51亿 m^3；万家寨北干线引黄累计为永定河生态补水1.57亿 m^3，为贯彻落实华北地区地下水超采综合治理以及永定河综合治理和生态修复工作提供了有力的保障。

（3）淮河水利委员会。选择沂河、沭河、沙颍河、史灌河开展年度水量调度试点工作，组织编制了年度水量调度计划，分别于2020年9月、12月印发实施，实现了淮河流域跨省江河流域水量调度从无到有、从理论到实践的重要跨越。

（4）海河水利委员会。规范年度水量调度计划管理。严格把握需求方提计划的理念，执行好定额管理，贯彻落实"先节水后调水"，科学审定供水计划，印发引滦枢纽工程2020—2021年度水量调度计划和2021年度永定河生态水量调度计划，组织编制漳河水量调度计划。

（5）珠江水利委员会。高度重视珠江枯水期水量调度工作，面对汛末江河来水偏少、骨干水库蓄水严重不足、后期咸潮极可能偏强等不利因素，科学编制调度方案，精心组织实施珠江枯水期水量调度，全力保障澳门、珠海等地的供水安全。珠江流域共启动北江、黄泥河、柳江等6条跨省江河水资源调度工作。按照"前蓄后补"的总体安排，积极组织调度会商，滚动优化调度方案，强化调度信息通报，加强调度督导检查，精心实施水量调度。

（6）松辽水利委员会。组织印发实施东辽河和第二松花江水量调度方案，开展了大凌河和西辽河等2条河流水量调度方案编制工作，大凌河水量调度方案于2020年11月印发实施并报水利部，根据西辽河"量水而行"工作安排提前编制西辽河水量调度方案。松辽流域共启动第二松花江、东辽河等3条跨省江河水资源调度工作。

（7）太湖流域管理局。建立引江济太调水新机制，组织实施引江济太水量调度。为保障冬春季供水安全、应对太湖蓝藻暴发等突发事件，2020年共实施4次引江济太水量调度，迅速缓解了水体异常现象，保障了水源地供水安全及流域冬春季供水安全。按照陆桂华副部长主持召开的专题办公会的会议精神，太湖流域管理局持续深入研究并建立引江济太调水新机制，按照新机制要求组织实施了2020年冬季引江济太调水。

（8）地方水行政主管部门。2020年，根据已批复水量分配方案，各地方水行政主管部门共开展34条省（自治区、直辖市）内跨地市河流水量调度工作。如黑龙江省启动乌裕尔河等3条省内河流，江苏省启动秦淮河、淮沭河、望虞河等6条省内河流，湖南省启动湘江、资水、沅水等5条省内河流，四川省启动渠江、青衣江等4条省内河流，贵州省启动三岔河、猫跳河等4条省内河流，甘肃省启动石羊河、讨赖河等3条省内河流调度工作。

二、强化水资源调度监督检查

2020年，水利部坚持以问题为导向，深入开展跨省江河流域及重要调水工程水资源调度监督管理工作。根据水利部督查工作计划安排，由相关司局组成检查组，采取"四不两直"和现场督查方式，先后赴珠江流域、黑河流域、塔里木河流域、新安江流域、汉江流域、黄河流域以及引黄入冀工程、牛栏江—滇池补水工程、引江济太工程现场开展水资源调度监督检查。

检查组通过现场查看、听取汇报、查阅调度记录和监测数据资料、质询座谈等形式，重点检查了跨省江河流域水量调度工作进展情况、2019—2020年度水量调度计划执行情况及相关工程运行情况等，与被检查单位当面交换了意见。监督检查后，及时编写检查报告，印发问题清单。2020年共印发9份问题清单，组织责任单位在规定时限内完成整改。

三、建立完善调度管理制度

为规范水资源调度管理，优化江河流域水资源调度管理方式，实现调水从无序到有序的目标，逐步建立完善相关工作制度。

（一）规范审批备案程序

为规范跨省江河流域水资源调度方案、年度调度计划审批、备案工作，落实《黄河水量调度条例》《太湖流域管理条例》《水利部关于做好跨省江河流域水量调度管理工作的意见》等要求，2020年印发《水利部调水司关于加强水资源调度方案、年度调度计划审批（备案）相关工作的通知》，明确了报送内容、审批备案程序有关工作的要求。

2020年，水利部组织对牛栏江、沂河、东辽河等10条跨省江河流域水资源调度方案进行审查，印发备案意见。

（二）组织编制"水资源调度管理办法（试行）"

成立工作专班，坚持问题导向、目标导向，对调度管理问题进行了剖析，站在全流域角度，从完善调度管理体系、健全调度管理机制、强化监督管理出发，规范江河流域水资源调度和调水工程调度。

（1）完善调度管理体系。一是明确水利部、流域管理机构和地方水行政主管部门之间的权限划分。二是优化江河流域水资源调度管理方式，明确江河流域水资源调度方案、调度计划编制和审批程序以及效力等。三是规范调水工程调度行为，明确调水工程年度调度计划编制和审批程序、对调水工程调出区和调入区的管理要求等。

（2）健全调度管理机制。针对调度机制不健全的问题，主要从协商协调、调度实施调整、应急调度、水情预报和调度监测、调度预警和信息共享等机制方面作出了进一步的规定。

（3）强化调度监督管理。主要从四个方面进行规定：一是调度报告和通报；二是考核与评估；三是监督检查主体和措施；四是责任追究情形和方式。

邱立军　郑振华　执笔

朱程清　孙　卫　审核

河湖管理保护篇

全面推进河湖长制从"有名"转向"有实""有能"

水利部河湖管理司

2020年，水利部以习近平新时代中国特色社会主义思想为指导，深入贯彻习近平总书记"3·14""9·18""1·03"重要讲话精神，以推动河湖长制"有名""有实""有能"为切入点和着力点，加强指导监督，狠抓问题整治，河湖面貌持续向好。

一是完善制度机制。印发部际联席会议2020年工作要点，推动完善河湖长制部际联席会议制度，在中央层面强化组织领导和统筹协调，凝聚区域、部门工作合力。指导督促黄河流域完善河湖长制组织体系，建立流域协调联动机制。召开全国河湖长制工作座谈会，指导各地加强河长办、巡（护）河员队伍能力建设，打通河湖长制"最后一公里"。研究制定河长湖长履职规范，梳理细化各级河长湖长以及河长制办公室主要职责、履职方式等，进一步指导各地压紧压实河湖长制责任。

二是强化督查督办。坚持务实、高效、管用，面上检查、专项督查、重点督办集于一体。组织开展两轮面上河湖暗访检查，对31个省（自治区、直辖市）的9164个河流（河段）湖泊（湖区）进行检查，发现问题2842个，完成整改2704个；对河北、山西等8个省（自治区）开展进驻式专项督查，发现"四乱"问题941个，以"一省一单"方式督促地方整改，已整改814个；对领导批示的285个问题进行重点督办，对群众举报的202个问题进行调查处理，件件有着落、事事有回应。

三是加强正向激励。会同财政部完成国务院督查激励有关工作，对河湖长制工作真抓实干且成效明显的黑龙江、江苏、浙江、安徽、福建、江西、山东、河南、湖北、湖南、广东、四川、贵州、青海、宁夏等15个省（自治区）的10个市和10个县予以激励，每个市、县分别给予4000万元和1000万元资金奖励。经中央批准，组织开展全国河湖长制先进集体和先进个人评选表彰活动，评选全国优秀河长湖长、先进集体、先进工作者。

四是建设示范河湖。根据《水利部办公厅关于开展示范河湖建设的通知》要求，在全国东、西、南、北、中部地区的17个省（自治区、直辖市）建成18条责任体系完善、制度体系健全、基础工作扎实、管理保护规范、空间管控严格、管护成效明显的示范河湖，同时带动地方建设了一批美丽河湖、生态河湖，为全国河湖长制及河湖管理提供了样板。

五是加强宣传引导。联合全国总工会、全国妇联开展"寻找最美河湖卫士"活动，产生全国"最美河湖卫士"10名、"巾帼河湖卫士"20名、"青年河湖卫士"10名、"民间河湖卫士"25名，得到全社会广泛关注，访问量近3亿人次。组织编制河湖长制典型案例，开展"逐梦幸福河湖"活动，组织20余家中央主要媒体赴北京、黑龙江、湖南和浙江等省（直辖市）开展现场采风，对各地河湖治理保护和河湖长制工作典型经验、做法进行宣传展示，营造全社会关心支持河湖管理保护的良好氛围。

截至2020年年底，全国河湖"清四乱"专项行动集中清理整治围垦、侵占、损害河湖的突出问题16.4万个，整治违法违规建筑物4748万 m^2，清除围堤1.1万 km，清除垃圾4300万 t，清理非法占用岸线3万 km，打击非法采砂船1.1万艘；明确水域岸线管控边界，完成120万 km河流、1955个湖泊管理范围划界；基本完成长江岸线利用项目清理整治任务，腾退长江岸线158km，加快推进黄河岸线清理整治；实施河湖生态补水，南水北调等工程向京津冀地区河湖补水34.9亿 m^3，华北部分地区地下水水位止跌回升；开展城市黑臭水体治理，全国地级及以上城市建成区黑臭水体消除比例超过90%；实施农村人居环境综合整治，推进农村生活垃圾、生活污水、农业面源污染治理；全面启动长江十年禁渔计划。全国地表水 Ⅰ~Ⅲ类水水质断面比例从2016年的67.8%上升至2019年的74.9%。河湖长制改革已经步入规范化发展轨道，党政主导、水利牵头、部门协同、社会共治的河湖管理保护格局基本形成，河湖面貌明显改善，水生态环境持续向好，赢得群众的赞扬。

党的十九届五中全会通过《中共中央关于制定国民经济和社会发展第

十四个五年规划和二〇三五年远景目标的建议》，要求"强化河湖长制"，这是党中央对全面推行河湖长制工作作出的深化部署安排，标志着河湖长制改革进入新阶段。2021 年是"十四五"开局之年，"强化河湖长制"要紧紧围绕建成人民群众满意的幸福河湖，抓好一个关键，完善河湖长制组织体系；建立两项长效机制，建立河湖"清四乱"常态化、规范化机制，疏堵结合建立河道采砂管理长效机制；推进三大专项任务，做好长江大保护相关工作，推动黄河流域生态保护和高质量发展相关工作，推进大运河河道水系治理管护；做好四项基础工作，巩固河湖管理范围划定成果，完善相关规划和政策措施，以河湖健康评价试点为抓手推进河湖系统治理，加快智慧河湖建设。

虞　泽　王　竑　王佳怡　执笔
刘六宴　审核

专栏二十四

全国河湖管理范围划定工作基本完成

水利部河湖管理司

依法划定河湖管理范围，明确河湖管理边界线，是重要的基础性工作，是《中华人民共和国防洪法》《中华人民共和国河道管理条例》等法律法规作出的明确规定，也是全面推行河湖长制的重要任务。水利部以河湖长制为抓手，指导督促各地积极推进河湖管理范围划定工作，取得了明显成效。

一是调度部署，高位推动落实。2020年全国水利工作会议对加快河湖管理范围划定工作提出明确要求，水利部领导多次专题研究，在关键节点进行全国视频调度会商，通报各地河湖管理范围划定工作进展，督促划界工作进度和强化工作质量。二是建立台账，紧盯划界进展。建立河湖管理范围划定工作月报台账，逐月统计跟踪各地工作进展，比对分析各省份技术性工作、政府公告完成情况，对存在问题的省份及时主动沟通指导，对进度严重滞后的省（自治区、直辖市），由水利部发函商请省级河长督促进展，由相关司领导逐一电话联系省级水行政主管部门负责人，督促地方盯紧抓实工作进度。三是严格抽查复核，确保划界质量。为了确保划界成果依法合规，要求各省级水行政主管部门组织对第一次全国水利普查名录内流域面积 $1000\,km^2$ 以上河流、水面面积 $1\,km^2$ 以上湖泊管理范围划定成果进行省级复核，对发现的问题及时进行整改。同时，组织水利部信息中心对各地划界成果进行比对复核，筛查异常点段；组织流域管理机构结合河湖暗访督查等工作开展抽查检查，如组织长江委对长江干流河道管理范围划定成果进行复核，对发现的将洲滩、滩地、干堤等划出河道管理范围问题，以"一省一单"印发有关地方整改。四是积极推动划界成果上图。组织水利部信息中心利用"全国水利一张图"及河湖遥感本底数据库，将河湖管理范围经纬度坐标上图，形成可视化成果。

截至 2020 年年底，第一次全国水利普查名录内河湖（无人区除外）已基本完成管理范围划定工作，由县级以上地方人民政府进行公告，其中，河流长度为 120 万 km，湖泊有 1955 个。一方面，做成了 30 多年来想做没做成的事，实现了河湖管理边界从无到有、从少到全，是具有里程碑意义的重大突破；为深入推进水利改革发展提供重要支撑。另一方面，通过加强抽查复核、督促地方整改故意缩小河湖管理范围问题，进一步压实了地方政府和河长湖长严格依法保护河湖空间的责任，极大地彰显了水法律法规的严肃性，提升了水利部门履职的权威性。同时，结合"全国水利一张图"和河湖遥感本底数据库，首次将河湖管理范围上图，创立了河湖物理边界信息数据库，做到了图上可复核、可查询、可判读等，填补了河湖管理范围信息化空白。

孟祥龙　　包宇飞　执笔

陈大勇　审核

专栏二十五

印发河湖健康评价指南（试行）

水利部河湖管理司

为深入贯彻落实中共中央办公厅、国务院办公厅印发的《关于全面推行河长制的意见》《关于在湖泊实施湖长制的指导意见》要求，指导各地做好河湖健康评价工作，2020 年，水利部印发《河湖健康评价指南（试行）》（以下简称《指南》）。

《指南》规范了河湖健康评价流程和评价方法，为掌握河湖健康状况提供了标尺，是检验河湖长制工作成效的重要手段和各级河长、湖长进行河湖治理保护工作决策的重要参考。

《指南》适用于中华人民共和国境内河流湖泊（不包括入海河口）的健康评价，是指导性文件。各地开展河湖健康评价时，可以选用《指南》中的指标体系和评价方法或其他相关推荐性标准，也可以选用地方规定或标准。

河流健康评价可以以整条河流为评价单元，也可以以省级、市级、县级、乡级河长所负责的河段为评价单元；根据评价单元长度，一个评价单元可以划分为多个评价河段，通过分段评价后，综合得出评价单元的整体评价结果。湖泊健康评价原则上以整个湖泊为评价单元，可以通过分区评价后，综合得出湖泊的整体评价结果。同一省份内的跨行政区域湖泊，原则上由共同的上级河长制办公室组织健康评价；跨省级行政区域湖泊，在有关省级河长制办公室组织评价后，由流域管理机构予以统筹。

《指南》确定的河湖健康评价指标体系具有开放性，除必选指标外，各地可以结合实际选择备选指标；不能涵盖某些特征（如重金属污染、河湖淤积等）明显的河湖时，可以增加自选指标。既可以采用全部指标进行综合评价，反映河湖健康总体状况，又可以对河湖"盆"、"水"、生物、社会服务功能中的指标进行单项评价，反映河湖某一方面的健康水平。河道型水库、湖泊型水库应分别以《指南》推荐的河流健康评价指标体系、湖泊健康评价指标体系为主选择确定河湖健康评价指标。

河湖健康评价工作由省级、市级、县级河长制办公室组织。河湖健康评价报告报经同级河长湖长同意后向社会公布，主动接受社会公众的监督。河湖健康评价结果是河长湖长组织领导相应河湖治理保护工作的重要参考，也是各级河长办组织编制"一河（湖）一策"方案的重要依据。

王佳怡　执笔

刘六宴　审核

湖南省湘潭市："民间河长"项目见实效

湖南省湘潭市启动"民间河长"项目3年多以来，已经动员3万余人参与河长制工作，开展宣传活动120场次，营造了全民参与护河的良好氛围。

下好动员"先手棋"，激活公众参与热情。2017年，湘潭市成立了全省第一家"民间河长"办公室，统筹组织"民间河长"开展护河活动。以一公里河道为单位，沿河招募市民、村民担任"民间河长"。"民间河长"利用业余时间巡查负责河段，发挥了信息员、监督员、宣传员、清洁员的作用。如今，"民间河长"队伍逐渐壮大，湘潭的"一江两水"每一段河流都有一名以上的"民间河长"负责巡护。

下好宣传"引导棋"，增强公众护水意识。"民间河长"项目为亲子家庭推出"水源地保护行动"，从小培育孩子对河流的感情。同时，推动企业履行社会责任，将日常水环境保护纳入管理体制，从源头上减少企业污染。"民间河长"办公室工作人员驻扎农村，发放水环境保护资料，讲解河长制知识；走进社区、企业等开展宣讲动员活动。每月5日，湘潭3209块广告屏、电子屏滚动播放河长制、环境保护等内容。

下好协同"配合棋"，确保护河多方联动。湘潭市构建河长制微信巡查举报平台，加强各级河长与"民间河长"之间的信息沟通。召开座谈会，深入了解"民间河长"及群众代表的需求、建议，针对河湖治理行动进展情况等与群众进行线上交流。

下好巡查"共治棋"，推进河湖治理常态化。湘潭市在各县市区（园区）成立"民间河长"中队并建有多个工作站。制定"民间河长"管理办法、工作制度等，指导"民间河长"定期开展巡查工作并给予巡河激励；建立完善公众日常巡查机制，推动河长制向纵深推进。

　　下好建议"提交棋"，促进考核整改到位。"民间河长"每季度深入基层乡村，重点暗访督查河湖"四乱"现象以及河湖水资源保护等重点任务落实情况，制作暗访视频，以曝光整改为契机，进一步整治河湖"四乱"顽疾，提升河湖管护水平。同时，监督各级河长履职尽责，参与对河长的日常绩效考核。

张一彬　执笔

席　晶　李　攀　审核

内蒙古自治区和林格尔县：
综合整治让河湖展现新画卷

内蒙古自治区呼和浩特市和林格尔县积极推动河湖长制从全面建立到全面见效、从有名到有实，全县河湖面貌明显改善，水环境质量持续提升，"河畅、水清、岸绿、景美"的新画卷正徐徐展开。

和林格尔县182名各级河湖长、38名义务巡河员、16名河道保洁员全面履职，实现全县流域面积30 km² 以上河流全覆盖。针对河湖突出问题，坚持因河施策、一河一策。

按照"一河一策"原则，和林格尔县分析各流域突出水问题的成因，进一步明晰河湖水质管控责任，将河流断面水质监管责任细化，对浑河流域重点断面水质数据按月监测，分析研判，定期通报。

和林格尔县制定《和林格尔县2020年河湖管理保护"春季行动"方案》，开展河湖管理保护"春季行动"大排查、大整治。针对排查摸底发现的问题进行集中整治。推进河道违法采砂治理，组织查处违法采砂等各类侵害河道的违法行为。

和林格尔县水务部门、公安机关、人民检察院加强协作，不断完善线索通报、案件移送、公益诉讼、资源共享和信息发布等工作机制。扎实做好司法保障工作，对巡查中发现的问题及自行发现的问题发出公益诉讼前检察建议，督促相关单位认真整改。

在打赢碧水攻坚战中，和林格尔县着力打造"望得见山、看得见水、记得住乡愁"的休闲旅游文化带，走出了一条生态优先、绿色发展的高质量发展新路子。聚焦水环境源头治理与修复，着力推进林业补绿增绿等水生态修复与保护工作；深入实施天然林保护、退耕还林、封山育林、水土保持等重点工程，筑牢生态安全屏障；加快落实"水十条"，加强农业面源、工业企业、城镇生活、畜禽养殖等污染防治工作，打造立体水污染防治网，建立了村收集、乡转运、县处理的农村生活垃圾治理体系。

"我们要咬定维护河湖健康生命这一目标，抓住党政领导负责制这个关键，突出以问题为导向这个根本，切实强化流域污染防治，全面提升环境监管能力，以更大力度推动河湖长制有名有实，让生态优势持续释放造福于民的生态红利。"和林格尔县水务局负责人张永文说。

李建国 郑学良 执笔

席 晶 李 攀 审核

河湖监管工作取得新成效

水利部河湖管理司

2020 年，水利部深入学习贯彻习近平总书记关于治水工作的重要论述精神，坚持务实、高效、管用，健全完善各项工作流程，查问题、抓整改、严问责、促提升，取得较好的成效。

一、深查督办落实河湖监管

一是暗访检查全覆盖。开展 2 轮面上暗访检查，采取"四不两直"方式，覆盖 31 个省（自治区、直辖市）所有设区市，全方位、拉网式查找河湖真实问题。在暗访检查前，利用遥感影像解析，对疑似问题进行初步识别和圈划，提供问题线索；暗访过程借助无人机等拍摄影像资料，扩大工作范围；通过河长制督查系统手机端和电脑端，现场定位上报发现问题、网上推送发现问题、网上反馈问题整改结果，实现无接触流转、实时跟踪督办。全年对 9164 个河（段）湖（片）开展了暗访检查，发现 2842 个问题，截至 2020 年 12 月底，整改完成 96%。按照《河湖管理监督检查办法（试行）》要求，分别由水利部领导、有关司局、流域管理机构约谈问题突出的市、县人民政府及省级有关部门，通报、曝光检查发现的突出问题，切实发挥警示效果。

二是进驻式督查盯重点。部署开展"清四乱"常态化、规范化，坚决遏增量、清存量，各地深入开展自查自纠，清理整治"四乱"问题 2.23万个。围绕长江大保护、黄河流域生态保护和高质量发展、大运河文化保护传承利用、华北地区地下水超采综合治理等重点任务，组织对河北、山西、内蒙古、辽宁、江西、广西、重庆、陕西 8 省（自治区、直辖市）开展进驻式督查，其中山西、内蒙古、陕西 3 省（自治区）覆盖全部地级市，其他 5 省（自治区、直辖市）各选取 1~2 个重点河湖或 1 个地级市开展督查，累计对 71 个地市、245 个县区、222 个河（段）湖（片）进行了暗访督查，发现问题 941 个，正督促地方加快推进整改。通过进驻式督查，一些难啃的"硬骨头"浮出水面，实现了督查一条河、带动几条河，督查一个区域、带动一个省域的作用，发挥了"手术刀"式的整治效果。

三是挂牌督办攻难题。根据中央领导同志重要批示要求，依托河湖长制平台，水利部会同有关部门挂牌督办，以"零容忍"态度指导督促有关地方严肃查处秦淮河大堤违建高档餐厅、永定河违建高尔夫球场等一大批重大违法违规问题。强化跟踪督办，啃掉一批非法码头、餐饮船等长江岸线违法违规"大个头"问题，2441 个涉嫌违法违规项目基本完成清理整治，腾退长江岸线 158 km。组织开展黄河岸线利用项目专项整治，排查发现黄河龙羊峡以下干流和 16 条支流岸线利用违法违规项目 1643 个。

四是举报调查有回应。河湖问题，媒体关注、群众关心。水利部高度重视媒体反映、群众举报河湖突出问题的调查处理，建立问题台账、逐件督促地方整改、严肃追责问责，做到件件有着落、事事有回应。2020 年河湖监督举报电话并入水利部 12314 监督举报服务平台，全年受理处理涉河湖举报问题 202 件，按期办结率 100%。河湖突出问题曝光台累计曝光各地涉河湖违法违规案件 40 多件，初步达到了用身边事教育身边人的目的。

五是扎实核查严检验。为了防止虚假整改、数字整改、纸上整改，确保整治成果可检验、可评判、可感知，2020 年水利部安排流域管理机构对 2019 年面上暗访检查发现问题按不低于 10% 的比例进行抽样复查，对整改未到位或出现反弹的问题，约谈、通报有关地方和单位，坚决督促问题整治到位。

六是深入调研强指导。围绕"河长湖长如何发挥作用""强化河长湖长及河长制办公室履职尽责"，2020 年水利部组织开展河湖长制调研，研究制定河长湖长及河长制办公室履职规范，明确"干什么""谁来干""怎么干""干不好怎么办"；制定印发《河湖健康评价指南（试行）》，明确了河长湖长履职成效评价标准，指导督促各级河长湖长及河长制办公室有效履行职责。

二、补齐河湖管理基础短板

一是加快河湖管理范围划定。除无人区外，全国水利普查名录内的河湖管理范围划界基本完成，首次全面明确 120 万 km 河流、1955 个湖泊的管控边界。其中，规模以上河流划界公告 32.75 万 km，规模以上湖泊划界公告 1954 个。规模以下河流完成技术性工作 86.7 万 km，完成率 99%；完成公告 85.1 万 km，完成率 97%。

二是加快"两项规划"编制审批。河道采砂管理条例和河道管理条例立法有序推进，印发《大运河河道水系治理管护规划》，完成黄河、淮河、海河、松辽、太湖流域干流及主要支流重要河段岸线保护利用规划、采砂管理规划，批复长江上游宜宾以下干流河道、黄河重要河段采砂管理规划。

三是推动"两个条例"制定修订。积极推进"河道采砂管理条例"和"河道管理条例"立法进程。配合司法部开展 2 轮采砂管理条例征求意见，梳理 46 个重点问题，多次修改条例条文并起草条例释义。

四是切实加强日常巡查监管。制定印发《水利部办公厅关于进一步加强河湖管理范围内建设项目管理的通知》，从规范涉河建设项目行政许可、加强实施监管、夯实基础工作等方面，进一步规范涉河建设项目管理，严格河湖水域岸线管控，着力推进健全源头预防、过程控制、损害赔偿、责任追究的管理体系。

五是加强基础研究。组织黄河法立法水域岸线用途管制和河道管理制度等专题研究。组织编制出版《全面推行河长制湖长制典型案例汇编》。编印河长制简报 56 期。

王佳怡　李晓林　执笔

刘六宴　审核

专栏二十六

持续推进长江大保护 打好长江保卫战

水利部河湖管理司

2020 年，水利部认真贯彻落实习近平总书记在深入推动长江经济带发展座谈会上的重要讲话精神，扎实推进长江岸线利用项目清理整治，持续加强长江河道采砂管理，取得显著成效。

长江岸线利用项目清理整治基本完成。水利部"以超常规的措施、超常规的力度、超常规的成效"推动长江干流岸线利用项目清理整治。一是组织 9 省（直辖市）科学制定工作方案，按照拆除取缔、整改规范分类进行清理整治。二是强化跟踪督办，逐项建立台账，明确整改责任，开展现场督导，将清理整治情况纳入河湖长制考核。三是严格抽查复核，在省级全覆盖复核基础上，组织对 1742 个项目进行抽查。四是强化部门联动，会同国家发展改革委、自然资源部等部门对湖北省、重庆市等重点区域开展联合调研。截至 2020 年年底，9 省（直辖市）已经完成 2432 个项目的清理整治，其中，拆除取缔 830 个项目，整改规范 1602 个项目。通过清理整治，腾退长江岸线 158 km，拆除河道管理范围内违法违规建筑物 234 万 m²，清除弃土弃渣 956 万 m³，完成滩岸复绿 1213 万 m²，长江干流河道更加畅通，岸线面貌明显改善，生态环境有效修复，提高了社会各界对长江岸线保护的责任意识和参与意识，取得了显著的防洪效益、生态效益和社会效益。

长江河道采砂监管有力有序，采砂秩序总体可控、稳定向好。一是落实长江河道采砂行政首长负责制，每年逐河段公布长江河道采砂管理责任人名单，接受社会监督。二是强化部门、区域联防联控。2020 年 3 月，水利部、公安部和交通运输部建立长江河道采砂管理合作机制。三部派出机构长江委、长航公安局、长航局签订了长江河道采砂管理合作机制框架协议，推进执行层面深入合作。国庆前，三部组织开展了长江干流河道采砂联合检查，共同维护长江河道采砂秩序平稳。此外，指导推动地方加强区域合作，目前沿江省际、市际边界江段联合执法机制基本形成。三是组织长江委和沿江各省（直辖市）加大对非法采砂打击力度，高频次巡查、高密度地开展执法打击和专项整治，严防非法采砂反弹。2020 年共开展巡查5.43 万次，出动执法船只 2.66 万艘次，出动执法车辆 3.13 万辆次，查处涉砂违法案件 856 件，抓获非法采运砂船舶 1300 艘，移送司法机关 14 起，形成有力的震慑。四是推进疏浚砂综合利用。2020 年 9 月，水利部、交通运输部联合印发《关于加强长江干流河道疏浚砂综合利用管理工作的指导意见》（水河湖〔2020〕205 号），推进和规范疏浚砂综合利用管理工作。荆州、咸宁、黄冈、岳阳等地利用河道、航道疏浚砂石资源 625 万 t。

胡忙全　孟祥龙　包宇飞　执笔

陈大勇　审核

开展黄河岸线利用项目和河道采砂专项整治

水利部河湖管理司

为贯彻落实习近平总书记关于黄河流域生态保护和高质量发展系列重要讲话精神，加强黄河岸线和采砂管理，2020年3月，水利部印发《关于开展黄河岸线利用项目专项整治的通知》和《关于组织开展黄河流域河道采砂专项整治的通知》，组织开展黄河岸线利用项目和河道采砂专项整治。

岸线利用项目专项整治方面。一是组织沿黄省（自治区）对黄河龙羊峡以下干流河道和渭河等16条支流的11303 km 河道、28146 km 岸线开展全面自查。二是组织黄委根据各地自查情况，对黄河干流岸线52段1977 km、支流岸线42段1797 km 进行核查，认定黄河岸线利用项目6342个，初步确定涉嫌违法违规项目1643个。三是沿黄各地坚持边查边改、立行立改，对存在重大防洪隐患的项目坚决清理整治。截至2020年年底，已有582个项目完成整改并经省级复核。

专项整治取得了阶段性成效，第一次全面摸清了黄河岸线利用项目现状，清理整治了一批存在重大防洪影响、违法违规的岸线利用项目，消除了部分河段的防洪和生态安全隐患。同时，通过对长期侵占黄河干流主河道、社会关注的"巨无霸"郑州荥阳孤柏嘴蹦极塔进行拆除取缔，不仅对当地知名企业产生震慑，还给地方政府上了一堂生动的"警示课"。推动加强黄河保护在流域内形成上下一盘棋的共识。

河道采砂专项整治方面。以黄河晋陕峡谷段为重点，对黄河干流和11条支流开展采砂专项整治。一是对黄河干流和重要支流有采砂管理任务的河道，逐河段落实采砂管理县级以上河长、水行政主管部门、现场监管和行政执法4个责任人，压紧压实责任，其中晋陕段河长责任人明确由县长担任。二是组织沿黄9省（自治区）以县为单元开展拉网式排查，对所有河段、所有许可采区全覆盖，共出动7.9万余人次，累计巡查河道超过68万km，查处（制止）非法采砂行为278起，查处非法采砂船72艘、挖掘机械83台。三是针对排查发现的突出问题，及时通报有关省份，要求整改和问责。黄委就黄河干流晋陕段暗访发现的问题通报山西、陕西两省，两省黄河河长作出批示，省河长办挂牌督办完成问题整改，追责问责64人，查处违法违规采砂企业36个，吊销（注销）采砂许可证49个，行政拘留3人。

通过专项整治，黄河流域河道采砂管理责任进一步压实，非法采砂乱象得到有效遏制。针对直管河段，黄委制定年度采砂实施方案编制大纲，加强采砂事前管理，采砂许可进一步规范，采砂秩序稳定向好。同时，制定《水利部流域管理机构直管河段采砂管理办法》，批复黄河流域重要河段河道采砂管理规划，采砂管理长效机制逐步建立。

胡忙全　孟祥龙　包宇飞　执笔

陈大勇　审核

水利建设篇

重大水利工程建设稳步推进

水利部水利工程建设司

2020年，水利部深入贯彻落实党中央、国务院决策部署，努力克服新冠肺炎疫情和汛情的不利影响，落实责任、强化措施、细化任务、加强督导，有效地保障重大水利工程建设顺利实施。

一是突出抓好复工复产。党中央、国务院统筹抓好疫情防控和经济社会发展的决策部署，水利部党组提出了"不添乱、多出力、作贡献"的工作要求，把加快推进在建重大水利工程复工复产作为做好"六稳"工作的重要举措抓紧抓实。2020年2月19日印发《水利部办公厅关于加快重大水利工程项目复工的通知》，指导督促各地结合疫情防控实际分区施策，按照"一项一策"的原则制定复工计划，及时解决劳务人员返岗难、建筑材料和防疫物资短缺等实际困难，保障各项施工防疫措施，有序加快复工。水利部加强指挥调度，专人负责跟踪复工项目及建设情况，实行清单式管理，及时交流各地好的经验做法。各地水行政主管部门和项目建设法人努力解决主要制约性问题，加快推动在建重大水利工程复工建设。截至2020年5月，在建108项重大水利工程全部实现应复尽复，达到了正常施工水平，现场直接用工达12万余人，极大地带动了上下游相关产业复工复产。在复工复产期间，在建工程安全生产形势平稳，未发生新冠肺炎疫情。2020年6月4日，《人民日报》将重大水利工程复工复产作为重大基础设施复工复产的典范，在头版头条予以报道。

二是加快推进工程建设进度。2020年4月印发《水利部关于加快重大水利工程建设的通知》，明确提出年度投资完成率高于90%、力争达到100%的工作目标，要求各地细化实化重大水利工程建设责任分工，层层传导压力，确保项目主管部门的监管责任、项目法人的主体责任落实到位。水利部建立重大水利工程建设台账，实行建设进度半月报制度，实施动态监控，全面掌握工程建设进展情况，认真开展分析研判。加强组织协调，做好督促指导和技术服务，保障工程建设按计划有序实施。加强督办调度，有关部门强化联合调度会商，将重大水利工程建设进度情况纳入经常性检查和督查内容，对建设进度滞后项目实行现场督导和挂牌督办。各地水行政主管部门督促指导项目法人结合疫情防控实际，进一步完善工程建设年度实施方案，将工程进度和计划执行进展细化到每一个月。重大水利工程建设项目法人根据工程建设特点和实施方案，增加资源投入、科学组织实施，保障了年度整体目标的实现。2020 年，在建的 172 项重大水利工程建设完成投资 1156.6 亿元，中央投资计划完成率达到 97.3%，在特殊困难的情况下比 2019 年高出 0.4 个百分点，充分发挥了重大水利工程建设在做好"六稳"工作、落实"六保"任务中的重要作用。

三是保障重大水利工程建设质量。各地把重大水利工程建设质量管理放在突出位置，进一步落实水利建设质量管理体系，强化项目法人的首要责任和勘察、设计、施工单位的主体责任，加强质量全过程管控。水利部进一步完善质量工作考核标准，改进考核方式，充分发挥质量工作考核的示范引领和指挥棒作用，推动地方水行政主管部门提升质量监督能力水平。加大对重大水利工程建设质量管理的稽察和监督检查，加大对发现问题的整改督办力度，严肃责任追究。加强重大水利工程安全度汛工作，压紧压实安全度汛工作责任，全面落实安全度汛措施，完善汛情、险情通报和应急处置机制，及时消除度汛隐患。在 2020 年汛情较常年明显偏重的情况下，全国大江大河干流和重要圩垸堤防无一决口，大中型水库和小（1）型水库无一垮坝，工程险情显著减少，充分说明大规模水利建设质量整体处于可控状态。

四是一批重大水利工程发挥效益。2020 年，重大水利工程建设整体进展顺利，一批项目如期实现重要节点目标，有的建成发挥效益。大藤峡水利枢纽工程上半年顺利实现蓄水、通航和发电三大阶段目标，左岸工程全面投产运行。西藏自治区湘河水利枢纽、青海省那棱格勒河水利枢纽如期实现截流，甘肃省引洮供水二期工程总干渠、鄂北水资源配置工程全线贯通，海南省南渡江引水工程全面通水，河南省前坪水库、黑龙江省奋斗水库、广西壮族自治区落久水利枢纽、重庆市观景口水库、安徽省月潭水库等工程下闸蓄水，西藏自治区拉洛水利枢纽及配套灌区工程发电、试通水。各级水行政主管部门高度重视工程验收工作，下大力气解决制约验收进展的主要矛盾，推动工程完工后尽快竣工验收。2020年甘肃省红崖山水库除险加固、河北省双峰寺水库、江西省浯溪口水库、江苏省新沟河延伸拓浚工程等10项工程通过竣工验收，开始全面发挥工程效益。

戚波 王殊 张振洲 执笔

赵卫 审核

国家地下水监测工程完成竣工验收

水利部水文司

2020 年 1 月，国家地下水监测工程（水利部分）通过竣工验收。为了解决我国地下水监测站网布设不足、信息采集与传输技术手段落后、信息服务能力低等突出问题，2015 年 6 月，国家发展改革委批复了国家地下水监测工程初步设计概算，水利部、原国土资源部联合批复了工程初步设计报告。工程总投资约 22 亿元，其中水利部门约 11 亿元。工程按照"联合规划、统一布局、分工协作、避免重复、信息共享"的原则，由两部委联合实施。2019 年，工程全面完成建设任务，两部委共建成地下水监测站 20469 个，其中水利部 10298 个，自然资源部 10171 个。水利部建成国家、流域、省级、地市级 4 级地下水中心及 10298 个地下水自动监测站，地下水监测范围和站网密度显著增加，地下水监测能力大幅提升，是我国地下水领域具有里程碑意义的标志性成果。

一是建成了布设较为合理的国家级地下水监测站网。在地下水超采区、南水北调受水区、主要地下水水源地、重点海水入侵区等区域进行加密布设，填补了南方大部分省份地下水监测站网空白，北方主要平原区站网密度显著提高，自动监测站网密度达到 5.8 站/1000 km²，实现了对全国大型平原、盆地及岩溶山区 350 万 km² 地下水动态的有效监测。

二是地下水监测信息处理实现自动化。建成覆盖 4 级地下水中心的信息应用服务系统，地下水埋深监测频次从人工观测的 5 日 1 次变为每日自动采集 6 次，实现了全部测站地下水监测信息自动采集与传输，大幅度提高了地下水监测频次和时效性。

三是地下水水质检测能力大幅提升。建设完成地下水水质测试与质量控制实验室，可以分析无机、有机化学指标 100 余项，满足国家地下水监测网水质测试和质量控制需求。

四是地下水信息应用服务水平显著提升。建成全国地下水监测信息系统，实现了国家、流域、省级、地市级4级平台信息接收处理、共享交换、分析评价、资料整编等自动化处理，提高了信息服务的时效性和技术水平。

目前，国家地下水监测工程监测数据已经在华北地区地下水超采综合治理、西辽河流域"量水而行""以水定需"以及南水北调工程生态评价中发挥了重要作用，取得了显著的经济效益和社会效益，将为我国水资源的合理开发利用与优化配置、农业结构调整、工业发展布局、城市发展规划、生态环境保护等提供重要的支撑和服务。

白　葳　执笔

李兴学　审稿

开展大型灌区续建配套
与节水改造项目实施效果评估

水利部农村水利水电司

灌区是国家粮食安全的压舱石，对保障国家粮食安全和支撑农业农村经济社会发展发挥着重要作用。为了改善大型灌区工程状况，遏制灌溉效益衰减的趋势，提高灌溉水利用效率和农业综合生产能力，自 1998 年以来国家启动实施了大型灌区续建配套与节水改造项目。为了全面了解规划实施进展及投资效益发挥情况，2012 年以来水利部组织开展了已完成骨干工程规划投资项目实施效果评估工作。截至 2020 年年底，已累计完成 321 处灌区项目实施效果评估。

根据评估，321 处灌区累计完成骨干工程投资 623.67 亿元，其中，完成中央投资 431.59 亿元，落实地方配套资金 191.83 亿元，地方配套资金落实率达 73.8%。评估灌区完成骨干工程规划投资比例 87.9%，规划工程量完成比例为 70.3%。通过实施续建配套与节水改造，评估灌区新增（恢复）灌溉面积 1786.6 万亩，改善灌溉面积 7479.7 万亩，灌区灌溉水有效利用系数平均达到 0.507，年新增节水能力 135.20 亿 m³，新增粮食生产能力 191.80 亿 kg，评估灌区规划效益目标实现程度平均为 76.6%。灌区骨干工程输配水能力与效率显著提高，供水保证程度和抗御旱涝灾害能力进一步增强，灌区管理水平与可持续发展能力进一步提高，为保障国家粮食安全和水安全提供了重要的基础设施保障。

评估发现的主要问题包括三个方面。第一，地方配套资金不能足额到位。约 80% 的灌区不同程度地存在地方配套资金不能足额到位的问题，导致已批复灌区年度改造任务不能按期完成，同时还带来工程建设内容不连续、不能按时开展年度项目竣工验收等问题，影响了灌区规划任务的完成及效益目标的实现。第二，灌区管理改革不到位。一是受地方财力制约，灌区公益性管理人员经费及工程维修养护经费落实平均为74.4%，未能足额到位；二是农业水价形成机制不健全，农业灌溉执行水价不足运行维护成本水价的一半；三是农民用水户协会参与灌溉管理缺乏长效机制，协会运行与工程管护经费缺乏，人员队伍不稳定，不利于协会的可持续发展。第三，灌区管理水平不高。一是灌区供水计量设施和信息化建设滞后，评估灌区骨干渠道量测水设施安装率约为60%，斗口量测水设施安装率仅为30%，仅1/3灌区不同程度开展了信息化建设，难以落实最严格水资源管理制度的要求；二是灌排工程设施管护不到位，标准化管理体系不健全，责任压得不实，考核不兑现，部分灌区巡查、监管部分缺失，存在渠道淤积堵塞、过流能力下降、重要工程设施与保护渠段管护不到位、安全警示标志标识缺失等现象。

2021年工作思路如下。

一是加大投入力度。将灌区改造建设纳入保障国家粮食安全、推进乡村振兴的重点内容，中央持续增加投入，稳定来源，补齐灌区的历史欠账。同时建立地方配套资金落实保障机制，明确地方配套资金省级财政配套比例，将落实情况纳入灌区项目绩效考核的重要内容，提高配套资金的到位率。

二是强化行业监管。加强灌区续建配套与现代化改造项目实施内容、进度、质量、资金使用与管理以及绩效目标实现情况等的监督检查，将监督检查结果作为后续中央投资安排的重要参考。同时，继续开展规划实施效果评估，全面总结规划实施情况，客观评估规划实施效果。

三是全面推进标准化规范化管理。督促指导各地加强培训交流，典型示范，以点带面，稳步推进灌区标准化规范化管理。对列入"十四五"大型灌区续建配套与现代化改造实施方案的灌区，要以灌区现代化改造为依托，进一步深化灌区管理体制改革，力争在落实"两费"、核定水价、水费收缴等方面取得实质性进展，在"十四五"期末基本实现标准化规范化管理。

邹体峰　刘丽艳　执笔

倪文进　审核

专栏三十

重点中型灌区节水配套改造
如期完成目标任务

水利部农村水利水电司

2020 年，水利部指导各地大力推进实施《全国重点中型灌区节水配套改造实施方案（2019—2020 年）》，年度建设任务基本完成，中央确定的 2020 年前基本完成重点中型灌区节水配套改造的目标如期实现。

一是加大资金支持力度。2019—2020 年，中央财政水利发展资金按照平均每个灌区 1700 万元对各地进行测算补助，两年共安排资金 116.8 亿元。2020 年，中央财政水利发展资金提前下达资金 60.86 亿元，支持 358 个灌区实施节水改造。地方各级人民政府也加大了对中型灌区节水改造的投入力度，江苏省和河南省分别投入地方资金 2.9 亿元和 1.6 亿元，分别占总投资的 46% 和 29%。截至 2020 年年底，中央资金完成率达到 92.4%。

二是抓好灌区改造项目实施。持续跟踪 2019 年未实施改造灌区的进展情况，对有关省份进行约谈，抓好问题整改。加快推进各地 2020 年灌区改造项目。中央资金下达后，督促地方抓紧将资金分解落实到项目，完善项目前期工作，指导各地在做好新冠肺炎疫情防控的同时尽早开工建设。加强日常督导，实施双月调度，及时掌握各地灌区项目进展，对上半年进展较慢的省份下发督办函。将中型灌区任务落实情况纳入粮食安全省长责任制考核，对资金支付进度未达到 80%、灌区改造任务未落实的扣除考核分值。对 4 省重点中型灌区资金管理使用情况进行专项检查，督促地方及时开展问题整改并实施责任追究。截至 2020 年 12 月底，已经改造渠首工程 758 处、渠道 4983 km、渠系建筑物 12032 处，建设工程管护设施 1664 处，完善计量设施 6495 处。项目的实施基本解决了重点中型灌区"卡脖子"

问题，进一步完善了灌区骨干灌排工程体系，提高了灌区输水能力与效率，增强了抵御旱涝灾害的能力。

三是积极谋划"十四五"中型灌区节水改造。组织开展中型灌区摸底调查，明确了"十四五"中型灌区节水改造思路，从以往解决灌区"卡脖子"问题转向整体性改造提升，进一步优化实施方式，加快补齐中型灌区骨干工程完好率低、不配套的短板，推动有条件的地区建设现代化灌区。对"十四五"中型灌区节水改造任务和资金进行测算，与财政部有关司局进行对接和沟通，确定投资规模。2020年4月，会同财政部印发《关于开展中型灌区续建配套与节水改造方案编制工作的通知》，部署开展2021—2022年全国中型灌区节水改造前期工作。召开视频会对中型灌区改造政策进行解读，指导各省（自治区、直辖市）编制完成省级建设方案。水利部组织中国灌溉排水发展中心对省级建设方案进行复核汇总，与财政部联合印发《全国中型灌区续建配套与节水改造实施方案（2021—2022年）》，明确了中型灌区续建配套与节水改造的总体要求、建设内容等，为今后灌区改造指明了方向。

夏明勇　刘国军　龙海游　执笔

陈明忠　审核

小型水库除险加固攻坚行动
年度目标任务全面完成

水利部水利工程建设司

为了确保完成小型水库除险加固任务，水利部组织开展了小型水库除险加固攻坚行动，计划从 2020 年开始用两年时间攻坚解决历次规划（方案）的小型水库除险加固在建项目遗留问题，完成实施方案中待实施小型水库除险加固项目的建设任务。

一是制定工作方案，全面动员部署。水利部高度重视小型水库除险加固工作，研究制定了小型水库除险加固攻坚行动方案。2020 年 5 月 24 日，印发《水利部关于开展小型水库除险加固攻坚行动的通知》（水建设〔2020〕90 号），通过召开小型水库除险加固攻坚行动部署视频会，对攻坚行动进行动员部署。会议明确水利部机关有关司局、流域管理机构、地方各级水行政主管部门等有关各方，要把小型水库除险加固攻坚行动作为中心工作来抓，加强组织领导，落实工作责任，采取切实有效的措施，确保攻坚目标任务全面完成。

二是建立保障体系，压实攻坚责任。按照统一部署、分工协作、地方负责的原则，构建起组织有力、联动高效的工作机制。水利部有关司局按职责分工全过程监督指导。流域管理机构制定督导方案，实行季度会商，督促指导各地扎实开展推进。攻坚行动涉及的 29 个省（自治区、直辖市）和新疆生产建设兵团的省级水行政主管部门均按要求制定实施方案，成立以分管领导为组长，相关处室参加的领导小组，细化目标任务，协调推进攻坚行动。

三是推进项目竣工验收，动态监控完成进展。组织有关各方对列入历次规划（方案）中的 1.65 万座存在遗留问题的在建项目逐库开展核查并形成问题清单，建立整改台账，明确责任单位及责任人，制定处理措施，明确完成时限，督促地方水利部门及参建各方逐库落实。委托中国水利水电科学研究院开发整改台账管理系统，组织各地及时填报信息，实行动态监控，督促相关单位按照制定的时限完成目标任务。截至 2020 年年底，已经完成竣工验收 7045 座，占总量的 42.77%，超过 30% 的年度目标。

四是加快待实施项目建设进度，确保建设质量安全。动态跟踪项目实施进度，每月通报项目开工、完工及验收情况，对进度相对滞后的省份印发督办函或现场督导；组织开展小型水库除险加固专项稽察，督促地方扎实做好前期工作，足额落实地方建设资金，加快建设进度，确保质量安全。截至 2020 年年底，灾后薄弱环节的 11995 座中央补助小型水库除险加固项目已全部开工建设，其中 10622 座已完工，占总量的 88.6%。

下一步，将结合国务院关于水库除险加固的系列部署和攻坚行动的有关要求，适时组织对各地攻坚行动开展情况进行监督检查，一手抓遗留问题整改，一手抓待实施项目建设，督促按期保质完成攻坚目标。

赵建波　张海涛　王　坤　执笔

徐永田　刘远新　审核

中型水库建设管理突出问题
专项整顿成效显著

水利部水利工程建设司

为了进一步规范中型水库建设管理行为，确保工程质量安全，推进工程建设顺利实施，水利部组织开展并完成了对"十三五"以来中央预算内投资的全国161座中型水库建设管理突出问题专项整顿工作。

一是加强组织领导，周密安排部署。水利部领导高度重视并亲自部署专项整顿工作。相关司局对专项整顿范围、内容、步骤、工作要求等进行深入研究，制定了详细的工作方案，及时印发通知，全面启动专项整顿工作；有关流域管理机构制定督导工作方案，建立督导工作机制；省级水行政主管部门制定实施方案，成立以分管领导为组长、相关处室参加的领导小组，保障专项整顿有序推进。

二是专项整顿全覆盖，自查自纠无死角。由建设管理单位牵头，按照"一库一清单、一方案、一报告"原则，扎实开展自查自纠，排查突出问题，明确整改责任单位和责任人，提出整改措施，抓紧问题整改，做到不遗漏一个项目，不放过一个问题。在自查自纠过程中，地方各级水行政主管部门均派出检查组进行督促指导，提交了自查自纠报告和问题清单。

三是开展现场督导检查，实行整改动态跟踪。水利部对自查自纠情况逐库进行现场监督检查，督促按期保质保量完成整改，指导帮助完善管理制度，健全工作机制。将自查自纠和现场检查发现的问题全部纳入动态监管，随时掌握整改进展情况，实行动态跟踪。

四是严格责任追究，确保整改时效。为了促进按期完成整改，在专项整顿过程中，地方敢于动真碰硬，对相关责任单位和责任人进行了责任追究。针对地方反映的部分地方资金未到位、征地移民未完成、工程建设进度滞后等整改难度大、涉及面广、情况复杂，尚未完成整改的个别问题，水利部印发通知，要求制定整改方案，提出切实可行的整改措施，限期完成整改。

通过整顿，中型水库建设管理突出问题绝大多数已经整改，建设管理水平总体上有了一定程度的提高，专项整顿工作取得预期成效。一是问题整改率超过九成。专项整顿发现的问题整改完成率达到94.5%，91座水库的问题全部完成整改。二是地方建设资金到位率大幅提高。截至2020年11月底，纳入专项整顿水库地方建设资金累计到位465亿元，其中专项整顿期间新增加42亿元，平均每座水库新增2609万元，较专项整顿前提高了7个百分点。三是工程建设进度明显加快。截至2020年11月底，161座中型水库建设项目已全部开工，主体工程完工121座，蓄水验收69座，竣工验收9座，较专项整顿前均明显提高。其中，在专项整顿期间，主体工程完工新增24座，蓄水验收新增23座，竣工验收新增7座。四是建设管理进一步规范。参建各方责任意识普遍增强，建设管理不规范行为被有效遏制，工程质量安全得到保障。

2021年，中型水库建设管理工作将继续督促有关省份全面完成个别剩余的限期整改问题，巩固并扩大专项整顿成果，进一步加强对中小型水利工程项目建设的监督指导，建立健全规范水利工程建设管理的长效机制。

赵建波　张海涛　王　坤　执笔

徐永田　刘远新　审核

中小河流治理持续推进

水利部水利工程建设司

2020 年，水利部大力推进以防洪达标为重点的中小河流治理，圆满完成年度治理任务。

一、2020 年工作成效

（一）有效落实相关工作要求，超额完成年度治理任务

一是印发《关于尽快推进水库除险加固和中小河流治理等项目工程建设的通知》，要求各级水行政主管部门切实提高政治站位，牢牢守住安全底线，加强组织领导，在做好疫情防控工作的同时，积极有序地推动中小河流治理工程项目复工建设。二是督促各省（自治区、直辖市）及时分解下达 2020 年度中央水利发展资金中的中小河流治理资金，全力将建设资金落实到建设项目上，逐一核实细化项目信息，完成了 2020 年度全国中小河流治理实施项目的系统信息导入工作。三是加强中小河流治理进度监控和督促指导，根据全国中小河流治理管理系统填报的数据分析研判，每季度发文通报各省（自治区、直辖市）中小河流治理建设进展情况，要求各省（自治区、直辖市）对建设进度缓慢的市县逐项落实主体责任，在保证工程质量和安全的前提下，全力推进相关省（自治区、直辖市）的工程建设进度。四是开展专项督导工作，2020 年 9 月印发《水利部办公厅关于组织开展中小河流治理专项督导的通知》，针对流域面积 3000 km^2 以上和流域面积 200~3000 km^2 的中小河流治理完成率较低的省份，要求由省级水行政主管部门组织开展自查自纠，逐项梳理问题，在此基础上组织各流域管理机构开展现场督导检查，有效地促进了治理任务的顺利实施。五是宣传中小河流治理典型和亮点，邀请广东省水利水电科学研究院宣传介绍"广东中小河流治理的实践及万里碧道建设"的治理案例和成效，组织编写"清

远连州市中小河流治理——水利工程补防洪短板和生态短板的生动实践"等材料，总结可推广的好办法、好经验，树立治理典型样板的示范作用，努力探索实现"幸福河"的建设总目标。通过上述多种措施，2020 年全国中小河流治理河长 1.7 万 km。其中，流域面积 3000 km² 以上的中小河流治理开工 549 个项目，完工 115 个项目，完成治理河长 2212 km；流域面积 200~3000 km² 的中小河流治理河长 1.48 万 km，超出计划治理 1.29 万 km 的年度目标。

（二）落实治水思路，深入开展重大科技问题研究

为了加强和指导全国中小河流治理工作开展，组织中国水利水电科学研究院、广东省水利水电科学研究院等单位开展了"新时期中小河流治理目标及对策研究"水利科技重大课题研究。通过梳理国内外中小河流治理的研究成果、法律法规、技术标准和典型案例，赴有代表性的地区开展调研评估，总结近年我国中小河流治理的成功经验和存在的问题，有针对性地开展中小河流治理的目标体系、标准体系、治理模式、长效机制和战略布局等 6 个方面 20 项课题研究，完成了研究报告。该研究成果系统厘清了中小河流治理的概念内涵，提出了新时期中小河流治理的"分区、分类、分级、分期"战略需求和目标体系，确定了不同区域和自然条件下的水灾害、水资源、水生态、水环境、水文化治理的控制标准体系，提出了防洪工程、水生态修复、水环境整治、水文化融合的应用模式和适用性技术，提出了治理与管护的法治建设、责任体系、资金筹措和激励、技术措施等长效机制，按近期、中期、远期研究建立中小河流治理与管护的战略布局、推进路线和保障手段，为制定新时期中小河流治理的相关制度和技术标准，顺利推进今后一个时期全国中小河流治理工作打下了坚实的基础。

（三）组织开展 2021 年治理项目备案工作

按照《防汛抗旱水利提升工程实施方案》和部长专题办公会议等要求，与财政部联合印发备案通知，开展 2021 年拟实施中小河流治理项目的备案工作。要求各省级水行政主管部门和财政部门按照区分轻重缓急，突出重点，科学安排，合理确定建设时序，结合近年实际受淹河流情况，优先考虑涉及重大国家战略地区的中小河流防洪治理，统筹流域规划、国土

空间规划，充分考虑上下游、左右岸，兼顾与大江大河防洪标准整体协调等因素，合理确定河流上中下游的整体性防洪治理标准，采用"流域—水系—河流—项目"的方式系统梳理建设项目，明确治理河段的起止位置坐标定位等基本信息，实现"治理一条、见效一条"。

二、2021 年度主要工作

2021 年，中小河流治理工作将深入贯彻落实全国水利工作会议精神，勠力同心，真抓实干，持续推进中小河流治理相关工作。一是做好前期工作，省级水行政主管部门的项目建设部门与规划计划部门要做好衔接，统筹协调大江大河与中小河流、河流上下游关系，实现"治理一条、成效一条"的建设目标，建立整河流系统治理理念，加强对市、县级负责审批的中小河流治理项目初步设计报告进行合规性审查。二是加强建设管理，基于各地 2021 年中小河流治理的水利发展资金绩效目标和报备的中小河流治理项目，压实地方政府的主体责任，督促各地及时开展工作，确保 2021 年度的中小河流治理建设任务顺利完成。三是做好信息报送，要求各地明确中小河流治理信息填报责任单位和责任人，每月月底在全国中小河流治理项目信息系统报送项目开工、建设进度、投资下达及完成等情况，要确保填报信息的真实准确性、及时有效性和可追溯性，每月对各省（自治区、直辖市）信息填报情况进行汇总和通报。四是强化监督检查，每季度印发文通报各省（自治区、直辖市）中小河流治理项目的进展情况，不定期采用"四不两直"等多种方式对各省（自治区、直辖市）中小河流治理项目实施情况开展暗访抽查或检查，核实地方中小河流实施情况。五是加强理论研究，继续梳理凝练"新时期中小河流治理目标及对策研究"水利重大科技问题研究成果的核心结论，制定相关制度和标准，为新时期中小河流治理提供政策和理论依据。

王　坤　韩绪博　执笔

徐永田　刘远新　审核

江苏省南通市：多措并举打响农村
黑臭水体"歼灭战"

近年来，江苏省南通市多措并举，全面打响农村黑臭水体"歼灭战"。2019年，南通市黑臭水体"消劣除黑"率达到99.8%，成效显著。

坚持截污纳管与内源治理双管齐下。南通市通州区统筹配套截污纳管、农村改厕、农村小型污水处理等设施建设，开展拆除违章建筑等四大攻坚战，整治取缔1528户，搬离1358户，拆除违章建筑1174处，清运工业废料49709 t，清理堆放点1379处，约13万 m^2，清拆群租房171户，计2.7万余 m^2。加强整治河道污水直排管控，各区镇坚决严控源头，整治养殖场及污染企业212家，整治面积1.4万 m^2。如东、如皋等地针对散小养殖户开展社会化处理服务，成立粪污收运社会化服务组织58个，规模养殖场实行粪污处置装备全配套，有效地遏制了粪污直排入河。

坚持生态修复与长效管护两手发力。南通市出台《南通市生态河湖行动计划（2018—2020）》，2018—2019年累计打造1723条生态河道。同时，实施农村河道保洁、绿化管护、农路保洁和农村生活垃圾收集处置一体化管理，全市一级、二级及通航的三级河实行市场化运作、机械化保洁、标准化考核，在镇村不通航河道推广"以河养河、生态护河"长效管护机制。海安、启东等地通过"以河养河"做大生态治河"附加值"，推广"养鱼+扶贫+治水"模式，算好精准脱贫和河道生态管护两笔账，巧解后续投入、管护质量等生态河道长效管护的难题。

推进城市与农村两个战场齐头并进。2019年，南通市中心城区 66 km² 主要河道水质由劣V类提升至Ⅲ类，16条城市黑臭水体全面消除。全市共整治1725条农村黑臭水体，超计划完成44条，黑臭水体"消劣除黑"率达到99.8%。2020年，全市将非等级河道、村庄沟塘也纳入整治范围，排查出农村黑臭水体1216条。南通市力争在2020年年底基本消除集镇区、农村人居环境整治示范村、农村集中居住区的黑臭水体；计划到2021年年底全面消除农村黑臭水体，彻底打赢"歼灭战"。

程　瀛　执笔
席　晶　李　攀　审核

江苏省太仓市：农村生态河道
建设效益显著

"十三五"以来，江苏省太仓市大力抓好农村河道疏浚和生态河道建设工作，着力建设水清、岸绿、河畅、景美、管护到位的江南水乡风光，取得了明显的经济效益、生态效益和社会效益。

太仓市境内河流密布，塘浦纵横交织，农村河道疏浚整治工作是改善人民群众生产生活条件的重要举措。自 2016 年以来，太仓市采取一系列切实举措，明确责任，落实资金近 1 亿元，彻底清理河道淤泥，拆除阻水坝埂，打通断头河、断头浜，理顺理活河道水系，绿化美化河道两岸，河道的生态环境大为改观，广大农民群众得到真正的实惠。

太仓市水务局在河道整治中更加突出生态治理，联合各区镇部门做好规划，整村推动，对有条件的河道加大资金投入力度；依托每年的冬春水利现场会、中小河流治理重点县项目、畅流工程项目等推进生态河道建设。生态河道建设使区域水系功能、水生态得到恢复，河道行洪排涝能力提高，水环境质量明显改善，生态河道成为太仓休闲的一个新去处。

在生态河道建设过程中，太仓市充分结合冬春水利河道疏浚、畅流工程项目以及河长制工作等本级项目建设，避免重复投资；结合全市绿化建设、新农村集中居住小区及新城区建设和中小河流治理、农水重点县项目建设等展开建设；采用具有生态、防护、净水、景观等多样化功能的生态护坡（岸）工程建起了一道道人水和谐的绿色长廊。

太仓市农村河道治理采用成片治理、整村推进的方式，多部门联合加强对各镇区河道长效管理与绿化管护工作考核。各镇区把河道绿化管护工作与河道保洁员工作结合、与劳务合作社结合，明确责任主体，统一管理体制，增加管理资金，强化检查考核。同时，太仓市利用报刊、电视、广播、网络等多种媒体广泛宣传开展农村生态河道建设的重要性、必要性和整治水环境的迫切性，推广典型经验，展示建设之后河道的新面貌，有力地推动全市农村生态河道建设工作有序开展。

李顺卿　执笔

席　晶李攀　审核

浙江省德清县：建设示范河湖
唤醒河漾新生

蠡山漾位于浙江省德清县钟管镇、乾元镇境内，地处杭嘉湖平原腹地。过去，蠡山漾污染严重。如今，蠡山漾重回清澈整洁，再现"西施"娇容，宛如一幅美丽的画卷。2020年，蠡山漾示范河湖建设高分通过水利部验收，成为浙江省唯一一个入选全国（第一批）示范河湖建设的河道，也是全国首个通过验收的示范河湖。

蠡山漾示范河湖建设区域总面积约为200亩，河道总长度为4100 m，由蠡山漾、刘家桥港、孙家漾、西施兜港和蠡山港等5部分组成。其中，蠡山漾与孙家漾遥相对望，与刘家桥港蜿蜒相连。

过去，刘家桥港"脏、黑、臭"严重，周边村民苦不堪言。2014年10月，刘家桥港被列入德清县中小河流治理重点县项目，由德清县水利局全面负责实施，总投资约500万元的综合治理工作全面展开。

秉承"尊重自然、挖掘文化、协调统一、以人为本和可持续发展"的原则，德清县水利部门将河道综合治理与"五水共治""历史文化古村落"创建结合起来，主张清淤先行、水岸同治，全力打造一条"自然、生态、健康、文化、景观"相融合，彰显江南水乡文化的美丽河道。

德清县开展水系联通，通过打通断头河、臭水浜解决了水流不畅、水环境恶化等问题，让死水变活水，同时也提升了蠡山漾的引排水功能。当地水利部门还开展了清淤疏浚、岸坡整治、生态修复等一系列工作。

随着当地河长制工作向纵深发展，刘家桥港的治水成果也得到巩固和发展。河道保洁、水域保护实现常态化，刘家桥港的水域环境、水体质量、水体功能全面提升，流域范围内无重大涉河违法问题。

在综合治理过程中，德清县水利局坚持水岸同治，充分结合刘家桥港畔居民分布的特点进行河道设计，确保河畔风格协调，留住水乡古韵。德清县还将县级文物保护单位安济桥、安富桥、兴隆桥、长生桥搬迁至刘家桥港异地重建，在此形成了集八座宋明清古桥于一河的独特桥文化景观。

焕发新生的刘家桥港集生态与人文景观于一体，被周边百姓亲切地称为"西施河"，成为带动当地群众全面奔小康的"富民河"。

赵洪亮　费丹丹　金陈琳　执笔

席　晶　李　攀　审核

重信用　守秩序
强化水利建设市场监管

水利部水利工程建设司

一、水利建设市场监督管理显著加强

一是从严开展行政许可。严格按照资质资格认定标准开展水利工程建设监理、质量检测单位资质和水利工程监理工程师、造价工程师、质量检测员人员资格行政许可。加强申报业绩真实性核查力度，全年新批准46项水利工程建设监理资质和64项质量检测甲级资质，准予延续130项质量检测甲级资质，审批结果全部在水利部门户网站公开，接受社会监督。资质申报弄虚作假乱象得到有效遏制，有力地清除了一批无人员、无业绩、无社保的"僵尸企业"和"空壳公司"，从源头上把好市场准入关。

二是规范实施"双随机、一公开"执法检查。在水利部门户网站公开2020年度水利工程建设监理和质量检测单位"双随机、一公开"抽查事项清单、实施方案、抽查依据、抽查内容方式、抽查计划和问题查处结果等，对抽查发现的54家单位137个问题依法依规分别给予责令整改、通报批评和行政处罚，既规避了人情监管，又减轻了企业负担，提升了监管效能，切实增强了市场主体诚信意识、敬畏之心和自律观念，有效地提升了事中、事后监管的效能。

三是全力抓好招投标违规行为抽查检查。以未经招标直接发包、肢解招标、规避招标等为重点，对有关省份2018年以来的招投标活动开展抽查检查，进一步压实项目法人主体责任和主管部门监管职责，全面净化水利建设领域招投标市场环境。依托水利部12314监督举报服务平台和全国水利建设市场监管平台加强问题线索督查督办，及时查处招投标投诉举报问题线索，确保有案必查，有查必果，限时办结。

四是扎实做好水利行业根治欠薪工作。印发《2020 年水利建设领域根治欠薪重点工作分工方案》（办建设〔2020〕89 号），发挥部门合力做好保障农民工工资支付工作。组织 1100 多人参加《保障农民工工资支付条例》线上培训，组织 42000 多人参加条例网上知识大赛，有效地增强了用人单位知法遵法意识，提高了劳动者依法自我保护能力，提升了各级水利建设市场监管人员的执法监管能力。组织开展水利建设领域根治欠薪冬季专项行动，推动水利行业欠薪事件动态清零。限时办结有关省份水利工程拖欠农民工工资问题，保障水利行业稳定和农民工合法权益。

五是逐步提升"互联网+"监管能力。会同国务院电子政务办印发水利工程建设监理和质量检测单位资质等级证书电子证照工程标准，开发建设电子证照系统、水利工程建设项目电子招投标监管系统和"双随机、一公开"移动端执法系统，实现部本级监管平台与 18 个省级监管平台的互联互通，大力应用"互联网+"技术提升水利建设市场监管效能。

二、水利建设市场信用体系建设有力推进

一是着力加强信用信息管理。据统计，全国水利建设市场监管平台建立各类市场主体信用档案共计 25061 家，发布从业人员信息 531730 条，公开水利工程业绩 285518 项。相关信息广泛用于各级水行政主管部门市场监管、行政许可、政府采购、招标投标和达标评选等工作。水利建设市场监管平台累计访问量达 1240 万次，最大日访问量达 4 万多次，平台权威性和公信力明显增强。

二是全面实施动态信用监管。发通知、打电话、下基层、去现场，督促指导各地按照"应报尽报"的要求抓好对不良行为记录信息的采集、认定和共享。2020 年公开不良行为记录信息 105 条，引导 5 家企业完成信用修复。首次面向社会公开水利建设市场"重点关注名单"和"黑名单"，将 6 家企业纳入"黑名单"，49 家企业纳入"重点关注名单"。对失信企业实施联合惩戒，加强社会监督。

三是大力推进行业诚信体系建设。克服新冠肺炎的不利影响，督促指

导信用评价机构重新启动暂停两年的全国水利建设市场主体信用评价工作，5000多家市场主体自愿参评，3169家市场主体获得信用等级。水利行业诚信体系建设迈入新发展阶段，信用评价成果在招标投标、政府采购、行政审批、市场准入和评优评奖中广泛应用，为各级监管部门实施信用监管提供了更加精准的决策依据。

四是认真做好制度执行监督检查。将信用评价体系制度执行情况监督检查列入水利部年度督办事项，自我加压，确保监管职责落实落地。委托第三方独立机构对信用评价工作进行全过程观察评估，加强事中监管。督促指导第三方独立机构对评价结果进行抽样核查，抽样核查率不低于5%。组织7个工作组赴18个省（自治区、直辖市），从省级层面对信用评价制度执行情况进行检查评估，多措并举保证水利建设市场主体信用评价工作公开、公平和公正。

三、水利工程质量和水利建设市场监管水平不断提高

一是深化水利建设市场"放管服"改革，积极稳妥推进资质、资格管理制度改革，妥善做好改革期间行政许可工作。二是进一步加强信用体系建设，完善水利建设市场信用信息管理相关办法，督促指导省级水行政主管部门抓好水利建设市场主体不良行为记录信息的采集、认定、归集、共享、公开和惩戒等工作，严格管理水利建设市场"重点关注名单"和"黑名单"，规范组织实施失信主体信用修复工作，加强水利建设市场信用评价工作的监督管理，推动信用评价工作更加公开公平，更加透明公正。三是进一步规范水利建设市场秩序，切实做好水利工程建设监理和甲级质量检测单位"双随机、一公开"抽查工作，开发应用"互联网+监管"执法检查系统，推动执法检查标准化、规范化、智能化；修订《水利工程建设项目招标投标管理规定》，加大对水利工程建设项目招投标活动的抽查检查力度，严厉打击围标串标、肢解招标、规避招标等违法违规行为，加强投诉举报和信访等问题线索督查督办，探索建设水利工程建设项目电子招投标监管系统，应用信息化技术创新监管方式；全面贯彻落实《保障农民工工资支付条例》，开展水利建设领域根治欠薪专项行动，确保政府投资

工程项目、国企项目以及各类政府与社会资本合作项目拖欠农民工工资案件动态清零，抓好欠薪问题源头控制和构建长效机制，有效地保障农民工的合法权益。

刘家慧　执笔

田克军　审核

水库移民工作综述

水利部水库移民司

2020年，水库移民工作紧密围绕水利工程移民安置、水库移民后期扶持、加强制度建设和监督管理等工作重点，着力补齐短板，加强行业监管。水库移民各项工作开展顺利，库区和移民安置区社会总体稳定，有力地保障了水利事业的高质量发展。

一、稳步推进移民搬迁安置工作，切实保障重大水利工程顺利建设

一是加强移民安置前期工作指导。深入推进"放管服"改革，提出移民安置规划大纲调整或者修改界限，下放移民安置规划变更审核权限。落实好国务院关于"抓紧启动和开工一批成熟重大水利工程"的要求，把好移民安置政策关，组织审核（审批）黄河古贤、南水北调东线二期等30余项水利工程移民安置规划（大纲），为重大水利工程开工建设创造条件。

二是建立重大水利工程移民搬迁进度季度协调机制。对34座在建水库工程移民搬迁计划进展进行跟踪，对发现的问题及时督促处理，对12个省进行实地督查督导，确保移民搬迁安置工作基本满足主体工程建设的要求。

三是认真落实移民安置验收制度。及时组织开展广西壮族自治区大藤峡、西藏自治区拉洛等水利工程阶段性移民安置验收，协调推进嫩江尼尔基、四川省紫坪铺等完建时间较长水库的移民竣工验收工作，顺利完成西藏自治区旁多、湖南省涔天河水库扩建等水利枢纽工程竣工移民安置验收。

四是加强移民安置行业指导工作。组织修订《大中型水利水电工程移民安置验收暂行办法》《大中型水利工程移民安置监督评估暂行办法》，着

手编写《水库移民管理》教材，进一步规范新形势下水库移民行政管理工作。

二、推动后期扶持工作深入开展，促进库区和移民安置区经济社会稳定发展

一是指导地方开展"十四五"后期扶持规划编制工作。为了全面实施乡村振兴战略，下发"十四五"后期扶持规划编制指导意见及政策解读配套材料，召开片区会议、开展政策解读，对地方编制规划进行督促指导，促进库区和移民安置区经济社会健康发展。

二是大力支持移民产业发展和美丽家园建设。安排中央水库移民扶持基金 363 亿元，扶持水库移民发展产业，开展美丽家园建设。指导各地根据自然禀赋、因地制宜扶持产业，有农业特色产业、自然景观资源的予以重点扶持，促进第一、第二、第三产业融合发展；鼓励受自然资源及发展环境约束的地区发展飞地经济、物流经济等；逐步淡化移民身份，明确要求产业项目决策要由村集体决定、产权归集体、收益重点向移民倾斜。切实打造宜居环境，帮助移民整体提升村容村貌、补齐人居环境短板、改善公共服务设施，让移民村望得见山、看得见水、留得住乡愁。

三是督促地方加大后期扶持资金使用进度。通过实地调研、召开片区会议等形式，总结推广部分省市加快后期扶持资金使用进度的经验和做法，鼓励各地学习借鉴。联合财政部运用绩效评价督促各地加快资金使用进度，明确资金使用进度没有达到要求的地方在绩效评价方面不能评优。各地克服疫情所带来的不利影响，资金使用进度由上年的 50% 提升到63%，实施了一大批移民美丽家园建设和产业扶持项目，实现了移民收入增长高于当地农村平均水平，增强了移民的幸福感和获得感。

三、加强水库移民法规制度和信息化建设，有效提升水库移民工作管理水平

一是加强水库移民法规制度建设。全面梳理水库移民法规制度体系，对 18 项移民条例配套制度、39 项后期扶持政策配套制度和 12 项水利移民

行业技术标准提出修订意见。加快推进《大中型水利水电工程建设征地补偿和移民安置条例》修订前期工作，组织开展水库移民相关制度标准修订研究工作。

二是加强课题研究和信息化建设。围绕水库移民生产生活恢复发展，开展库区和移民安置区社会稳定和经济发展专题研究，形成《水库移民稳定与中长期发展战略》课题成果。完成全国水库移民后期扶持管理信息系统升级改造二期工程，水库移民工作信息化再上新台阶。

四、持续强化水库移民监督管理，全面提升工作水平

一是全面完成水库移民年度工作任务。组织完成 12 个省水库移民后期扶持政策实施情况监督检查、6 个省后期扶持政策实施情况监督检查整改情况复核，7 座在建重大水利工程移民安置监督检查。对发现的 308 个问题按照"一省一单"印发整改意见 27 份，责成 4 个省级移民管理机构对相关单位和个人实施责任追究，按照问题性质和数量约谈 8 个省级移民管理机构。通过建立问题整改台账，对问题整改情况逐一复核，2019 年监督检查整改情况完成率达到 99%。

二是落实省级移民管理机构主体责任。深入贯彻《水利部关于加强水库移民监督管理工作的指导意见》，进一步压紧压实省级移民管理机构监管主体责任。多数省份及时印发了监督检查办法实施细则，组织开展了相关工作，年度水库移民工作顺利完成。

张栩铭　执笔

朱闽丰　审核

甘肃省临泽县：水利扶贫激活移民村"造血功能"

位于甘肃省临泽县最西端的明泉村是临泽县水务局的扶贫帮扶村。村民多由定西、平凉、临夏等地移民而来。多少年来，明泉村的百姓一直以为"种几亩地，养几只羊，能糊口过日子"就是一辈子的生活。然而临泽县实施了大型灌区节水改造和库区移民扶持项目，使这片土壤富硒、光照充足、昼夜温差大的土地"蜕变"成了产业发展的宝地。

灌区节水改造叩开农业"致富门"

明泉村有耕地 5000 多亩，被小泉子沙漠和戈壁滩重重包围，没有地表水水源，村民农田灌溉用水主要靠机井提取地下水，每到灌溉季节，用水矛盾非常突出。自 2015 年起，临泽县水务局累计投入资金 1300 多万元，改建衬砌支渠 4 条 16 km、斗农渠 30 余 km，配套水闸、车桥等建筑物 400 余座，有效地解决了渠系不配套、灌溉用水短缺的问题。同时，临泽县水务局积极与县发展改革、财政等部门沟通协调，落实资金 1070 万元，建设高标准农田 4060 亩，有效地改善了农业生产条件。

解决了灌水难题，浇上了梨园河河水，村里积极转变发展思路，发展绿色、有机、生态农业，重点种植中药材、大蒜、洋葱等特色作物，群众收入不断增加。

农水设施改善点燃发展"新引擎"

饮水安全问题长期困扰着明泉村。依靠手压井、小机井提取 20 m

深的地下水，水的总硬度、氟化物等含量均超过国家生活饮用水标准，属于苦咸水。临泽县水务局把群众吃上安全的自来水作为精准扶贫的突破口，积极争取资金164.5万元，架设各类管道35.6 km，安装入户设施375套，修建阀门井14座，解决了全村人的吃水难题。

农村水利基础设施的改善激活了当地发展的"造血功能"，成为贫困群众顺利脱贫的"金钥匙"。明泉村村民一直都有养殖土猪和肉羊的习惯，他们把自己养殖的土猪称为"明泉猪"，如今"明泉猪"成了明泉村乃至临泽县的一大"特色品牌"。在架设自来水之前，村民养猪、养羊缺少水资源，积极性不高；如今自来水直接通到养殖场，切实解决了养殖户的用水难题。目前，全村土猪养殖1000头以上，肉羊养殖4600多只，农副产品累计销售额达460多万元，带动了37户贫困户增收致富。

不仅如此，临泽县水务局还坚持生态扶贫理念，多方筹措资金150多万元，通过修建防洪坝、截水墙、渡槽，硬化养殖小区道路，栽植绿化苗木等措施，有效地改善了群众出行条件和生活环境，也为明泉村增添了新的活力。

昔日的贫困小村庄现已成为远近闻名的电商村。全村贫困户的整体脱贫是对临泽水利扶贫工作的最好见证。

李　明　执笔

席　晶　李攀　审核

运行管理篇

大力加强水利工程运行维护管理

水利部运行管理司

2020 年，水利部以习近平新时代中国特色社会主义思想为指导，深入贯彻"节水优先、空间均衡、系统治理、两手发力"治水思路，妥善应对新冠肺炎疫情与江河罕见汛情，突出问题导向，强化安全监管，狠抓责任落实，全面推进水利工程运行管理各项工作。

一、深入贯彻落实党中央、国务院决策部署，精心谋划"十四五"期间水库除险加固和运行管护工作

一是通过调查研究和大规模专项检查，深入剖析相关各方利益诉求，梳理水库安全管理问题，分析问题产生的原因，坚持以问题为导向，研究提出"近期解决存量隐患、远期建立常态化机制"的工作措施和目标建议。二是完成存量水库安全鉴定和除险加固、小型水库运行管护、配套完善雨水情测报和安全监测设施任务量和资金测算。三是认真贯彻落实国务院常务会议精神，组织召开全国水库除险加固和运行管护工作会议，举办水库除险加固和运行管护培训班，组织各地编报"十四五"期间安全鉴定、除险加固、雨水情测报和安全监测设施配置等相关工作方案，细化"十四五"期间水库除险加固和运行管护任务及 2021 年度计划。

二、强化疫情防控期间水利工程安全运行管理，为打赢疫情防控总体战和复工复产提供有力的水利支撑

一是及时督促指导各地各有关单位，扎实做好疫情防控期间大型及重要中型水库、堤防险工险段等水利工程安全运行管理，加强工程日常巡查和安全监测，强化应急管理，同时严格落实水利工程管理区域的疫情防控措施。二是强化工程运行状况监管，对 1000 座大中型水库、1000 个堤防管理单位进行电话

抽查,密切跟踪全国 4038 处重要工程,分析研判部直属工程安全管理和运行状况,督导 82 处堤防水毁工程加快修复,实行日报告制度。三是根据水库蓄水情况和地方需求做好调度运用,切实保障生活用水、工业用水和农业灌溉的需要。通过细致深入的运行管理工作,实现了疫情期间全国水利工程安全状况良好,功能效益发挥正常,备汛工作有序推进,有力地保障了城乡居民的生活用水、复工复产的工业用水、春耕春灌的农业用水。

三、狠抓"三个责任人""三个重点环节"的落实,确保全国小型水库度汛安全

一是印发《小型水库防汛"三个责任人"履职手册(试行)》《小型水库防汛"三个重点环节"工作指南(试行)》,规范履职行为和工作要求。二是组织开展培训,录制培训视频,督促指导各地对各类责任人进行线上、线下培训,加强实操演练,保证有效管用。三是建设全国水库运行管理信息系统网络培训平台,实行全过程动态管理,及时掌握培训进展,督促各地在汛前完成全员培训任务。四是强化督导检查,将《小型水库防汛"三个责任人"履职手册(试行)》《小型水库防汛"三个重点环节"工作指南(试行)》落实情况作为小型水库专项检查的重要内容,加大督查暗访力度,对进度滞后的进行通报、约谈。五是对山西等 11 个省开展"两个三"("三个责任人""三个重点环节")现场抽查,形成调查评估报告。据统计,2020 年全国共落实防汛"三个责任人" 17 万人,促进从"有名""有实"到"有能"的转变,"三个重点环节"基本落实,为小型水库安全度汛提供了保障。

四、深化小型水库管理体制改革,加强小型水库维修养护中央补助资金管理

一是督促各省加强深化小型水库管理体制改革样板县创建,对 52 个申报县开展全覆盖式现场评估。二是通过专家评审,确定 47 个国家级样板县名单,印发水利部公告公布。三是邀请中央主流媒体宣传报道改革经验和创新举措。四是加强小型水库维修养护中央补助资金管理,开展现场调研督导。五是督促各地制订小型水库维修养护定额标准和巡查管护人员补助定额

标准。通过样板县工作和加强资金管理，激发了各地改革创新的积极性，树立了新的改革标杆，提炼了区域集中管护、政府购买服务、"以大带小"等可复制、可推广的模式，成为深化小型水库管理体制改革的重要抓手。

五、研究制订强化运行管理的具体措施，严格落实水利工程运行管理制度

一是开展坝高小于 15 m 的小型水库大坝安全鉴定专题调研，深入了解存在的问题，研究提出加强水库大坝安全的鉴定意见和建议，编制《坝高小于 15 米的小（2）型水库大坝安全鉴定办法（试行）》。二是开展深化小型水库管理体制改革样板县现场调研和中西部地区小型水库管护模式调研，研究制订《创新小型水库管护机制的指导意见》。三是编制发布《水利行业反恐怖防范要求》，及时组织宣贯。四是组织南京水利科学研究院等单位开展新形势下水工程安全管理标准及对策研究工作，形成系列报告。五是落实水库大坝安全责任人，公布 2020 年度 681 座大型水库责任人名单，督促落实中小型水库大坝安全责任人。六是督促落实安全鉴定、降等与报废制度，全年共完成 2.3 万座水库安全鉴定，降等和报废小型水库 1739 座。七是落实水利工程安全度汛措施，汛前组织省级水行政主管部门开展水库安全状况全面排查，逐库明确病险水库限制运用措施和应急处置方案，严格实施控制运用。八是积极开展水利工程管理考核，持续推进水利工程划界工作。

六、持续推动运行管理信息化建设，夯实运行管理基础

一是开发全国水库运行管理信息系统，安全鉴定、降等报废等模块投入运行，加强大坝注册登记及相关信息管理。二是完善堤防、水闸基础信息数据库功能，实现与"水利一张图"对接，推动堤防、水闸信息登记工作常态化。三是组织各地开展水库基础信息核对工作，对水库基础信息、安全鉴定、病险水库度汛措施、降等报废等进行核对和填报；督促各单位做好堤防、水闸数据复核与填报入库。

七、深入开展水利工程专项检查，督促地方落实问题整改

一是积极配合监督司，制定检查方案，培训检查人员，派员参加现场

检查，认真做好小型水库、堤防、水闸专项检查工作。二是开展堤防、水闸管理情况调查，分析研判工程运行状况。三是利用整改通报、暗访检查、一省一单挂牌督办、现场复查等方式，持续督促各地落实问题整改，及时对各地更新的整改措施进行审核并跟踪督办，督促地方加快落实各项整改措施。截至 2020 年年底，2018 年、2019 年度小型水库问题整改率分别达到 94.9% 和 86.7%；2019 年水闸问题整改到位率为 78.5%，2020 年第一批整改到位率为 32.7%。

八、扎实做好水利扶贫工作

一是通过在分配小型水库维修养护中央补助资金时予以倾斜、加大对水利工程运行管理相关人员的培训力度、加强对水利工程运行管理工作的调研指导等方式，帮助贫困地区加强水利工程运行管理工作。二是做好定点扶贫万州工作，会同万州区委组织部举办万州扶贫基层干部培训班。三是做好援藏、援疆工作，小型水库防汛"两个三"培训实现对西藏自治区 99 座小型水库 249 个责任人、新疆维吾尔自治区 481 座小型水库 893 个责任人的培训全覆盖。四是继续开展支部共建，通过微信群与万州区长岭镇安溪村建立学习交流联动机制，积极协调黄河水利委员会、南京水利科学研究院等有关单位采购当地特产翠玉梨 1 万 kg 以上（销售额达 16 万元以上）。五是参加"一对一"水利扶贫工作监督检查，对湖北省黄冈市罗田县、孝感市孝昌县开展明察暗访，现场检查农村饮水安全工程 5 个、水库 3 座，入户调查 25 户，核实各级各类检查发现问题的整改落实情况。

2021 年，水利工程运行管理工作将继续以水利工程安全、高效、持久运行为目标，攻坚克难、啃硬骨头，改进思路、增添措施，深入推进水库除险加固和运行管护工作，切实提升水库安全管理水平，加快夯实堤防水闸运行管理基础，持续深化小型水库管理体制改革样板县创建，努力推动水利工程运行信息化、标准化管理，不断提升水利工程运行管护能力和水平。

韩　涵　刘兵超　执笔

阮利民　刘宝军　审核

安徽省定远县：创建小型水库管理体制改革"定远模式"

近年来，安徽省定远县深化小型水库管理体制改革，扎实推进小型水库管理体制改革样板县创建，在理顺管理体制、激活运行机制等方面坚持"打硬仗""破难题"，创建了可复制、可推广的"定远模式"。

坚持超前谋划，落实改革保障。定远县研究制定《定远县深化小型水库管理体制改革示范县创建工作实施方案》，明确目标任务，全面提速改革步伐。明确县级政府为小型水库工程管护的责任主体，乡镇人民政府履行小型水库属地管理职责，全面负责水库管护任务。选聘396名水库巡查管护人员，培训、考核合格后统一持证上岗。全县每年管护经费列入财政预算不低于1000万元，同时积极争取中央及省、市级小型水库管护经费，保障创建资金需求。

坚持问题导向，打好清障硬仗。针对小型水库历史欠账、大坝管理遗留问题较多而呈现的乱占、乱堆、乱建、乱设等现象，定远县积极动员，深入查找问题。利用广播、广告栏等各类宣传窗口加大对小型水库管护样板县创建的宣传力度。同时，全面排查问题，分门别类地建立台账和整改清单，明确整改责任和时限。结合病险水库除险加固、小流域水土保持治理、美丽乡村建设等工程的综合推进，进一步美化水库周边环境，使水库成为一道亮丽的风景线。

坚持机制创新，破解管护难题。定远县积极创新管护机制，先后出台《定远县小型水库管理体制改革创建工作绩效考核标准》等13项管理制度，全面实现小型水库监督有制度、管理有主体、养护有载体、责任有落实。使用"水库管家"手机APP，将全县所有中小型水库全部纳入"水库管家"APP管理，实现24小时全天候大坝枢纽监测全覆盖，可以自动累计巡查次数和存储信息，全面规范管理行为。此外，将小型水库雨水情自动测报系统建设作为增强小型水库运行管理和巡视检查的重要手段，率先实行小型水库监测预报预警全覆盖。创建定城、张桥、池河、藕塘、吴圩、炉桥六大片区管护模式，择优选择专业化管护公司，积极试点"以中带小"的水库管护模式，实现各水库管护到位。

坚持目标引领，深化"定远模式"。定远县坚持目标引领，积极落实经费保障机制，建立小型水库管护经费由管护主体筹措、上级财政补助、县级财政兜底的管护经费投入保障机制，实现小水库建设管护投入年年有保障。实施"河长制+小水库管理"，将小型水库管护纳入县乡两级河长制考核。对小水库巡查管护人员实行动态化管理，每年根据年终考核情况实行优胜劣汰的进退机制。同时，不定期对乡镇小水库管护工作开展效能督查，对进展滞后的单位实行"一次预警、两次通报、三次约谈"。

梅正龙　柏广烜　执笔

席　晶　李攀　审核

江西省修水县：专属"管家"养护 智慧平台监管

近年来，江苏省修水县深化小型水利工程管理体制改革，着力提升水利工程安全运行管理水平，坚持试点先行、分批推进，探索出小型水利工程管理"物业化、标准化、信息化、园林化"相融合的"四化"新模式。

水库有了专属"管家"

修水县共有国有公益性水库158座，水库数量多、分布广。过去存在人员不足、技术力量薄弱等问题，水库在管理养护、安全监管方面难以满足日常要求。

自2019年10月起，修水县水利局与江西省水利投资集团水库资产管理有限公司签订合作框架协议，委托其作为该县国有公益性水库工程物业化管理单位，依托集团专业技术优势和企业管理经验，协助当地人民政府开展水库工程的运行、巡查、管护工作，承担水库相关资产、资源的综合开发利用。截至2020年6月，已有53座中小型水库实施了物业化管理。

修水县水利局按照标准化管理要求，结合水库管理现状，先后制定了水库工程物业化管理系列制度，将工程日常巡查、绿化清洁、小金额维修、档案管理、资源开发等工作纳入管理并明确管护标准，实现了物业考核常态长效。

水库管理更"智慧"

"我们员工通过手机APP，可以实时查看水库水位、坝容坝貌等信息，方便高效地检查水库管理工作。"水库资产管理公司工作人员樊朝阳点开手机远程监控管理平台软件介绍。

修水县整合各类资源，加快推进"工程+物联感知监测体系"建设布局，积极推进水利工程安全监测、水雨情监测、水质监测、流量监测、视频监控、闸阀门控制等信息采集设施和信息化平台建设。不仅实现了全县水库及其他小型水利工程实时监管，还实现了水库主管部门与"三个责任人"对水利工程进行有效的监管，巡查工作变得更便捷、高效。

此外，通过与移动公司签署《5G+智慧水利战略合作框架协议》，借助其在网络建设、信息技术等方面的优势，依托水利产业基础，修水县正在打造"5G+"智慧水利应用示范县，助力智慧水利信息化产业转型升级，促进水利新业态、新模式、新服务发展。

美丽库区助力乡村振兴

整齐排列的园林绿植，平坦的草地，仿古景观亭……原本凌乱的库区现在成为村民休憩的好去处，红旗水库景观园林化赢得了当地村民的肯定。

推动乡村振兴发展，良好的水生态环境有着举足轻重的意义。修水县根据水库各自的特点，在不改变水库原有功能、不影响水库环境与安全的前提下，结合生态养殖、绿色旅游、美丽乡村建设等，充分发挥水库最大的综合效益，培育水库管理业务新的增长点。

吴　俊　马秋林　执笔
席　晶　李攀　审核

深入推进三峡工程管理工作高质量发展

水利部三峡工程管理司

2020 年，水利部以习近平新时代中国特色社会主义思想为指导，深入贯彻落实"节水优先、空间均衡、系统治理、两手发力"治水思路，着力于补齐三峡工程管理短板，强化监督管理，积极推进各项工作落实，取得了新的成效。

一、完成三峡工程整体竣工验收，加强三峡水库运行管理

坚持以习近平总书记关于推动长江经济带发展的重要讲话精神为指导，主动协调配合，认真做好三峡工程整体竣工验收各项工作，加强指导监督，有序开展三峡水库运行管理工作。

一是抓全面完成三峡工程整体竣工验收工作。按照国务院办公厅的要求，积极配合完备三峡工程整体竣工验收全部程序，认真落实三峡工程转入正常运行期的重点工作事项，推进构建三峡工程安全运行的长效机制，加强三峡工程运行相关重大问题的研究，持续开展三峡移民安稳致富工作，大力宣传三峡工程作为"大国重器"的地位与作用以及三峡工程建设运行过程中的感人事迹。2020 年 11 月 1 日，新华社刊发新闻通稿《"国之重器"三峡工程完成整体竣工验收》，公布了三峡工程整体竣工验收结论，舆论氛围良好，得到了社会广泛关注和正面评价。

二是抓三峡调度规程优化工作。组织开展三峡调度规程修编工作，印发了《三峡（正常运行期）—葛洲坝水利枢纽梯级调度规程》（2019 年修订版）。修订后的调度规程进一步优化了三峡枢纽工程调度方式，促进了科学管理，在 2020 年度汛期调度实践中取得了良好的应用效益。

三是抓三峡工程运行管理常态化建设。印发《水利部办公厅关于做好 2020 年三峡枢纽和库区安全度汛工作的通知》，强调要持续做好疫情防控，

统筹推进复工复产安全防范工作,细化落实汛期安全管控和监测措施。开展 2020 年度汛前安全专项巡查和蓄水安全专项巡查工作,对发现的问题提出整改意见,督促各地落实整改措施。组织三峡枢纽工程质量检查专家组对三峡枢纽工程运行安全及升船机通航运行等情况开展调研检查,对发现的问题督促相关责任单位落实整改,确保三峡工程运行安全。组织三峡工程泥沙专家组对长江中下游重点河段河势安全状况进行核查,指导加强崩岸治理及监测。

四是抓三峡工程运行管理科学化建设。组织 2019 年度三峡工程运行安全综合监测技术成果验收,编制《三峡工程运行安全综合监测系统 2020 年度实施方案》,进一步加强三峡工程运行安全综合监测系统运行管理,编制印发《三峡工程公报(2019 年)》。开展重大科技课题"优化三峡工程运行管理,保障长江流域水安全策略"研究,为三峡工程运行安全相关工作决策、实施管理等提供技术支撑。

二、加强部门配合协作,保障三峡工程综合效益全面发挥

2020 年汛期,长江流域发生持续性强降水,三峡水库出现 5 次洪峰超过 50000 m³/s 的编号洪水过程,尤其发生在 8 月 20 日前后的第 5 号洪水,洪峰流量达到 75000 m³/s,是三峡水库建成以来的最大入库洪峰,也是长江上游罕见的特大洪水。通过拦洪、削峰、错峰等方式充分发挥三峡工程的防洪作用,有效地减轻了长江中下游的防洪压力,避免了荆江、城陵矶地区分蓄洪区的运用,保障了人民的生命安全和财产安全。

一是科学精细开展防洪调度。以水利部最新批准的调度规程为依据,通过统筹上下游防洪形势,精细科学调度溪洛渡、向家坝等三峡以上水库群拦洪削峰,减轻三峡库尾防洪压力,降低重庆寸滩水位约 3 m,降低宜昌至莲花塘江段洪峰水位 2.0~4.0 m。在保障荆江及城陵矶地区防洪安全的情况下,进一步拓展以三峡水库为核心的上中游水库群防洪范围,兼顾了城陵矶以下武汉、鄱阳湖等地区的防洪安全。

二是统筹防洪和航运需求。在汛期大流量期间,三峡大坝上下游最多积压船舶达千余艘,最长待闸时间超过 20 天。水利部通过与航运部门、国

家电网有限公司等单位的密切沟通协商，组织开展了3次船舶疏散调度，支持重庆地区航油等运输，保障了急需物资供应，维护了社会稳定。

三是强化安全监测。组织有关单位持续开展三峡工程运行安全综合监测，对三峡枢纽运行安全、水文水资源及泥沙、水环境、水生态、水土保持、地质安全、库区经济社会、下游河道变化等进行动态监测，为各级管理部门和运行管理单位相关决策及时提供信息支持。

四是注重发挥综合效益。2020年年初在面对突如其来的新冠肺炎疫情的情况下，三峡工程充分发挥保供水、保供电、保通航等作用，积极支持湖北等省抗击疫情。在2020年汛期，三峡工程安全应对了建成运行以来的最大洪水，拦蓄洪水总量达254亿 m^3；三峡电站2020年共计发电1118亿 $kW \cdot h$，打破了单座水电站年发电量的世界纪录，成为世界上年度发电最多的电站；三峡船闸及升船机2020年过闸货运量共计1.37亿 t。

三、注重绩效和监督管理，高质量推进三峡后续工作

一是在创新方式上下气力。努力克服新冠肺炎疫情等重大不利影响，凝心聚力，创新方式，积极采取有效措施，狠抓工作落实，组织编制《三峡后续工作规划（2021—2025年）实施意见》并取得阶段性成果。创新因素法资金分配方式，采用按规划任务、政策倾斜、绩效3方面因素量化分配2020年度三峡后续工作专项资金，在绩效因素方面充分考虑湖北、重庆的基数占比，调动了库区落实规划目标、加强绩效管理的积极性。

二是在绩效管理上见实效。扎实推进3年滚动项目库建设，坚持目标引领、统筹谋划、问题导向、滚动推进、注重绩效的原则，开展2021—2023年度项目库编制和核备工作，其中移民安稳致富和促进库区经济社会发展类、库区生态环境建设与保护类项目专项资金总额占比约为79.7%，着力解决与三峡移民安稳致富、库区生态环境保护密切相关的问题。按照扎实做好"六稳"工作，全面落实"六保"任务的总体要求，督促各地三峡后续工作项目及资金安排落地见效，2020年度安排实施的项目可以促进4万名三峡移民就业增收，使64万人直接受益，保障31万人免受地灾威胁，三峡库区及长江中下游影响区生态环境修复和水安全保障得到进一步

加强。

三是在监督管理上强措施。综合运用明查暗访、内部审计、调研督导、警示约谈等方式，强化三峡后续工作监督管理，把"查、认、改、罚"措施落实到位，不断推动三峡后续工作项目和资金监督检查常态化。全年共开展暗访 13 次，专项检查督办 8 次，涉及 22 个区县、331 个项目，实现三峡后续工作规划实施区域（不含外迁）全覆盖；通过加强监督检查和督促问题整改，特别是对库区有关区县的 11 个项目进行警示约谈，各级管理部门政治站位和责任意识进一步提高，三峡后续工作专项资金结存率明显下降，三峡后续工作项目和专项资金管理进一步规范，促进了三峡后续工作高质量发展和专项资金效益的发挥。

四是在脱贫攻坚上下功夫。2020 年是脱贫攻坚收官之年，按照有关工作要求，努力克服疫情的不利影响，加强组织协调和工作督导，多次开展扶贫专项调研和督导检查，支持三峡后续资金开展水利行业倾斜支持工程建设，积极开展党建促脱贫帮扶工作，组织水利扶贫"一对一"监督检查，弥补了重庆市万州区水利等方面的一些短板，巩固了脱贫攻坚成果，全面完成了扶贫责任书和"八大工程"任务，为全面实施乡村振兴打下良好基础。

2021 年是"十四五"规划开局之年，水利部将坚持以习近平新时代中国特色社会主义思想为指导，以保障三峡工程运行安全为核心，深入分析三峡工程转入正常运行期的情况变化，加强三峡枢纽工程运行安全、三峡水库运行安全、三峡工程生态安全监督管理，聚焦三峡移民安稳致富和服务长江大保护，不断加大工作创新力度，高质量推进三峡后续工作取得新成效。

王 娟 执笔

罗元华 审核

专栏三十三

三峡工程完成整体竣工验收

水利部三峡工程管理司

2020年11月1日,国家发展改革委、水利部向社会公布,在党中央、国务院坚强领导下,在全国人民大力支持下,经过广大建设者不懈努力,三峡工程已经完成整体竣工验收全部程序。三峡工程整体竣工验收主要结论如下。

一是建设任务全部完成。国家批准的三峡工程初步设计建设任务已全部完成。三峡枢纽工程于2008年10月全部完工,汛末开始正常蓄水位175 m试验性蓄水。输变电工程于2011年全部建成投产,向华中、华东和广东电网送电。移民规划任务全面完成,共搬迁安置三峡移民131.03万人(含坝区征地移民1.39万人)。

二是工程质量总体优良。三峡工程建设质量满足规程规范和设计要求。自投入运行以来,三峡工程主要建筑物、机电系统及设备、金属结构设备状态良好,输变电工程运行安全稳定可靠,移民工程项目运行使用正常。

三是百万移民妥善安置。移民生产生活状况显著改善,移民迁建区地质环境总体安全,库区生态环境质量总体良好。三峡库区基础设施、公共服务设施实现跨越式发展,城乡面貌焕然一新,社会总体和谐稳定。

四是工程投资有效控制。三峡工程开创性采用了"静态控制、动态管理"的投资管理模式,工程建设资金管理总体规范,移民任务与移民资金包干政策执行良好,工程静态总投资严格控制在设计概算范围内,动态总投资控制在预测范围内。

五是工程运行管理机构落实。三峡集团公司、国家电网公司作为工程项目法人,分别负责枢纽工程、输变电工程运行管理。正常运行期三峡枢纽通航建筑物日常运行维护管理由交通运输部三峡通航管理局负责,并承担相应责任。

六是工程运行持续保持良好状态。三峡枢纽建筑物工作性态和设备运行正常,各项监测值均在设计范围内。三峡电站已连续多年实现2250万kW满负荷发电,五级船闸持续保持安全高效运行。输变电工程设备状态良好,生产运行持续稳定。

七是工程综合效益全面发挥。三峡工程按照批准的长江洪水调度方案和有关调度规程实施调度,防洪、发电、航运、水资源利用等综合效益全面发挥。在防洪方面,自蓄水至2020年年底,三峡水库累计拦洪总量超过1800亿 m^3。2010年、2012年、2020年入库最大洪峰均超过70000 m^3/s,经过水库拦蓄,削减洪峰约40%,极大减轻了长江中下游防洪压力,大幅度降低了防汛风险和成本。在发电方面,截至2020年年底,三峡电站已累计发电13992亿 $kW \cdot h$,已成为我国重要的大型清洁能源生产基地,为优化能源结构、维护电网安全稳定运行、实现全国电网互联互通、促进节能减排等发挥了重要作用。在航运方面,三峡工程显著改善了长江中游浅滩河段的航道条件,促进了上游航道网建设。三峡船闸自2003年6月试通航至2020年年底,累计过闸货运量达15.38亿t,有力推动了长江经济带快速发展。在水资源利用方面,三峡水库已成为我国重要的战略性淡水资源库,自2003年蓄水至2020年年底,三峡水库为长江中下游补水2267天,补水总量2894亿 m^3,不仅增加了长江干流航道水深,提升了通航能力,还显著改善了长江中下游地区生产、生活和生态用水条件。

苏　莉　执笔

张云昌　审核

三峡后续工作推进要点

水利部三峡工程管理司

2020 年，面对新冠肺炎疫情和洪涝灾害的双重冲击，三峡后续工作紧紧围绕移民安稳致富，着力支持解决三峡移民安置区的实际困难和问题，加强生态环境保护和地质灾害防治，支持三峡库区脱贫攻坚和抗击疫情，共投入中央财政资金 83.65 亿元，在服务"六稳""六保"、助力脱贫攻坚中发挥了巨大的作用，推动规划实施质量实现新的提升，监督管理取得新的成效。

一是规划实施质量全面提升。全年共落实三峡后续投资 83.65 亿元，较上年度增加 35.24%。组织编制三峡后续工作规划（2021—2025 年）实施意见并取得阶段性成果，为三峡后续工作提档升级提供了依据。坚持目标引领、统筹谋划、问题导向、滚动推进、注重绩效的原则，开展 2021—2023 年度项目库编制和核备工作，其中移民安稳致富和促进库区经济社会发展类、库区生态环境建设与保护类项目专项资金总额占 79.7%，着力解决与三峡移民安稳致富、库区生态环境保护密切相关的问题。创新因素法资金分配方式，将绩效因素作为向库区省（直辖市）分配资金的重要依据，调动了库区落实规划目标、加强绩效管理的积极性。通过按月监测、进点督导、座谈约谈等措施，多措并举推进项目进度，2020 年度预算项目开工率达 96%。

二是服务"六稳""六保"和助力脱贫攻坚效果显著。鉴于湖北省受疫情影响深、损失大的实际情况，倾斜支持湖北省 5 亿元，用于疫情影响的重大急需项目和民生项目。围绕脱贫攻坚目标，依托三峡后续农村移民安置区精准帮扶、农村居民点环境改善、农村对外交通、农田灌溉等相关项目，积极助力三峡库区脱贫攻坚，共投入扶贫资金 32.89 亿元，购买公益性岗位 1.04 万个，促进 4 万名三峡移民就业增收，64 万人直接受益。投入 13.6 亿元用于加强库区地质灾害防治和处理中下游重点区段影响，实施项目 133 个，保障 31 万人居住区域的地质安全，治理中下游地区护岸 58.97 km，三峡库区及长江中下游影响区生态环境修复和水安全保障得到进一步加强。

三是项目和资金监管成效明显。将项目申报和审核信息纳入三峡工程综合管理信息平台，提高了项目管理效率。综合运用明查暗访、内部审计调查、调研督导、警示约谈等方式，强化三峡后续工作监督管理，全年共开展 13 次暗访行动和 8 次专项检查督办，对有关省市的 22 个县（区）项目开展内部审计调查，督促各地对形成的问题清单彻底整改并加强追责问责，把"查、认、改、罚"监管措施切实落到实处，各类项目建设程序进一步规范，质量安全和成效得到提升。

何林应　执笔

任骁军　审核

三峡水库连续 11 年实现 175m 蓄水

水利部三峡工程管理司

三峡水库于 2003 年 6 月下闸蓄水,在成功实现 135m、156m 阶段性蓄水目标后,按照"安全、科学、稳妥、渐进"的原则,2008 年汛后启动 175m 试验性蓄水,2008 年 9 月 28 日从 145.27m 起蓄,最终蓄水至 172.80m。2009 年,三峡水库从 145.87m 起蓄,由于蓄水期间上游来水偏枯和下游严重干旱,最终蓄水至 171.04m,未能实现 175m 的蓄水目标。

为了成功实现 175m 蓄满目标,三峡集团组织国内一流科研院所深入开展汛期洪水分期等相关研究。基于相关研究成果,采取试验运行的方式,从 2010 年起,三峡水库起蓄时间逐步提前至 9 月 10 日,在不影响对下游防洪作用的前提下,适当拉长了蓄水时间,在提高水库蓄满率的同时,极大地缓解了对下游的影响。2020 年 10 月 28 日 14 时,三峡水库坝前水位达到 175m,标志着三峡水库已连续 11 年成功实现 175m 试验性蓄水目标,防洪、发电、航运和水资源利用等综合效益持续全面发挥。

回顾三峡水库多年蓄水历程可以发现,三峡水库承接前期防洪运用水位,一般于 9 月 10 日开始蓄水,平均起蓄水位 154.76m,10 月底基本能够蓄满水库。三峡水库 9 月、10 月平均下泄流量分别为 18700 m³/s 和 13000 m³/s,远远大于调度规程规定的 1000 m³/s 和 8000 m³/s 的最低下泄流量标准,有力地保障了蓄水期长江中下游的用水需求。2008—2020 年三峡水库 175m 试验性蓄水情况见表 1。

三峡水库连续 11 年蓄水至 175m,有利于充分发挥三峡工程枯水期的供水保障能力,使其成为名副其实的国家淡水资源库。主要体现在:一是向下游补水。2010—2020 年,三峡水库 1—4 月多年平均下泄流量约为 7300 m³/s,相比多年平均入库流量增加约 1100 m³/s,增幅 15% 以上。自

2010 年至 2020 年,三峡水库累计为下游补水超过 1700 天,补水总量超过 2400 亿 m³。二是改善航运条件。在蓄水后,三峡库区干流航道等级由建库前的Ⅲ级航道提高为Ⅰ级航道,平均增加葛洲坝下游庙嘴通航水深约 1 m。三是充分发挥水资源利用效益。每年 5—6 月对下泄流量进行调控,近 10 年共开展了 14 次生态调度试验,有力促进了鱼类繁殖;当突发水环境、水安全事件或海事危机时,可对下泄流量进行应急调控,有效抑制上海长江口的咸潮入侵。三峡水库 2010—2020 年补水情况见表 2。

表 1　　　　　　2008—2020 年三峡水库 175 m 试验性蓄水情况

年份	起蓄时间	起蓄水位 /m	蓄水期平均下泄流量/(m³/s)	
			9 月	10 月
2008	9 月 28 日	145.27	22000	11600
2009	9 月 15 日	145.87	14600	8500
2010	9 月 10 日	160.20	20900	9640
2011	9 月 10 日	152.24	13600	8200
2012	9 月 10 日	158.92	18900	14500
2013	9 月 10 日	156.69	15300	8000
2014	9 月 15 日	164.63	31000	13900
2015	9 月 10 日	156.01	20400	12900
2016	9 月 10 日	145.96	10300	9350
2017	9 月 10 日	153.50	17800	20300
2018	9 月 10 日	152.63	15300	14900
2019	9 月 10 日	146.73	15200	13700
2020	9 月 10 日	154.83	27500	18400

表 2　　　　　　三峡水库 2010—2020 年补水情况

年份	补水量/亿 m³	补水天数/d	1—4 月庙嘴最低水位/m
2010—2011	243.3	194	39.02
2011—2012	261.4	181	39.29
2012—2013	254.1	178	39.24
2013—2014	252.8	182	39.21
2014—2015	259.8	171	39.18
2015—2016	217.6	170	39.39

续表

年份	补水量/亿 m³	补水天数/d	1—4月庙嘴最低水位/m
2016—2017	232.9	177	39.37
2017—2018	226.7	172	39.33
2018—2019	233.1	153	39.55
2019—2020	229.2	164	39.36

蒋　杰　执笔

万志勇　审核

南水北调工程运行管理工作成效

水利部南水北调工程管理司

自南水北调东、中线一期工程分别建成通水以来，工程安全运行监管体系逐步健全，实现三级管理机构监管全覆盖。工程水量调度管理工作规范、高效，工程运行管理标准化、规范化建设稳步推进提升，南水北调工程供水安全、工程安全总体可控。工程受水区直接受益人口超过 1.2 亿人，北京、天津、河北、江苏、山东、河南等省（直辖市）缺水情况得到极大的缓解，同时中线一期工程为京津冀协同发展、雄安新区建设等重大国家战略实施提供了可靠的水资源保障。南水北调工程已经成为北方受水区的"生命线"。

一、2020 年工作成效

（一）2019—2020 年度水量调度和生态补水工作

实现东线建设和调水双保障。统筹考虑东线北延应急供水工程等多项工程建设任务的影响，实时动态调整水量调度方案，科学实施水量调度，东线一期工程较计划提前 1 个月完成年度向山东调水 7.03 亿 m^3 的任务，为东线北延应急供水工程建设抢出了施工的黄金时段，实现了工程建设与年度调水双保障。

生态补水成效显著。统筹考虑丹江口水库水情及华北地区地下水超采综合治理补水需求，组织有关单位利用丹江口水库汛前消落有利时机，扩大生态补水范围至 17 条河段，加大生态补水流量，补水流量最高达到 151 m^3/s，为南水北调中线向华北地区生态补水历史上的最大值。截至 2020 年 10 月 31 日，生态补水量为 24.03 亿 m^3（其中河南省 5.99 亿 m^3、河北省 17.32 亿 m^3、天津市 0.72 亿 m^3），完成华北地区地下水补水任务的 136.9%。通过实施生态补水，河北省滏阳河、滹沱河、七里河等 13 条河流保持常流水,有效缓解了海河流域"有河皆干、有水皆污"的困局,特别是邢台市七里河下游的狗头泉、百泉干涸了18年,2020年实现了稳定复涌;生态补水恢复了河道基流,形成有水河段长度超过1200km。

成功实施420 m³/s加大设计流量输水。2020年4月29日至6月20日,中线工程实施了首次420 m³/s加大设计流量输水,沿线共21个重要断面通过加大流量检验,整个过程历时53天,累计输水19亿m³,其中向沿线39条河流生态补水近10亿m³。此后又继续加大设计流量为北方供水至7月底,有力地证明了中线工程质量可靠,运行安全可控。此次加大流量输水工作是对工程输水能力的一次重大检验,为工程验收及常态化大流量输水运行提供了有力依据。

中线一期工程运行6年即达效。截至2020年10月31日,中线一期工程年度正常供水62.25亿m³、完成年度计划的103.2%;年度累计供水86.22亿m³,超过中线工程规划多年平均供水规模,标志着中线工程运行6年即达效,为优化水资源配置、保障群众饮水安全、复苏河湖生态环境、畅通南北经济循环作出了突出贡献。

(二)持续推进南水北调工程安全运行监督和尾工建设工作

重点强化安全运行管理顶层设计。高效构建了工程安全运行层级化监管体系。完善安全运行周视频会议制度,建立健全问题台账、信息报送和共享等机制。创新开展"视频飞检"与现场飞检相结合的监管方式,疫情期间化危为机,确保监管力度不减。创新召开分片区监管座谈会,组织各有关监管部门针对各自监管片区工程的特点研究改进安全运行管理体制、机制问题。首次实施跨区域的联合、交叉飞检,互补互促,相互借鉴,共同提升监管水平和监管效能。

精细化提升安全运行管理水平。发文督促做好疫情防控关键阶段以及"五一""两会""大流量输水期间""中秋国庆双节期间"等重要时段安全生产管理加固工作,夯实安全生产主体责任,强化安全生产责任意识。以年度运行安全督办事项及重点工作为抓手,有序推动东中线重要建筑物和要害部位的风险评价、防范措施制定和落实以及中线干线工程年度安全评估工作等,确保工程安全隐患及风险排查和整改到位。针对2020年多发流域性洪水叠加疫情防控等复杂防汛形势,研究印发了《关于切实做好2020年度南水北调工程防汛管理和超标洪水防御工作的通知》等10余项文件,多次组织召开会议传达部领导防汛指示精神和工作要求,夯实各方防汛责任,明确时间节点,限时落实各项防汛措施准备。

以问题台账为抓手监管。对运行管理单位开展全方位安全运行及防汛检查,实施"清单式"防汛监管,发挥层级化安全监管工作体系监管作用,实现三级管理机构监管全覆盖。组织各级监管机构分别对东、中线一期工程累计开展各项检查408次,涉及84个运行管理处。东、中线工程各级管理机构检查覆盖率达100%。持续坚持"以问题为导向、以整改为目标、以问责为抓手",对工程安全运行监管发现的各类问题,印发整改通知,督促举一反三整改落实,加大整改力度,坚持"整改不完成绝不放过、整改不达标绝不放过",确保监管工作见实效。

强力推动东、中线一期工程尾工建设。明确尾工建设节点目标和责任单位,按部督办事项要求实施建设目标及投资完成情况月度"双考核",部分项目采用超常规特殊程序办理相关手续。对照2020年设定的尾工项目年度计划目标,8项尾工项目均已完成,其中2项全部完成,其余6项按计划推进。

二、下一步工作重点

围绕把南水北调建设成为"优化水资源配置、保障群众饮水安全、复苏河湖生态环境、畅通南北经济循环的生命线"这个目标定位,按照全国水利工作会议部署和安排,继续担当调水为民使命,强化责任落实,狠抓安全管理精细化、水量调度精准化、运行管理标准化,切实做好水资源优化配置,确保工程安全平稳运行,保障受水区群众饮水安全,确保生态补水任务圆满完成,努力实现供水效益和生态效益双提升。

努力保障年度水量调度工作顺利实施。一是加强水量调度监督管理,全力完成2020—2021年度东线向山东省调水6.74亿 m³、中线向京津冀豫4省(直辖市)供水65.79亿 m³的计划任务,确保东中线一期工程供水安全。二是研究提高水情分析研判能力工作措施,充分利用汛前消落期、汛期丹江口水库富余水量，争取向北方多供水。三是强化南水北调工程沿线水质保护和安全风险防范，加强水质保障应急能力建设，组织开展水质等突发公共事件应急演练，督促做好水质监测信息共享。

全力做好生态补水相关工作。一是做好2021年度华北地区地下水生态回补工作，全力完成年度生态补水任务。二是加强南水北调工程生态补水机制研究，妥善处理好正常供水与生态补水之间的关系，提高工程管理效率，充分发挥工程生态效益。三是着力构建东线北延应急供水常态化实施的长效机制，研究印发东线一期北延应急供水水量调度方案，推动东线一期北延应急供水水量调度计划编制工作，保障应急供水的顺利实施。

丰富运管手段强化监管力度。一是坚持以运行安全监管周例会为抓手，以"视频飞检"为突破口，推进安全监管方式创新和技术进步的工作思路，常态实施"视频飞检"与常规飞检相结合的长效监管工作机制。二是统筹组织各级监管力量，增加水质安全和安全风险防范措施落实监管内容，通过加大加密联合检查和自查、专题专项检查、东中线交叉互查、整改问题复查等措施，形成层次分明、上下联动、紧密协作、共同推进的工作格局。三是推动中线干线工程年度安全评估、东中线重要建筑物和要害部位安全风险管控工作常态化，加强运行安全监督检查。四是推动学习交流，有序推动安全标准化达标创建和运行管理标准化、规范化建设。

积极推动尾工建设进展。按照中央领导同志的指示和南水北调后续工程工作会议的要求，做好东线二期、引江补汉、中线在线调蓄等后续工程前期工作，根据南水北调后续工程前期工作进展，协调项目法人做好工程开工准备。全力推动南水北调东、中线一期工程尾工建设，力争在相应设计单元完工验收前建设完成。

杨乐乐　张中流　执笔

袁其田　审核

专栏三十六

南水北调中线工程超额完成年度调水计划

水利部南水北调工程管理司

截至 2020 年 10 月 31 日，南水北调中线工程超额完成年度水量调度计划，向北京、天津、河北、河南 4 省（直辖市）供水 86.22 亿 m³，超过中线一期工程规划多年平均供水规模，标志着中线一期工程运行 6 年即达效。其中正常供水 62.19 亿 m³，完成年度计划的 103.1%；生态补水 24.03 亿 m³（其中河南省 5.99 亿 m³、河北省 17.32 亿 m³、天津市 0.72 亿 m³），完成生态补水任务的 182.3%。作为沿线 20 多座大中城市 100 多个县市的供水生命线，南水北调中线工程为企业复工复产提供了重要保障。

首次开展运行安全信息化监管。为了克服新冠肺炎疫情的影响，自 2020 年 2 月起，采取视频飞检和现场飞检相结合的检查方式，实现南水北调中线三级管理机构监管全覆盖，确保监管高压不减。创新开展水量调度及运行安全监管周视频例会制度，保障工作信息沟通顺畅。确保在新冠肺炎疫情防控期间水量调度管理工作规范、动态、高效、有序展开，保障了沿线受水区 6000 万群众的用水安全。

首次超过规划多年平均供水规模。自通水以来，通过科学调度、精细化管理，中线供水实现了"六连升"，从第一年的 18.66 亿 m³ 跃升到 2019—2020 年度的 86.22 亿 m³，超过中线一期工程规划多年平均供水规模（中线一期工程规划多年平均供水量为 85.4 亿 m³，对应陶岔渠首入渠水量为 95 亿 m³），标志着中线一期工程运行 6 年来首次达效，为优化水资源配置、保障群众饮水安全、复苏河湖生态环境、畅通南北经济循环作出了重要贡献。

首次实现 420m³/s 加大设计流量输水。2020 年 4 月 29 日至 6 月 20 日，中线工程实施了首次 420m³/s 加大设计流量输水，工程沿线共 21 个重要断面通过加大流量检验，验证了南水北调中线输水能力及加大流量的运行状况，为工程验收及常态化大流量输水运行提供了有力依据，也是优化水资源配置、提升生态文明建设水平的一次重要实践。

南水北调中线一期工程自 2014 年 12 月 12 日通水以来，直接受益人口超过 6000 万，由原规划的补充水源逐步成为沿线城市生活用水的重要水源，从根本上改变了受水区的供水格局，北京、天津、河北、河南等省（直辖市）缺水情况得到极大的缓解。中线工程快速达效证明了南水北调工程已经成为实现我国水资源优化配置、促进经济社会可持续发展、推进生态文明建设的重大战略性基础设施，也充分检验了工程质量及运行管理水平，为京津冀协同发展、雄安新区建设等重大国家战略的实施提供了可靠的水资源保障，为做好"六稳"工作、落实"六保"任务提供了坚实的水资源支撑。

杨乐乐　孙　畅　执笔

袁其田　审核

南水北调东线与大运河联袂打造绿色生态长廊

水利部南水北调工程管理司

古老的大运河流淌着千年的绿脉。京杭大运河历经 2500 余年，全长 1794 km，为世界上里程最长、工程最大、最古老的运河之一，是集遗产廊道、交通廊道、清水廊道和生态廊道于一体的古代水利之最。

活力调水描绘着新时代的绿廊。源起扬州的南水北调东线工程是在京杭大运河的基础上拓宽、疏浚、治理而成的，是新时代的大运河。作为构建我国"四横三纵、南北调配、东西互济"水资源配置总体格局的重要"一纵"，东线工程在助力优化我国水资源配置格局的同时，肩负着重现运河风貌、重建绿色生态长廊的使命。进入新时代，南水北调东线与大运河联袂打造绿色生态长廊，古老的大运河重焕生机。

生态是运河的生命。大运河沿线 8 省（直辖市）坚持生态优先，推进滨河生态屏障建设，大力实施大运河沿岸国土绿化，开展大运河沿岸植被恢复和防护林建设；推进滨水生态空间建设，拓展绿色生态空间，加强自然公园体系建设；开展国土综合整治，加强重点区域生态修复；建设公共绿地与景观廊道，构建高质量运河生态绿地，优化滨河景观廊道。近年来，扬州江淮生态大走廊、沧州大运河绿色生态廊道等工程的规划和建设，为运河保护、传承和利用提供有力的生态保障，同时确保了一江清水北送。

南水北调东线工程助力大运河沿线生态环境保护改善。工程管理单位和沿线地方政府以习近平生态文明思想为指导，深入践行"绿水青山就是金山银山"的理念，认真贯彻落实"先节水后调水、先治污后通水、先环保后用水"的原则，持之以恒地开展水源区绿色生态保护工作。以生态修复为载体，遵循水体、绿化、城市、乡村相互融合渗透的发展模式，建设南水北调东线绿色生态屏障，形成"以水养绿，以绿带水"的完整生态系统。以水源保护为核心，以"集中成片、成网连带"的绿化方式完善输水渠两岸绿色廊道，确保水源安全，实现"地绿水净、美好家园"的目标。在城市区域，以生态景观为导向，深挖区域景观特点，建设多样性的植物景观，改善人居环境，拓展休闲空间，倡导健康生活理念。打造一条承载绿色的生活风光带、一处体验休闲的健康示范区、一张南水北调的惠民生态名片。

南水北调东线一期工程自 2013 年 11 月通水以来已平稳运行超过 2600天，累计调水量超过 47 亿 m^3，水质稳定保持在Ⅲ类及以上，直接受益人口达 6900 多万，增加排涝面积 7000 多 km^2。东线二期工程将补充北京、天津、河北、山东及安徽等输水沿线省（直辖市）生活生产和生态环境用水。随着长江水源源不断地流向缺水的北方地区，工程社会效益、经济效益和生态效益将进一步发挥，南水北调东线这条"黄金水道"将发挥更加不可替代的重要作用。

古老运河走入新时代，南水北调谋划新蓝图。站在"两个一百年"奋斗目标的历史交汇点上，南水北调东线工程将继续联袂大运河，持续打造生态美、生产美、生活美、人文美的世界级绿色生态长廊。

袁凯凯　汪博浩　执笔

袁其田　审核

水利监督篇

坚持政治导向 强化政务督办
全力保障水利改革发展重点任务落实落地

水利部办公厅

2020年，水利部政务督办工作深入贯彻党中央关于加强督促检查、抓好工作落实的精神，围绕落实部党组关于"督办工作要越来越严格、规范、精细、准确"的要求，坚持政治导向、问题导向和结果导向，进一步完善制度、改进方式、提升水平，有力地保障了水利改革发展大事、要事、难事落实落地，促进了部风、行风向实向好转变。

一、坚持政治导向，打造践行"两个维护"的有力抓手

水利部督办工作坚持把讲政治放在第一位，始终将抓紧抓实习近平总书记重要指示批示和党中央重大决策部署的贯彻落实作为重中之重。一是加强制度建设。按照水利部党组关于"深度贯彻落实"和"长期贯彻落实"的要求，修订印发《习近平总书记重要指示批示贯彻落实办法》，建立水利部党组、承办司局、办公厅、监督司各负其责的责任链条，形成传达学习、研究部署、立项督办、办理落实、限期报告、延伸办理、回访核查的工作闭环。二是强化督促落实。建立习近平总书记重要指示批示贯彻落实工作台账，明确专人盯办，定期调度办理进展；把习近平总书记重要指示批示全部纳入水利部督办考核事项进行管理，压实落实责任，加强督促检查，确保事事有着落、件件有回音。三是认真开展"回头看"。按照中央部署要求，对习近平总书记2019年作出的以及往年作出的需要长期贯彻落实的重要指示批示的贯彻落实情况深入开展自查自纠，选取9项进行现场回访核查，确保办理结果经得起检验。此外，围绕贯彻落实习近平总书记"3·14"重要讲话精神提档升级，明确56项任务；围绕贯彻落实习近平总书记"9·18""1·03"重要讲话精神，明确39项督办事项，通过

台账管理和督办管理相结合，加强定期调度和跟踪督促，统筹推进了习近平总书记关于水利工作重要讲话精神落到实处。

二、坚持严格规范，完善抓工作落实的制度保障

在 2019 年督办工作实践的基础上，坚持问题导向，围绕"督什么更务实、谁来督更可靠、怎么督更管用、结果怎么用更科学"，修订印发了《水利部督办工作管理办法》《水利部督办考核事项初评办法》。在督办事项分类上，将以往考核、非考核两类督办事项进一步细化为重点考核、一般考核、非考核事项三类督办事项，使分类更加清晰、重点更加突出。在督办立项上，明确提出"找准定位—理清工作思路—确定重点工作—提出支撑事项—选取大事要事难事"五步工作法，进一步细化了立项要求、规范了立项程序，完善了督办事项调整审批程序。在过程检查上，由水利部监督司对考核事项办理过程、办理时效和完成质量进行把关，对重点考核事项按计划节点密切跟踪办理情况，选取重中之重事项，强化过程检查和现场复核。初评结果作为督办考核事项考核的重要参考。在考核与评价上，将以往考核事项结果等次"优秀""办结""未办结"三档调整为"优秀""良好""办结""未办结"四档，完善各等次确定规则，使督办事项考核结果的区分度得到更好的体现。

三、坚持真督实考，推动水利改革发展重点任务落实落地

坚持把督办工作作为一项系统工程，以《水利部督办工作管理办法》《水利部督办考核事项初评办法》为依据，严格立项、催办提醒、过程检查、考核评价、结果应用全链条管理。2020 年，聚焦事关水利改革发展的大事、要事、难事，确定督办事项 1077 项，其中重点考核事项 141 项、一般考核事项 200 项、非考核事项 736 项，既做到了应督尽督、不留盲区，又做到了突出重点、抓牢关键。督办事项办理完成后，非考核事项经分管部领导审签把关；考核事项通过考核会进行集中考核，先由各主办单位依序逐项汇报督办事项办理情况，再由监督司陈述初评意见，最后由包括部领导、总师、驻部纪检监察组负责同志、部机关各司局一把手在内的考核

人员进行现场投票。考核结果在下一次考核会由部长进行通报，在政务内网和《督办工作季报》上公开。通过集中考核和结果公开，让各主办单位督办事项办理情况公开亮相、接受评价，真正起到了经常性红红脸、出出汗的效果，也达到了加强交流、促进工作的目的。以督办为抓手，通过督进度、查质量，推动各司局各直属单位理清了工作思路，明确了工作目标，强化了责任担当，提高了工作效率，有力地保障了党中央、国务院重大决策部署、中央领导同志重要指示批示以及水利重点工作落实落地。

四、坚持奖惩分明，促进整个行业风气向实向好

积极探索在干部考核、评先奖优、问责追责中运用督办考核结果的方式方法，对抓落实工作成绩突出、成效显著的单位和个人予以奖励；对敷衍塞责、落实不力的单位和个人予以惩罚；情节严重的，予以严肃追责，有效发挥督办的"指挥棒"作用。《水利部年度考核办法（试行）》明确督办考核结果在年度考核成绩中占30%的比重，凡年度督办事项中有1项考核评价为"未办结"的取消评优资格。通过督办考核结果真正落地见响，让抓工作落实紧与不紧、实与不实真正体现出差别来，有效地传导了压力，营造了崇尚实干的事业氛围，引导部风、行风真正实起来、严起来、强起来。

张利达　执笔

姜成山　审核

水利部 12314 监督举报服务平台上线并发挥重要作用

水利部办公厅　水利部信息中心

2020 年 1 月 1 日，水利部 12314 监督举报服务平台上线运行，通过 12314 热线电话、水利部网站和中国水利微信公众号，面向社会征集水利部职责范围内的涉水问题线索，开辟了一号对外、直面群众的水利监管新渠道。按照水利部党组的要求，各级水利部门齐抓共管、实抓盯办，扎实做好宣传推广和"接、转、办、查"等各环节工作，广开言路、问需于民，推动解决了一批群众身边的水问题，实现了良好开局。

一、广而告之，让平台家喻户晓

水利部领导以及有关司局负责同志通过世界水日署名文章、农村饮水安全脱贫攻坚新闻发布会、"2020 年两会特别节目"《央广会客厅》、国务院联防联控机制新闻发布会及现场调研等宣传推介 12314 平台。水利部组织在全国发送 12314 宣传短信 11 亿条。各地水利部门在官网、官微等加挂 12314 链接，在 54 万个河湖长公示牌标识 12314 电话，在农村水厂、村委会等场所广泛张贴宣传海报和发放农村饮水安全明白卡 1200 多万张。2020 年水利部 12314 监督举报服务平台接到群众各类举报问题线索 57000 多条，百度搜索"水利部 12314 平台"相关链接达 40 多万个，反映出 12314 已走进千家万户，具有一定的社会知名度和影响力。

二、完善机制，让平台好用管用

各级水利部门坚持边运行边完善，既抓前台建设，又抓后台管理。水利部研究制定了举报问题受理办理制度和重点领域受理办理工作规范，划清平台、部司局、地方三方责任边界，确定了平台直接回复、转交地方办理、部司局组织核查三类事项，形成一整套切实可行的制度规范。水利部将12314问题线索作为农村饮水安全、农田水利"最后一公里""一对一"水利扶贫监督检查等暗访督查的重要内容，将举报集中地区作为监督重点，对重点问题开展现场核查。各地水利部门初步形成了省市督办、县乡主办、台账管理、滚动销号、定期通报、现场回访、按时反馈的工作机制，确保留言有人办、线索有人查、问题有人管、事事有回应。12314平台着力提升规范化和便捷性，升级拓展系统功能，实现了举报问题部省之间全流程线上办理。平台坐席人员满负荷开展工作，不断提升高效接听、精准分办、回访调查水平，目前平台来电接通率基本稳定在90%左右。

三、狠抓查办，让平台有名有实

水利部通过采取定期通报、重点约谈、实地核查、直接查办等方式，加大有效举报问题督办力度。各级水利部门对12314平台转办问题高度重视，认真开展核查办理工作，上下联动、立查立改，挂单销号、明码结账，向群众做好政策解读和解疑释惑工作，切实提高办理质量和群众满意度。截至2020年12月31日，12314平台共接到有效涉水举报问题线索9429条。水利部直接处理答复7965件，转交地方办理1464件，已办结1413件，办结率为96.5%，按时办结率为94.3%，回访满意率为86.8%。

一年来，12314平台聚焦人民群众身边的操心事、烦心事、揪心事，推动解决了一批农村供水、河湖"四乱"等问题，彰显了水利部门以人民为中心、以问题为导向的工作理念，拉近了水利部门与老百姓的距离，发挥了发现问题、防范风险、服务决策的多重作用。

孟令广　郑　策　执笔

姜成山　审核

水利监督工作综述

水利部监督司

2020 年，水利监督工作努力克服新冠肺炎疫情的影响，优化统筹安排，完善体系，紧盯风险，强化培训，推动建立省级监督体系，开展一系列重点领域监督检查，大力营造加强行业监督的氛围，推进水利监督工作取得实效、形成态势，实现在平稳起步的基础上提档加速。

一、2020 年水利监督工作进展和成效

（一）监督体系基本建立

部级监督体系基本建立，"2+N"监督制度加快出台，修订更新 9 项问题清单，累计印发 22 项制度，研究拟定加强水利监督工作的指导意见并计划推出，水利督查平台功能更加完善，基本满足日常监督工作的需要。

省级监督体系初步成型，31 个省级水行政主管部门及新疆生产建设兵团均已成立督查工作领导小组，设置了监督职能部门，结合本地区工作实际研究制定了监督制度，多数组建了水利督查队伍并开展监督业务培训，推进监督信息化建设相关工作。在部本级和流域管理机构的监督工作示范引领下，省级监督工作逐步开展起来。

（二）监督工作全面推进

一是全面开展水资源管理监督检查。组织开展水资源管理和节约用水、取用水管理专项整治行动两项全国性监督检查，全年共抽取 812 个取水口和 800 个重点用水单位开展水资源管理和节约用水督查，对 10504 个取水口开展取用水管理专项整治行动监督检查，同步推动摸清取水口底数。开展华北地区地下水超采综合治理情况监督检查，对京津冀地区 21 条（个）河湖的生态补水情况和河北省部分地市的 177 口地下水关停机井进

行现场暗访，督促完成华北地区生态补水任务。

二是深入开展河湖管理专项检查。对内蒙古自治区全境及广西壮族自治区西江开展进驻式河湖管理暗访督查，涉及 196 个乡镇。组织开展河湖暗访，共检查 7380 个河流（河段）和 1784 个湖泊（湖片），覆盖全国 31 个省（自治区、直辖市）的所有设区市和流域面积 1000 km² 以上河流、水面面积 1 km² 以上湖泊（除无人区外）。同时对 2019 年督查发现的问题进行复查，助推河湖面貌不断改善。

三是紧盯风险开展防汛督查。紧盯超标洪水、水库、山洪灾害"三大风险"，组织开展水毁项目修复、水库防洪调度和汛限水位执行、淤地坝安全运行、超标洪水防御预案编制、堤防工程险工险段安全运行、山洪灾害防御、水旱灾害应对情况等监督检查，配合开展水文测站安全度汛检查工作，推动省级水行政主管部门同步开展相关监督检查。检查了 263 个未完工的水毁修复项目和 71 个已完成修复项目；暗访了 1063 座大中型水库、21 座淤地坝；完成了 131 个超标洪水防御预案编制情况督查；随机抽选 1003 段、总长度 1646 km 的堤防险工险段开展专项检查；对 106 个县（区）的山洪灾害多发易发区域开展山洪灾害防御暗访；针对 12 省（自治区、直辖市）防汛应对情况及水库垮坝、堤防决口、山洪灾害等水灾害突发事件处置开展水旱灾害应对监督检查；对长江流域的湖北等 5 省开展防汛检查。督促地方及时整改问题，有力地保障了安全度汛。

四是高质量完成小型水利工程运行监督检查。选取全国范围内 6820 座小型水库、4213 座水闸工程开展安全运行专项检查，超额完成年度工作计划，督促及时整改问题，消除运行风险隐患。选取部分县市区旗开展农田水利"最后一公里"暗访调研，共对 883 个行政村的 2630 户用水户和 2576 处农田水利工程进行了暗访调研，基本摸清了现状。

五是进一步加强南水北调工程监督检查。研究提出南水北调工程监督方向、重点及对策，推动形成南水北调工程"五位一体"监督模式。组织对中线穿黄隧洞停水检修、北京段 PCCP 管道检修及调压塔建设、东线一期北延应急供水工程、东湖水库扩容增效工程等建设项目及部分工程运行管理单位进行监督检查，保障工程运行安全。

六是突出重点开展水利扶贫监督检查。持续对四川省凉山彝族自治州7个未摘帽贫困县的农村饮水安全脱贫攻坚工作进行挂牌督战。围绕建档立卡贫困人口饮水安全问题、在建工程建设进度和集中安置点通水情况等，紧盯重点部位、关键环节、工作进度和问题整改，重点排查集中连片停水、断水问题。在部、省、州、县4级的共同努力下，凉山彝族自治州7个县全面完成了农村饮水安全脱贫攻坚尾工建设任务，全面解决了现行标准下贫困人口的饮水安全问题。开展"一对一"水利扶贫工作监督检查，现场抽查水利工程运行和贫困人口的饮水安全情况，督促加强农饮工程运行管护，建立长效管护机制。此外，还对水利部定点帮扶的6个县区年度定点扶贫工作任务落实情况开展专项督查，复查2019年度发现问题的整改情况。

七是大规模开展农村饮水安全暗访。聚焦贫困人口饮水安全问题，紧紧抓住水费收缴这个"牛鼻子"，在全国范围内组织开展了大范围、大规模的暗访。累计现场暗访了297个县，入户调查及电话问询了12609户用水户、现场察看了2637处农村供水工程。从暗访情况来看，我国已经建成了比较完整的农村供水工程体系，农村居民按照现行标准全面实现了饮水安全，工程运行管护水平上了新台阶，水费收缴工作初见成效。

八是精准开展水利资金专项检查。对西藏、广东、重庆、河北、河南、福建、湖南、四川、内蒙古、云南等10个省（自治区、直辖市）的188个项目水利资金进行检查。聚焦中小型水利工程建设项目，对黑龙江、山东、新疆、广西等4个省（自治区）部分重点中型灌区节水配套改造和中小河流治理项目开展资金专项检查，抽查16个重点中型灌区节水配套改造项目和17个中小河流治理项目。进一步加强水利资金的监督管理，防范化解水利资金风险。

九是有力开展水利工程项目稽察和质量监督。突出重点工程和关键环节，先后对44个重大水利工程、20个主要支流治理项目、30个小型病险水库除险加固项目、12个中型水库建设项目开展了稽察，同时对2019年稽察发现问题整改情况进行现场复核，做到具备稽察和复查条件的工程全覆盖。首次对地方各级水行政主管部门及其质量监督机构履职情况进行检查，覆盖18个省（自治区、直辖市）共54个地区的水行政主管部门及其52个质量监督机构的质量监督履职情况，抽查了其实施质量监督的共54个工程的质量监督工作开展情况；同时对12个重大水利工程开展了质量与安全巡查；继续组织质量安全监督总站对部本级监督的处于施工高峰期的10个工程开展驻站质量监督，对8个工程开展质量与安全监督巡查。通过稽察和质量监督，及时发现并解决问题，为水利工程建设顺利推进保驾护航。

十是持续强化水利行业安全生产监督。强化部署调度和安全生产责任，加固重点领域、关键环节、重要时段的防控措施，制定出台《关于建立水利安全生产监管责任清单的指导意见》，明确监督责任分工并强化落实。深入推进"安全监督+信息化"，扎实开展安全生产专项整治三年行动和安全生产巡查，流域管理机构和省级区域安全生产状况评价排名发挥效用，全行业共辨识管控危险源71866个，排查治理隐患54270个，行业总体安全风险降低。夯实基层基础工作，健全双重预防机制，强化宣教培训，大力推进安全生产标准化建设，克服疫情影响"三类人员"考核人数超过12200人，部属单位标准化完成情况3年全部达标。2020年全行业未发生重大以上生产安全事故，水利安全生产形势保持总体平稳。

（三）行业共识正在形成

2020年，水利部开展了大量的宣贯指导工作，组织调研、培训、座谈等多种形式的活动。不断更新完善培训课件及网络课程，监督检查前开展系列专题培训宣讲，听众涵盖部机关、流域管理机构、地方各级水行政主管部门和其他参与水利监督工作部门的干部及一线督查人员。据初步统计，2020年共开展50余场宣讲培训，现场参加人员累计达2000人次以上，线上视频培训达1万人次以上。同时，充分利用官方网络平台，在《中国水利报》开设曝光栏，宣传先进典型，通报负面案例，带动地方进行比学赶超，促进加强行业监督的共识形成。

二、2021 年水利监督重点任务

2021 年，水利监督工作将按照"完善体系、紧盯重点、凝聚共识"年度监督工作思路，分级施策、分类指导，以统一思想引领行动，推动水利监督工作高质量发展。

一是完善监督体系。部级推进规范化、精准化、专职化和综合化，省级推进计划制定、平台应用和推动体系延伸，市县级要明确责任、建立清单、落实考核，促进横向到边、纵向到底的全覆盖行业监督体系形成。

二是紧盯监督重点。以助力黄河流域生态保护和高质量发展、推动长江经济带发展为目标，贯彻落实"把水资源作为最大刚性约束"的要求，保障生态优先和绿色发展，突出黄河流域水资源管控和水土保持监督、长江流域重点项目和小水电站监督；紧盯水利行业风险，强化水旱灾害防御、农村饮水安全、中小水库运行安全和除险加固、水资源管理和节约用水及地下水超采等重点领域监督，同时加强在建工程进度、安全生产、质量、资金监督，聚焦重点组织力量，防范化解系统风险，促进水利行业健康发展。

三是凝聚监督共识。持续加大调研、指导、培训、宣传力度，在 2020 年开展省级水行政主管部门调研全覆盖的基础上，向市县级水行政主管部门延伸调研，加强监督检查行前培训和过程中的指导，用好培训方法，丰富宣传方式，进一步凝聚行业共识、统一思想、汇聚合力，将水利监督工作不断推进。

侯俊洁　庆　瑜　执笔

满春玲　审核

水利工程建设稽察和质量监督
巡查工作扎实推进

水利部监督司

2020 年，水利工程建设稽察和质量监督巡查工作坚持问题零容忍，紧盯重点环节，严肃责任追究，严格问题整改，防范化解风险隐患，助力提高管理水平，取得了明显成效，为水利工程建设高质量发展作出了重要贡献。

一、项目稽察成效显著

2020 年，水利部开展了 6 批次水利工程建设项目稽察，共派出 60 个稽察组，对 45 个地区的 106 个项目开展稽察，涉及重大水利工程、主要支流治理项目、小型病险水库除险加固项目和中型水库建设项目等，全方位监督水利工程建设，保障工程顺利实施。

针对稽察发现的问题，水利部下发整改通知，先后约谈有关流域管理机构和省级水行政主管部门，全行业通报有关单位，同时责成有关流域管理机构和省级水行政主管部门对相关责任单位和责任人实施约谈、全省通报批评等责任追究，促进工程参建单位提高认识，推动从被动追责到主动避免问题发生的转变。

为了有效加强对工程建设领域腐败问题的监管力度，与纪检等部门建立稽察成果共享和移送机制，为工程安全、资金安全和干部安全提供坚强的保障。从近两年稽察发现的问题和问题整改情况看，重大水利工程建设整体情况明显向好，监督力度不断加大。

二、质量监督巡查有序推进

一是机构改革后水利部首次在全国范围内开展质量监督履职情况巡

查。2020年，水利部选取18个省（自治区、直辖市），分别对省级、1个市级、1个县级的水行政主管部门及其质量监督机构和相应实施质量监督的1个工程进行监督检查，下发整改通知，进一步规范行业质量监督行为，指导和督促各级水行政主管部门切实履行质量监督职责，提出明确质量监督职责定位、保障监督力量、提升监督效能等推动质量监督改革发展的建议。

二是开展重大水利工程质量与安全巡查。水利部共派出巡查组分3批次对12个重大水利工程开展巡查，下发整改通知并责成省级水行政主管部门对问题责任单位实施约谈。通过巡查，帮助提高水利工程建设质量与安全管理水平，督促问题整改落实，消除现场隐患，有效发挥监督检查作用。

三是做好水利部水利工程建设质量与安全监督总站（以下简称"质安监总站"）负责的质量监督工作。质安监总站共对25个工程实施质量监督，对其中11个项目常驻工地现场实施质量监督；同时对8个项目开展了质量监督巡查，印发检查情况通报，水利部责成有关单位对问题责任单位实施了约谈等责任追究；组织对新疆维吾尔自治区、西藏自治区等地区规模大、技术复杂的工程开展现场检查和技术支持工作。质安监总站切实履行政府质量监督职责，督促参建各方落实质量主体责任，扎实开展援疆、援藏工作，顺利完成了年度监督任务。

覃桃慈　曾　欣　熊雁晖　执笔

祝瑞祥　审核

专栏四十

挂牌督战凉山州　助推脱贫攻坚战

水利部监督司

凉山彝族自治州（以下简称"凉山州"）位于四川省西南部，是全国最大的彝族聚居区，也是乌蒙山集中连片特困地区的核心区。受自然、社会、历史等因素影响，凉山州农村饮水安全脱贫攻坚是全国最难啃的硬骨头和最后一块"堡垒"。截至 2019 年年底，凉山州 7 个未摘帽贫困县尚有 2088 户共 9657 名贫困人口存在饮水安全问题。

为了决胜全面建成小康社会、决战脱贫攻坚，水利部把全面解决凉山州农村饮水安全脱贫攻坚任务作为全年重要政治任务进行部署落实，确立了督战一体、既督又战、以督促战、共同攻坚的工作思路，派员长驻凉山州进行挂牌督战。一是细化任务、明确分工。及时制定并印发了工作方案，成立了督战专班，明确各单位及人员职责分工；按周制定计划安排，细化节点目标，列出任务清单。二是严密组织、有序推进。为了做细做实督战工作，精心编制工作手册，通过视频会议对督战人员进行培训，严肃工作纪律；每日汇总分析督战情况，建立详细台账，形成目标明确、组织有序、协同攻坚的工作格局。三是长驻现场、既督又战。水利部自 2020 年 3 月起就派员长驻凉山州现场，摸排情况；5 月，组建 36 人的督战队伍，现场工作 16 天，暗访了 184 个村 6256 人的饮水安全状况，实现了贫困村全覆盖；6 月，再次派出 9 人督战队，克服山高路险、雨季地灾多发等恶劣环境，现场督战 33 天，走村入户问实情、翻山越岭查水源、深入分析找原因、动真碰硬核整改，全力助推凉山州、县政府及水利部门完成脱贫攻坚任务。四是梳理问题、研究对策。督战队不仅查找问题，还梳理分析问题成因，提出解决思路及措施；实行周调度，通报典型问题，全面传导压力；充分发挥省厅帮扶队作用，开展联合督战，建立分组分片包干巡查机制和督战队随机复核机制；与地方政府部门开展座谈，帮助地方政府和水利部门理清思路，转变认识。

通过挂牌督战，采取超常规措施和管用的硬招实招，部、省、州、县四级联合发力，全力攻坚，助推农村饮水安全脱贫攻坚如期啃下最后的"硬骨头"。截至 2020 年 6 月底，凉山州 7 个县如期完成农村饮水安全脱贫攻坚扫尾工作，全面解决了现行标准下贫困人口饮水安全问题，凉山州农村饮水安全脱贫攻坚工作取得了决定性进展。

孙　莉　何金义　执笔

曹纪文　审核

专栏四十一

加强新时期南水北调工程监督

水利部监督司

两年多来，水利部认真贯彻"节水优先、空间均衡、系统治理、两手发力"治水思路，坚持以问题为导向，在总结过去南水北调工程工作经验的基础上，探索建立新时期南水北调"五位一体"的监督工作模式，即"部监督司牵头综合监督、部督查办履行专职监督、部业务司局开展专业监督、部流域管理机构实施日常监督、部有关企业开展内控监督"，为南水北调"大国重器"保驾护航。

一、主要做法

水利部监督司牵头综合监督，统筹编制水利部年度监督工作计划，每年直接实施或委托对南水北调工程重点项目、关键时期（输水期、冰期、节假日等）、突出风险等开展监督检查，组织实施责任追究，督促各方履职尽责。

水利部督查办履行专职监督，按照水利部年度监督工作计划和重点工作部署，组织实施特定飞检，开展南水北调工程重点事项的靶向监督，发挥行业监督警示作用。

水利部相关专业司局负责"三定"职责范围内的专业监督，制定或完善相关管理办法和政策措施；结合南水北调工程建设和运行实际开展监督检查，督促责任单位落实问题整改，一方面推进业务工作开展，另一方面检查自身管理上的不足，及时作出反馈和改进，保障工程建设质量和安全运行。

水利部相关流域管理机构实施日常监督，受水利部监督司和相关专业司局委托开展部分专项监督检查。考虑水利部流域管理机构在机构改革后才全面介入南水北调工程的运行监督，水利部监督司发挥指导作用，推动流域管理机构充分发挥技术、人员等优势，逐步深入南水北调工程日常监督工作。

水利部有关企业做好安全内控监督，对水利部监督司重点关注的项目进行专项检查，开展问题"回头看"。企业内控检查主要由企业自有监督人员承担，按照企业内部管理需要开展相关监督检查，同步配合行业主管部门开展综合监督和专业监督工作。

二、取得成效

一是厘清监督任务和目标，织密上下纵横的监督网络。通过统筹建设和运行监管工作，实现全方位、不间断、规范化的精准监督，特别是强化工程建设项目质量和安全监管，筑牢工程安全运行监督基础，保障一渠清水持续北上，惠泽千家万户。

二是营造高压严管氛围，降低问题发生率。通过南水北调"五位一体"的持续高压严管、严肃追责问责，既督促南水北调各方履职尽责，大大降低问题发生率，又对全国水利工程建设起到了警示震慑作用，使全行业在被监督、受约束的环境下开展工作，确保水利改革发展顺利推进。

三是打好监管"组合拳"，提升监督实效。通过加强南水北调工程"五位一体"的统筹监管，打破了原有的各管一摊、各自为战、重复检查的固有模式，充分加强"位"与"位"之间的沟通、协调、合作和信息共享，化掌为拳，形成监管合力，确保工程安全、运行安全和供水安全。

李笑一　李　青　朱吉生　执笔

曹纪文　审核

推进信息化监管模式
筑牢水利安全生产防线

水利部监督司

一是出台管理制度，明确各级安全监督责任。水利部印发了《关于建立水利安全生产监管责任清单的指导意见》，明确各级水行政主管部门和流域管理机构安全生产责任范围，提出了履责要求，细化了监督领导责任、综合监督责任和专业监督责任以及保障和运行机制。将政府监督责任人、行业监督责任人和水利生产经营单位责任人纳入水利安全生产监督管理系统，利用信息系统平台实施监督。

二是建立风险模型，定期进行安全状况评价。为了掌控行业安全状况，切实落实水利生产经营单位主体责任，引入风险管理理念，以危险源、隐患、事故管理为重点，量化安全生产指标，设置权重，建立水利安全风险评价数学模型，每个季度开展流域管理机构、省级区域安全生产状况评价，按风险等级对各流域、区域标示"红橙黄蓝"风险分布，排名通报并实施预警。通过各项安全风险管控措施，行业总体安全风险较去年降低了29%。

三是分级实施管控，针对高风险区域和领域开展精准监督。结合水利行业安全生产专项整治三年行动，将6个重点领域治理内容细化为183个问题清单，依托信息系统实施动态管理。全行业全年共辨识危险源71866个，排查隐患54270个，制定相关制度5651项，大幅度降低了风险。线上监管与线下监督相结合，选取线上评价为红橙两色的高风险省份和项目开展精准监督。派出30个巡查组，对19个省份的138个水行政主管部门和95个建设项目开展了巡查，发现项目问题2663个，印发"一省一单"，督促全面整改到位。

四是利用系统平台，加快推进基层基础建设。在 2020 年疫情防控关键时期和复工复产期，利用网络进行免费安全生产培训，督促指导各生产经营单位对生产、安全和应急设备设施进行全面复检。广泛开展安全生产月宣传，组织开展水利安全生产知识网络竞赛、"水安将军"趣味答题等特色活动，有 8105 家单位、60.8 万人参加安全生产知识网络竞赛。完成了两个批次、79 个单位的水利安全生产标准化达标网上评审，年底前实现了152 家部直属单位全部达标的计划目标。同时，水利部印发了《水利工程运行危险源辨识与风险评价导则》（水电站、泵站部分），为信息化监督管理提供更多的技术管理支撑。

王　军　执笔

钱宜伟　审核

水资源管理监督检查工作进展与成效

水利部水资源管理司　全国节约用水办公室

2020 年，水资源管理监督检查工作深入贯彻"节水优先、空间均衡、系统治理、两手发力"治水思路，围绕水资源管理"合理分水、管住用水、系统治水"和节约用水"抓基础、快突破"的要求，组织开展了 2020 年度水资源管理和节约用水监督检查工作，取得了积极进展和成效。

一、2020 年监督检查工作的总体情况

2020 年 8—10 月，水利部组织开展 2020 年度水资源管理和节约用水监督检查工作，主要目的是查找存在的问题，深入分析原因，对水资源和节约用水管理工作现状形成基本判断，推动各级地方水行政主管部门和相关管理单位依法履行管理职责，提高管理水平，规范用水户用水行为，纠正浪费水的错误行为，增强节约用水意识，提高用水效率，为 2020 年度实行最严格水资源管理制度考核提供依据。

本次监督检查主要采用"四不两直"方式开展，重点检查了县级行政区取用水管控及地下水监管、取水口取水监管和用水单位节约用水等情况，检查内容主要包括取用水指标确定及落实、用水统计与台账管理、地下水监管、取水许可管理、取水监测计量、水资源费（税）缴纳、用水定额执行情况、计划用水制度执行情况、用水计量设施建设与运行管理情况、非常规水源利用情况、节水管理制度建设情况、节约用水宣传教育工作开展情况等方面，同步对 2019 年水资源管理和节约用水监督检查存在的问题整改落实情况进行了抽查。检查范围涵盖了 31 个省级行政区和新疆生产建设兵团，共抽查了 162 个县级行政区（其中 71 个县级行政区为地下水超采区）、812 个取水口、800 个用水单位，此外从各省级行政区和新疆生产建设兵团还抽查了 1 个 2019 年监督检查问题较多的县级行政区整改落实

情况。

为了做好此次监督检查工作，水利部研究制定了监督检查工作方案。加强工作指导，编制了监督检查工作手册，采用视频方式对 7 个流域管理机构的有关人员开展了专题培训；组织开发了监督检查 APP 应用软件。各流域管理机构高度重视，组成 91 个检查组，合计检查 620 人次（包括 14 名局级干部），于 9 月 11 日起分赴全国各地开展检查暗访工作，整个检查累计历时 489 天。根据各流域管理机构上报的检查数据，最终认定水资源管理和节约用水方面问题 977 个。在分省检查报告的基础上经汇总整理分析，形成《2020 年水资源管理监督检查工作报告》《2020 年节约用水监督检查工作报告》。

二、监督检查工作主要成效

（一）形成水资源管理和节约用水现状基本判断

通过本次检查发现，部分县级行政区存在审批取水许可总量或实际用水量超过控制指标，取用水监管不到位、取用水数据统计不规范，节水监管基础薄弱、计划用水管理不到位等问题。其中，取水户未取得有效取水许可证、计量设施未定期检定或核准、未建立取水台账或填报取用水报表不规范、未依法足额或按期缴纳水资源费（税），用水单位超定额用水、落实计划用水管理不到位、计量设施安装不规范、使用明令禁止的用水器具等检查事项的问题比较突出。

对检查数据进行梳理分析，形成对当前水资源管理和节约用水现状的基本判断。水资源管理方面，从问题数量看，2020 年问题数量比 2019 年明显减少；从问题分布看，流域区域间分布不均衡；从问题类型看，部分问题依然较为突出。节约用水方面，从区域分布情况看，北方省区问题较多；从流域分布情况看，黄河流域检查中发现问题的比例略高于全国；从行业分布情况看，宾馆和中小学节水水平较低；从问题数量看，用水单位管理基础薄弱。

（二）促进水资源管理和节约用水主要问题解决

2019 年度，水利部第一次大规模采用"四不两直"方式开展水资源管理和节约用水管理领域监督检查工作，检查并认定问题 1215 个，建立水资源管理监督检查发现问题清单并印发问题整改"一省一单"。以解决好问题作为重要的评价标准，督促各地逐项整改，对重点问题和问题比较多的地区开展"回头看"，对问题突出的地区按照有关规定进行约谈通报，发挥警示震慑作用，将监督检查结果纳入年度最严格水资源管理制度考核，作为主要的评分依据。

针对检查发现的问题，各地高度重视，开展自查自纠，强化整改落实，制定整改措施方案，明确整改时限和责任单位。从 2020 年度的检查结果来看，各地水资源和节约用水管理基础工作有所加强。在 2020 年度和 2019 年度监督检查选取的县级行政区和取水口的原则和数量大致相同的情况下，对比相同的 11 项检查事项，问题总数从 2019 年的 810 个减少到 2020 年的 444 个，总体减少 45% 左右；不同检查事项问题数量均有所减少，其中水资源论证、年度取水计划、取水监测计量设施、取水计量台账等事项问题数量减少幅度在 50% 以上。

（三）规范水资源管理和节约用水监督检查工作

为了加强水资源监督管理，落实最严格水资源管理制度，2019 年 12 月，水利部正式印发了《水资源管理监督检查办法（试行）》（以下简称《办法》）。《办法》的出台进一步完善了水利监督体系，为水利部和流域管理机构开展水资源监督检查提供了政策依据。

自 2019 年开展全国范围的水资源管理和节约用水监督检查以来，大部分省（自治区、直辖市）结合最严格水资源管理制度考核、河长制考核等相关工作，借鉴水利部水资源管理监督检查的方式，采用明察暗访等形式开展辖区内的水资源管理监督检查工作，在加强江河流域水量分配、生态流量管理、取用水管理，推动地方水行政主管部门依法履行职责、规范管理行为、提高监管能力等方面发挥了重要作用。

2021 年，水利部将进一步加强水资源和节约用水监督管理。一是督促问题整改。针对 2020 年度监督检查发现的问题，印发"一省一单"，督促各地逐项整改，会同流域管理机构强化督导，确保问题整改到位。二是注重结果应用。将监督检查结果纳入 2020 年最严格水资源管理制度考核。对存在突出问题的省份按照有关规定进行约谈通报，尤其是对于 2019 年发现问题仍未整改的要从严处理，严肃问责。三是强化重点领域监管。认真梳理工作短板和薄弱环节，重点抓好规范取用水行为、依法加强取水计量监管、完善取用水统计、强化重点监控用水单位计划用水管理等工作。针对部分省区发现的重大问题或频次较高的问题，加大水资源管理监督检查力度，切实提高水资源管理监管能力和水平。四是优化检查内容和方式。结合 2021 年度水资源管理重点工作调整检查事项，重点从水资源超载地区、地下水通报被点名地市选取县级行政区，根据国家水资源信息管理系统等平台发现的异常数据或不合理信息选取取水户，在重点监控用水单位名录中选取用水单位，进一步优化检查方式和完善检查对象选取，提升发现问题的针对性，提高检查的实效。

毕守海 何兰超 司 源 王 华 执笔

杨得瑞 郭孟卓 颜 勇 审核

水利资金监督工作进展

水利部监督司　水利部财务司

水利资金是水利行业重点风险领域之一。为了防范资金风险，保障资金安全，发挥资金效益，水利部于2019年4月制定印发了《水利资金监督检查办法（试行）》，为防范资金风险、保障资金安全、发挥资金效益奠定了基础。两年来，水利部采取多种方式在全国范围内开展了水利资金监督检查，特别是进入2020年以来，努力克服新冠肺炎疫情的影响，扩大监督范围，提高监督效能，取得了积极、明显的成效。

一、初步形成水利资金监管高压态势

2020年，根据《水利资金监督检查办法（试行）》和《2020年水利部督查检查考核实施计划》，针对中央和地方财政安排的水利工程建设项目，采取明查结合暗访的方式重点从3个方面开展了水利资金监督检查：一是以资金流向为主线的综合检查；二是以中央财政水利发展资金为重点使用的中小型项目资金专项检查；三是以中央预算内投资为重点使用的重大项目稽察。具体检查情况如下。

在综合检查方面，2020年4—12月，水利部对河北、内蒙古、福建、河南、湖南、广东、重庆、四川、云南、西藏等10个省（自治区、直辖市）开展了综合检查，共抽查了53个县市区的200个项目，涉及总投资532.4亿元，其中包括中央预算内投资、中央财政水利发展资金、大中型水库移民后期扶持基金项目资金、水利救灾资金以及地方资金。抽查的200个项目共发现资金问题718个，根据责任追究标准对88家责任单位直接实施或责成实施了约谈或通报批评。

在专项检查方面，2020年9—11月，水利部对黑龙江、山东、新疆和广西等4个省（自治区）使用中央财政水利发展资金的部分中小型水利项目开展了资金专项检查。共抽查了 10 个县市区的 33 个重点中型灌区节水配套改造和中小河流治理项目，涉及总投资 7.0 亿元，其中包括中央财政水利发展资金及地方资金。在抽查的 33 个项目中，共发现 30 个项目存在资金问题 89 个，根据责任追究标准对 7 家责任单位直接实施或责成实施了约谈或通报批评。

在重大项目稽察方面，2020 年 5—11 月，水利部对除了北京、天津、上海和新疆生产建设兵团之外的 28 个省（自治区、直辖市）以及黄河水利委员会开展了稽察。共抽查了 106 个项目，涉及总投资 4305.3 亿元，主要为中央预算内投资。抽查的 106 个项目共发现资金问题 258 个，结合建设质量、安全生产等其他方面发现的问题，对 79 家责任单位直接实施或责成实施了约谈或通报批评。

此外，针对水利部部属单位资金管理和使用，一方面加强制度建设，制定印发了《水利部关于进一步加强部属单位内部控制管理的意见》，着力从顶层设计层面强化部属单位内控建设，做到"治已病、防未病"，修订出台了《水利部中央级预算项目验收管理办法》，全面加强规范项目资金使用管理，确保资金的安全性和有效性。另一方面，组织开展了财务检查，检查内容包括 2019 年度预算执行、内控建设、执行政府会计制度等，现场检查单位数量比 2019 年增加了 50%。对于发现的问题督促有关单位在做好整改的基础上举一反三、加强管理、堵塞漏洞。同时，运用信息化手段，以水利财务管理信息系统为依托，进一步强化财政资金和实有资金动态监控，认真做好内部巡视发现的财务相关问题的督导整改工作。

二、水利资金监管取得积极成效

通过持续开展水利资金监督检查，逐步构筑了多层次、多方位的水利资金监管体系，初步形成了监管高压态势，效果明显：一是发现并督促纠正了 1000 多个资金管理和使用方面的典型突出问题，有效地防范了资金风险，保障了水利资金的安全。二是通过对地方水行政主管部门以及项目法人、参建单位进行严肃问责，充分发挥警示震慑作用，提高全行业对水利资金监管的重视程度，督促提醒全系统引以为戒、举一反三，加强水利资金管理和监督，促进水利资金管理水平提升。三是不断深化监督成果运用，分析找准水利资金管理和使用中存在的风险点以及项目管理方面的不足和薄弱环节，形成概念和判断，为加强项目管理和部领导决策提供支撑。

三、存在的主要问题及原因分析

从监督检查情况来看，水利资金管理使用基本规范，总体发挥了应有的效益，但是也存在一些制度不健全、管理不规范之处：在资金到位方面，部分财政困难地区拨付中央资金滞后，地方资金不到位现象比较多；在资金使用方面，内控机制不够健全，存在多算工程量、多计工程款、违反规定使用项目建设资金等资金使用不规范的问题；在资金管理方面，财务基础工作不规范，项目或多或少地存在建设成本核算不规范、未按规定设置会计科目、结算程序不满足要求、结算资料不完整等问题；在资金效益方面，个别项目存在针对性不强、后续运行困难等问题。

对问题原因进行深入分析，主要有以下几方面：一是地方水利部门特别是基层水利部门负责实施的项目，项目法人履职能力不足，目前基层水利部门负责实施水利项目，项目法人规范化专业化程度不高，管理人员特别是专业人员匮乏，履职能力难以充分满足管理要求。二是项目法人对资金管理的重视程度不够，资金管理基础比较薄弱，基建财务专业性很强，而基层水利部门具有专业技能的财务人员配备不足，现有的财务人员大都是由机关财务人员兼职，基建财务知识以及专业培训缺乏。三是一些监理单位履职不到位，对完成工程量不认真核实、对建设质量把关不严，起不到应有的监理作用。四是地方水利部门对水利资金的监管力度偏弱，相比其他领域的监管，地方水利部门对加强资金监管的重视程度不够高，监管力度不够严，对违反财经纪律和财务规定的行为未能及时发现和制止。

四、下一步水利资金监督检查的重点

一是强化水利资金监督检查。在总结水利资金监督检查工作经验做法的基础上，加大监督检查力度，创新监督检查方式方法。对于中央和地方

财政安排的水利工程建设项目，紧盯资金使用环节，开展综合检查、专项检查和稽察，防范资金风险，保障资金安全。对于部属单位，结合预算执行、项目验收、动态监控疑点核查等相关工作开展监督检查，督促指导有关单位建立健全"防未病"的长效机制，增强风险防范能力。

二是加强监督检查成果运用。促进监督检查成果纳入绩效考核和项目管理评价，与年度资金计划安排挂钩，对资金管得好、效益好、问题少的地区予以资金倾斜，对管得差、效益差、问题多的地区适当减少投资并予以问责，奖惩并重，充分发挥资金监督检查作用，不断提高水利资金效能。

何金义　成鹿铭　高　磊　于冠雄　宋秋龄　唐　浩　王念哲　张　琪　执笔

曹纪文　审核

水生态保护修复篇

水土保持工作综述

水利部水土保持司

2020年，水利部深入贯彻落实习近平生态文明思想和习近平总书记治水重要论述精神，深入践行新时代水利精神，狠抓工作落实，水土保持各项工作取得积极成效。

一、突出制度建设，水土保持监管制度体系基本形成

坚持用完备的制度来保障严格的监管，针对监管发现的共性突出问题查漏补缺、建章立制，制定出台生产建设项目水土保持监测、信用监管、问题认定及责任追究等5项制度。这些制度与之前一系列制度配套衔接，形成了15项较为完备的水土保持监管制度体系，从各环节对生产建设项目、重点治理工程、淤地坝安全等"管什么、谁来管、怎么管、管不好怎么办"作出了具体细化规定，为水土保持监管提供了制度保障。

二、强化手段创新，水土保持监管能力明显提升

坚持工作创新，充分运用遥感监管、无人机核查等新技术，推动水土保持监管向纵深发展。首次实现人为水土流失遥感监管全覆盖，通过卫星遥感解译和地方现场核查，认定并查处违法违规生产建设项目3.8万个。在遥感监管范围较2019年增加60%的情况下，发现的违法违规项目数量较2019年减少28%，监管成效进一步显现。积极运用无人机开展生产建设项目监督检查和重点治理工程监管，全面采取"四不两直"方式开展淤地坝暗访督查，提高监管效能。首次开展水土保持信用监管，针对生产建设单位、参建单位和技术服务单位"痛点"，将轻微失信的纳入重点关注名单进行警示提醒、严重失信影响恶劣的纳入黑名单开展失信惩戒。各地通过监管将50家单位列入水土保持重点关注名单或黑名单，在全国水利建

设市场监管平台公布，实施联合惩戒。

三、严格督查问责，水土保持监管督查常态化机制有效建立

坚持监管必须常态化、成体系，组织流域机构对省级水行政主管部门履行水土保持监管职责情况进行督查，找出了 4 大类 76 项具有普遍性的共性问题，以"一省一单"督促地方限期整改，对问题突出的省份进行了约谈。组织水利部直属单位对 99 个部批方案生产建设项目和 144 项国家重点治理工程开展督查，逐项建立问题台账督促整改，各类问题数量及程度均较 2019 年有大幅下降。通过建立常态化督查机制，地方监管责任进一步落实，水土保持监管态势持续向好。

四、坚持两手发力，水土流失综合治理取得积极进展

发挥好考核评估指挥棒作用，会同 6 部委对省级政府水土保持工作开展评估，首次以"一省一单"向省级政府反馈评估结果及下一步工作建议，地方政府主体责任和相关部门职责进一步落实。以长江、黄河上中游、东北黑土区为重点，实施国家水土保持重点工程。积极推进水土保持工程建设以奖代补，社会力量和群众参与水土流失治理的积极性进一步提高。全年完成水土流失治理面积 6 万 km^2 以上，其中国家水土保持重点工程治理面积 1.34 万 km^2，圆满完成年度目标任务。围绕贯彻落实习近平总书记重要讲话精神，研究提出了黄土高原水土流失治理和长江经济带坡耕地治理的思路举措，为科学治理提供了依据。

五、注重风险防范，淤地坝工程实现安全度汛

针对 2020 年汛期黄河中游降雨明显偏多的情况，强化风险意识和底线思维，以高度责任感、多措并举抓好淤地坝安全度汛责任落实。汛前组织排查消除安全隐患 5500 多个，开展应急避险演练近万人次。汛期发布预警信息 2081 坝次，组织黄河水利委员会分 4 批次对 484 座淤地坝进行现场暗访督查，对 451 个防汛责任人履职情况进行电话抽查，共发现问题 283 个，较 2019 年减少 76%，特别是行政责任人和巡查责任人未落实比例由 2019

年的 5% 降为零。通过汛前排除隐患、组织避险演练、汛期强化督查问责、督促整改等措施，黄土高原淤地坝全面实现安全度汛。

六、加强成果运用，水土保持监测支撑作用持续提升

进一步优化技术路线方法，提升监测精度和质量，连续第 3 年实现水土流失动态监测全覆盖，定量掌握并发布了全国最新水土流失状况。针对重点流域、区域和不同地类，深化监测成果分析评价和运用，为掌握长江经济带、黄土高原、东北黑土区等治理成效，找准存在问题，明确工作重点等提供了有力支撑。

七、狠抓基础工作，水土保持行业发展能力稳步提升

深入开展重大问题研究，提出了水土保持率的概念内涵、确定方法及远期目标等。水土保持率纳入美丽中国建设评估指标体系，作为约束性指标列入《黄河流域生态保护和高质量发展规划纲要》。国家水土保持示范创建被国家表彰奖励办公室纳入全国创建示范活动目录。围绕年度重点工作，优化完善水土保持技术标准体系，有序推进 8 项标准的修订工作，进一步夯实水土保持基础工作。

2021 年水土保持工作将以习近平新时代中国特色社会主义思想为指导，全面落实党的十九届五中全会精神，以推动水土保持监管有实有效、水土流失重点治理科学精准、监测与基础工作支撑有力为目标，确保"十四五"规划开好局、起好步，为推动新时期水土保持高质量发展、再上新台阶打下坚实的基础。一是明确"十四五"水土保持工作思路，科学确定"十四五"目标任务，印发水土保持"十四五"改革发展实施方案。二是强化制度执行，进一步推动信用监管，依法严格查处水土保持违法违规行为，着力推进水土保持社会监督有实有效。三是以长江上中游、黄土高原、东北黑土区为重点，加快水土保持重点工程建设。统筹做好淤地坝安全度汛、脱贫攻坚与乡村振兴接续推进水土保持有关工作。四是结合水土保持率研究成果，科学确定地方各级水土保持目标，进一步优化考核评估指标体系和复核方法，抓好对省级政府水土保持规划实施情况的 5 年评估。

五是组织开展全覆盖水土流失动态监测及成效评估，为推动生态保护和高质量发展提供科学依据。

谢雨轩　执笔

蒲朝勇　审核

专栏四十三

持续加大重点地区水土流失治理力度

水利部水土保持司

2020年，水利部紧紧围绕长江经济带发展、黄河流域生态保护和高质量发展等重大国家战略，聚焦决战决胜脱贫攻坚，以长江、黄河上中游和东北黑土区等水土流失严重区域和贫困地区为重点，实施了国家水土保持重点工程，累计安排水土保持中央资金69.8亿元，治理水土流失面积1.34万km^2，整治坡耕地123万亩，治理侵蚀沟2491条，保护黄土高原塬面546km^2，除险加固病险淤地坝546座。通过实施水土保持重点工程，在有效保护、高效利用水土资源，改善农业生产条件，促进农业产业结构调整，助力打赢脱贫攻坚战和生态文明建设等方面发挥了重要作用。在水土保持重点工程带动下，国家有关部门、地方各级人民政府和社会力量积极参与，共同发力，圆满完成了水土流失综合治理年度目标任务。

一是加大重点区域投入。2020年，水利部在长江、黄河上中游和东北黑土区等水土流失严重区域，安排实施了小流域综合治理、坡耕地综合整治、东北黑土区侵蚀沟治理、黄土高原塬面保护和病险淤地坝除险加固等国家水土保持重点工程，安排水土保持中央资金63亿元，占全国水土保持中央资金总量的90%，较2019年提高5个百分点，加快了重点区域水土流失治理步伐。

二是加大贫困地区支持。2020年92%的水土保持中央资金安排到有脱贫攻坚任务的省份，督促省级分解落实中央投资到贫困县50.6亿元，较2019年提高7个百分点，实施了国家水土保持重点工程，治理水土流失面积8504km^2，为提高贫困地区发展能力、助力脱贫攻坚发挥了基础性作用。

三是加快投资计划执行。落实中央关于做好"六稳"工作、落实"六保"任务要求，采取"一月一调度，两月一通报，三月一督导"等方式，指导地方统筹做好新冠肺炎疫情防控和水土保持重点工程建设，全力加快投资计划执行和工程建设进度。到年底水土保持重点工程中央投资完成率达98%，圆满完成年度目标任务。

四是强化工程建设管理。组织各流域机构和部直属有关单位，采取"四不两直"随机抽查的方式，对重点工程建设管理全过程开展暗访督查。共派出33个督查组120人次，随机抽查了80个县的144处工程，共发现6类230个问题，较2019年减少25%，以"一省一单"印发整改意见，督促各有关省限期组织整改，有效地推动了各地落实工程建设管理主体责任。

五是创新资金投入机制。持续开展水土保持工程建设以奖代补试点，充分发挥中央财政资金撬动作用，调动社会力量和群众参与水土流失治理的积极性。中央财政资金撬动地方财政及社会资本投入比例约为1:1，治理面积增加37%，建设周期减少3~4个月，降低建设成本约15%，项目区群众人均年增收1320元，带动4.7万名贫困群众稳定脱贫致富。

李　柏　执笔

张文聪　审核

加快重点河湖生态流量确定
强化河湖生态流量保障

水利部水资源管理司

为了合理开发与优化配置水资源，切实加强河湖生态流量水量管理，强化河湖生态环境保护，水利部组织开展了重点河湖生态流量确定工作，强化河湖生态流量保障，取得显著成效。

一、做好河湖生态流量管理工作的重大意义

（一）落实党中央决策部署，推进生态文明建设的必然要求

党中央、国务院高度重视河湖生态流量工作，习近平总书记在 2018 年全国生态环境保护大会、2019 年黄河流域生态保护和高质量发展座谈会上对生态流量工作均作出重要指示。李克强总理对有关生态流量工作作出重要批示。2015 年《中共中央　国务院关于加快推进生态文明建设的意见》要求把江河湖泊保护摆在重要位置，明确提出"研究建立江河湖泊生态水量保障机制"。河湖生态流量是维系江河湖泊生态系统的基本要素，是控制水资源开发强度的重要指标和统筹生活、生产和生态"三生"用水的重要基础，做好河湖生态流量管理工作事关河湖健康及其生态服务功能的发挥，事关国家水安全保障和生态文明建设。

（二）落实水资源刚性约束，严格控制河湖水资源开发强度的必然要求

党的十九届五中全会提出建立水资源刚性约束制度。强化水资源刚性约束作用，就是要坚持以水定需、量水而行，落实"四定"原则，控制城市、产业、土地、人口发展在水资源承载能力范围内。近年来，受自然条件限制和不合理开发活动的影响，我国部分流域和区域生活、生产和生态用水矛盾日趋突出，特别是在部分水资源短缺流域，水资源过度开发和水

能资源无序开发导致一些河流断流，湖泊萎缩、湿地减少，河流生态系统受损。制定河湖生态流量目标是落实水资源刚性约束的重要举措，是实施江河水量分配、生态流量管理、水资源统一调度和取用水总量控制的重要依据，具有基础性、先导性作用。

（三）严格水资源管理，依法履行水利部门"三定"职责的必然要求

2018 年，《中共中央办公厅、国务院办公厅关于印发〈水利部职能配置、内设机构和人员编制规定〉的通知》首次将"指导河湖生态流量水量管理工作"明确为水利部职责。各级水利部门"三定"方案也都增加了这项职责。统筹做好"三生"用水配置，保障河湖生态用水，是水利部门的法定职责。要综合运用好水量调度、取水许可监管等手段，统筹安排生活、生产和生态用水，优化配置河道内、河道外水资源，处理好发展与保护、近期与远期的关系，切实保障河湖生态基本用水需求。

二、河湖生态流量管理的总体思路

长期以来，河湖生态流量确定和保障工作在技术、标准、政策和管理等方面存在不完善、不统一、监管缺失等问题。为了统一认识，加强管理，2018 年水利部组织有关部门和单位深入研究，全面调研，充分论证并广泛听取各方意见，制定印发了《关于做好河湖生态流量确定和保障工作的指导意见》，明确了我国河湖生态流量管理目标、确定方法和管控措施等内容，为做好河湖生态流量管理提供了政策依据。

（一）明确河湖生态流量管理的主要目标

按照人水和谐绿色发展、合理统筹"三生"用水、分区分类分步推进、落实责任严格监管的原则，提出了分阶段工作目标：一是到 2020 年年底，重要河湖生态流量目标基本确定，生态流量监管体系初步建立，推进过度开发的重要河湖分阶段生态流量目标研究确定工作。二是到 2025 年，生态流量管理措施全面落实，长江、黄河、珠江、东南诸河及西南诸河干流及主要支流生态流量得到有力保障，淮河、松花江干流及主要支流生态流量保障程度显著提升，海河、辽河、西北内陆河被挤占的河湖生态用水逐步得到退还；重要湖泊生态水位得到有效维持。

（二）明确河湖生态流量确定的准则和方法

确定生态流量应以保障河湖生态保护对象用水需求为出发点。根据河湖生态保护对象，确定生态流量控制断面，选择合适的方法计算并进行水量平衡和可达性分析，综合确定河湖生态流量目标。一般河流应确定生态基流；具有特殊生态保护对象的河流，还应确定敏感期生态流量；天然季节性河流，以维系河流廊道功能确定有水期生态水量目标；水资源过度开发的河流，可结合流域区域水资源调配工程实施情况及水源条件，合理确定分阶段生态流量目标；平原河网、湖泊以维持基本生态功能为原则，确定平原河网、湖泊生态水位（水量）目标。

（三）明确河湖生态流量保障的管理措施

保障河湖生态流量要从强化流域水资源统一调度管理、改善水工程生态流量泄放条件、加强河湖生态流量监测、建立河湖生态流量预警机制等方面，严格管控。流域管理机构或地方水行政主管部门应把保障生态流量目标作为硬约束，合理配置水资源，科学制定江河流域水量调度方案和调度计划。对控制断面流量（水量、水位）及其过程影响较大的水库、水电站、闸坝、取水口应纳入调度管理范畴，实施水量统一调度。水工程管理单位应在保障生态流量泄放的前提下，执行有关调度指令。新建、改建和扩建水工程，应落实生态流量泄放条件，建立生态流量监测预警机制。

三、河湖生态流量管理工作的进展与成效

通过持续推进，我国河湖生态流量管理已经实现从零散管理到系统推进、从典型试点到全面推开、从目标确定到实施监管的历史性突破。

（一）统筹谋划，加快重点河湖生态流量确定

组织各流域管理机构、各省级水利部门制定了全国生态流量保障重点河湖名录，印发了《全国重点河湖生态流量确定工作方案》，提出了2020—2022年工作计划。组织水利部直属有关单位、流域管理机构和省级水利部门加强技术指导，严格审查把关，加大协调力度，全面推进重点河湖生态流量确定工作。截至目前，制定印发第一、第二批由流域管理机构

确定的 90 条河湖、166 个控制断面生态流量目标，各有关省（自治区、直辖市）制定印发 128 条河湖、226 个控制断面生态流量目标。

（二）因河施策，合理确定生态流量保障目标

根据河湖生态流量保障对象和水文节律，组织各流域管理机构、省级水利部门逐河制定生态流量目标，涵盖长江、黄河、淮河、海河、珠江、松辽等流域以及东南诸河的主要干流、跨省河流及主要支流和重要湖泊。对于具有特殊保护对象、有工程调配能力的长江干流及部分支流、珠江流域及西江干流、东南诸河区交溪和建溪确定了最小下泄流量或敏感期生态流量目标；对于水资源过度开发的海河流域永定河、滦河按照近期、中期和远期确定生态水量；对于平原河网及一些重要湖泊确定了生态水位目标。其余河流均确定了生态基流。

（三）严格监管，切实保障重点河湖生态流量

组织制定重点河湖生态流量保障实施方案，开展生态流量保障情况监测评估，按月通报重点河湖生态流量保障情况。长江水利委员会、黄河水利委员会建立流域生态流量监控管理平台，对长江流域 42 个、黄河流域 8 个主要控制断面生态流量进行实时监测预警和动态监管。松辽水利委员会联合流域生态环境监管部门开展生态流量保障监督检查，对嫩江、第二松花江和东辽河生态流量进行监测评估。淮河水利委员会对淮河干流个别控制断面生态流量不达标情况及时会商，落实管控要求。四川、湖南、重庆等省（直辖市）已建立生态流量监控平台，强化监测预警，切实保障河湖生态流量。

毕守海　王　华　执笔

杨得瑞　郭孟卓　审核

实施生态补水　改变河湖生态面貌

水利部水资源管理司

为了解决华北地区地下水超采问题，水利部积极协调北京、天津、河北3省（直辖市）实施2020年华北地区地下水超采综合治理河湖生态补水44.23亿 m³。其中，南水北调中线供水17.04亿 m³，引黄供水5.19亿 m³，引滦供水0.67亿 m³，当地水库供水7.69亿 m³。在补水过程中，水利部根据河流区位、水源条件、输水条件、下渗条件，设定滹沱河、滏阳河、南拒马河、永定河、七里河—顺水河、唐河、沙河—潴龙河、北拒马河—白沟河等8条河流为常态化补水河流，重点保障白洋淀生态补水。8条常态化补水河流及白洋淀合计补水27.18亿 m³，占总补水量的61.5%。

自2018年河湖生态补水试点以来，连续3年的生态补水给河湖生态环境带来4个方面的显著变化。一是河床变水面。21条（个）河湖补水后形成最大有水河长1958 km，最大水面面积达554 km²。滹沱河、南拒马河、七里河、泜河、南运河、瀑河等6条河流全线通水，永定河实现了北京市、河北省、天津市3地水路贯通，北京市境内170多 km河段25年来首次全线通水，华北地区不再"有河皆干"。二是死水变活水。生态补水进入河道，显著提高河流流量，增加了河流的水动力，改善了水质。2020年10月，在21条（个）河湖75个水质监测断面中，Ⅲ类及以上水质比例达到49%，较补水前明显好转，不再"有水皆污"。三是亏空变积蓄。生态补水通过河床下渗进入地下，回补地下水，增加地下水储量，抬高水位。截至2020年年底，21条（个）补水河湖周边10 km范围内浅层地下水水位同比平均回升0.23 m，深层地下水水位同比平均回升1.34 m，有效地增加了地下水储量。四是无鱼变有鱼。生态调查显示，滹沱河、滏阳河、南拒马河、七里河、泜河、南运河、瀑河、永定河、潮白河、北运河等10条河流水生态明显改善。滹沱河、滏阳河、南拒马河底栖动物和鱼类多样性较 2019 年分别提高了 13% 和 23%，水生态显著改善。

华北地区河湖生态补水仍然处于起步阶段，补水水量受丹江口水库、黄河干流来水以及调水工程输水能力的影响较大，遇枯水年，生态水量保障难度较大。同时，河湖生态补水的有效模式仍然需要进一步探索研究。

黄利群　黄一凡　孙晓敏　执笔

杨得瑞　杜丙照　审核

专栏四十五

推进永定河综合治理与
生态修复取得明显成效

水利部规划计划司

2020年，各方凝聚共识，上下协同，推动永定河综合治理与生态修复工作全面开展，促进流域治理一体化。

一、通水河长持续增加，两岸生境持续好转

全年组织实施桑干河、永定河生态补水2.89亿 m³，桑干河、永定河山峡段基本实现不断流，生态补水水头顺利通过北京市大兴国际机场，进入天津市境内15 km，形成了"凤凰展翅水云间"的新景观，永定河北京段25年来首次全线通水。河流水质逐步改善，水功能区达标率达41.5%，Ⅲ类水质以上河长占比达到63.4%，劣Ⅴ类水质河长占比降至4.3%。生物多样性持续丰富，黑鹳、震旦鸦雀等多种珍稀鸟类停留觅食，给永定河沿线带来新的生机，为居民提供了亲近自然、感受自然的场所，得到社会各界的广泛赞誉。2016—2020年永定河流域水功能区达标率统计见图1，2016—2020年永定河流域水功能区水质类别统计见图2。

二、重点工程加快实施，生态廊道逐步贯通

加强流域层面统筹，指导协调地方加快推进重点工程前期工作，有序推进山西省御河、桑干河，河北省洋河、桑干河、清水河和永定河涿州段、廊坊段，天津市北辰段等重点河段治理。永定河水资源实时监控与调度系统开工建设。截至2020年年底，《永定河综合治理与生态修复总体方案》中水利类51个项目中已有31个项目开工建设，累计落实投资64.53亿元。

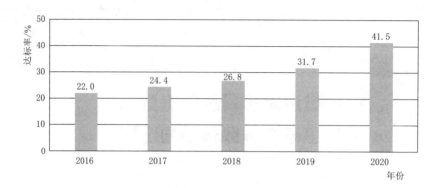

图 1 2016—2020 年永定河流域水功能区达标率统计

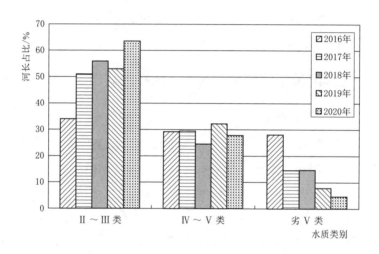

图 2 2016—2020 年永定河流域水功能区水质类别统计

三、农业节水加速推进，节水能力有效提升

印发实施《永定河流域农业节水工程实施推进方案》，按照"先建机制、后建工程"的要求，推动建立"流域统筹、源头控制、分类实施、横向补偿、市场运作"流域农业节水项目实施与运行管理长效机制。推行合同节水管理，严格落实农业用水总量控制和定额管理，强化节水目标监测考核。自 2017 年以来，已完成和在建项目共新增节水能力 1487.3 万 m³（其中 2020 年新增节水能力 572.8 万 m³），促进永定河上游节水项目实现预期节水效果并持续发挥节水效益。2017—2020 年农业节水项目新增节水

能力统计见表1。

表1 　　　　　2017—2020年农业节水项目新增节水能力统计

节水工程类型	年份	新增节水能力/万 m³
河北省灌区节水综合改造工程	2020	438.0
	2017—2020	530.5
河北省高效节水灌溉工程	2020	—
	2017—2020	183.0
山西省高效节水灌溉工程	2020	134.8
	2017—2020	773.7
合　　计	2020	572.8
	2017—2020	1487.3

四、岸线空间管控不断强化，治理成效初步显现

指导督促各地严格实施水域岸线管理和空间管控，桑干河干流、永定河干流、洋河、清水河、御河、十里河的河道划界成果均已公告；加快推进永定河流域"清四乱"常态化、规范化，实现对流域规模以上河流全覆盖抽查；切实推进河湖长制工作，协调指导流域内7个省级河湖长办公室联合印发《海河流域河长制湖长制联席会议制度》，着力构建"工作联络畅通、问题协商到位、信息互认共享、区域联动发展"四位一体的跨区域协作平台。

五、机制体制深化创新，治理实践纵深拓展

积极支持流域投资公司开展多元化融资模式，通过银行保理、并购贷款、融资租赁等方式获得资金支持。协调指导开展并完成2019年度永定河综合治理与生态修复评估。指导支持第二届永定河论坛成功举办，协调推动永定河治理经验模式在潮白河等河湖综合治理与生态修复中推广实践。

童学卫　袁　军　朱鹤岩　执笔

谢义彬　审核

实施生态补水　白洋淀重现水波荡漾

水利部调水管理司

白洋淀位于京津冀腹地、雄安新区规划范围内，属于海河流域大清河水系，地跨北京、河北、山西3省（直辖市）38个县（市），流域面积为3.12万 km²，淀区东西长39.5 km，南北宽28.5 km，蓄水量超过13亿 m³，是华北平原最大的淡水湖泊，被誉为"华北之肾"，是华北地区的"空调器"和"晴雨表"，在京津冀协同发展和生态安全体系建设中具有非常重要的战略地位。

自20世纪60年代以来，由于白洋淀上游及周边区域用水量大幅增加、地下水水位持续下降、入淀水量减少等原因，白洋淀水量以平均每年60万 m³的速度递减，多次出现干淀现象。

为了保障白洋淀生态水量，支撑雄安新区建设和京津冀协同发展战略稳步推进，水利部组织海河水利委员会、黄河水利委员会、河北省水利厅等单位，统筹多水源对白洋淀实施生态补水，大力推进白洋淀生态文明建设。

一是明确生态水位和水量目标。通过《白洋淀生态环境治理和保护规划（2018—2035年）》，分析白洋淀历史水位、生态调查和补水预期，确定了白洋淀生态水位6.5~7.0 m的目标；《白洋淀生态补水工作方案》确定2019—2022年年入淀水量为3亿~4亿 m³，2023—2035年年入淀水量约为3亿 m³的指标；《白洋淀生态水量保障实施方案》确定白洋淀基本生态水量保障目标为十方院水位达6.5 m。

二是建立多水源常态化补水机制。根据白洋淀生态目标需求，水利部精心谋划，多措并举，统筹引黄水、引江水、水库水等水源，建立多水源生态补水机制，确定了由引黄入冀补淀补充水量2.0亿 m³，再生水补充水量 0.6 亿 m³，剩余水量由上游水库、南水北调中线工程、位山引黄工程相机补充的方案。充分利用现有河道和引调水工程，科学调度，满足白洋淀生态用水需求，持续改善白洋淀水生态环境。

三是充分利用有利条件实施生态补水。2019—2020 年，白洋淀总入淀水量为 9.56 亿 m³，其中引黄河水 2.43 亿 m³，南水北调中线水 0.96 亿 m³，上游水库水 4.48 亿 m³，其他水源水 1.69 亿 m³。

生态补水给白洋淀带来了巨大的经济效益、生态效益和社会效益。通过多水源生态补水，白洋淀水位保持在 7.0 m 左右，水体自净能力显著恢复，水环境承载能力进一步增加，水质明显得到改善，绝迹多年的芡实、白花菜等多种沉水植物和浮叶植物已重现白洋淀，一度大量死亡的野生鱼类也在快速恢复和繁殖，白洋淀生态环境得到了明显的改善，重现水波荡漾，又见荷红苇绿。

邱立军　郑振华　执笔

朱程清　孙　卫　审核

专栏四十七

西辽河干流首次迎来下泄生态水

水利部水资源管理司

内蒙古自治区西辽河流域水资源供需矛盾突出，经济社会发展超过水资源承载能力，长期以来水资源过度开发，造成湖泊湿地萎缩、上下游用水矛盾突出等问题，西辽河干流 2001 年以来全年断流。

水利部高度重视内蒙古自治区西辽河流域水资源问题。通过深入开展调查研究，查清了内蒙古自治区西辽河流域有多少水、能用多少水、用了多少水、超用多少水等基本情况，系统分析了水资源过度开发利用的原因，明确了治理的思路、目标、措施等，编制了内蒙古自治区西辽河流域以水而定、量水而行工作方案，批复了西辽河水量分配方案，向内蒙古自治区和辽宁省人民政府印发了内蒙古自治区西辽河流域水资源管控指标，明确了地表水、地下水可用水量和重要断面的下泄水量控制指标，建立了水资源刚性约束指标体系。

内蒙古自治区政府和水利厅积极落实西辽河流域治理。2020 年 7 月初，内蒙古自治区水利厅利用西拉木伦河流域上游来水量增多的有利时机，抓紧实施生态水量下泄。西辽河麦新站以上西拉木伦河、西辽河干流沿线除海日苏灌区少量取水外，其余水利工程全部实施"闭口下泄"，共将近 3100 万 m^3 生态水量下泄到西辽河干流河道内，水头最终到达通辽市西辽河干流苏家堡枢纽下游 32 km 处，干涸近 20 年的西辽河干流首次实现生态水量下泄。2020 年 7 月下旬，再次指导实施生态水量下泄，又将 640 万 m^3 生态水量下泄到西辽河干流河道内。下泄的生态水量渗入地下，回补了地下水。

齐兵强　常　帅　执笔

杨得瑞　杜丙照　审核

实施水资源统一调度
为水生态修复提供保障

水利部调水管理司

党的十八大以来，以习近平同志为核心的党中央高度重视生态文明建设，提出了一系列新理念新思想新战略，一以贯之大力推进生态文明建设。为了落实社会发展生态文明建设目标，支撑重大国家战略建设，水利部组织在雄安新区、白洋淀、永定河及华北地区地下水超采区等地进行生态补水实践，根据流域实际情况开展生态调度尝试，取得了重要的生态价值及社会效益。

一、实施重点区域生态补水

贯彻落实华北地区地下水超采综合治理以及永定河综合治理和生态修复工作要求，组织流域管理机构编制生态水量调度方案，统筹安排好生态用水，细化生态用水计划，做好河道外生态补水工作。2020 年通过引黄入冀共向河北省引黄河水 18.26 亿 m³，其中入白洋淀 1.51 亿 m³。通过补水，有效地调节了白洋淀水位，改善和提升了白洋淀淀区水质，白洋淀水环境和水生态持续向好。

2020 年官厅水库上游各类工程向永定河补水 2.89 亿 m³，其中万家寨北干线引黄河水 1.57 亿 m³，官厅水库全年下泄水量 3.07 亿 m³。通过开展永定河水量调度，2020 年永定河通水河长 737 km，比 2019 年增加 108 km，生态补水顺利通过北京市大兴国际机场，永定河北京段实现了全线通水，《永定河综合治理与生态修复总体方案》第一阶段通水目标顺利完成。永定河沿线全面取消防渗、减渗措施，地下水水位回升明显。根据补水前后卫星遥感影像分析，官厅水库下游湿地水面面积由 8.28 km² 增加到 16.05 km²，生态环境得到明显的改善。

二、黄河生态调度

2020 年，水利部组织黄河水利委员会编制并印发《2020 年黄河生态调度实施方案》，在往年实施下游生态调度的基础上首次开展了黄河全河生态调度，保障流域生态安全。

一是黄河三角洲生态补水。黄河三角洲自然保护区地处黄河入海口，位于山东省东北部的渤海之滨，是以保护黄河口新生湿地生态系统和珍稀、濒危鸟类为主体的湿地类型自然保护区，总面积为 15.3 万 hm^2，分为北部的刁口河、中部的黄河口、南部的大汶流 3 个区域。2020 年，水利部组织实施黄河三角洲生态补水工作，全年累计向黄河三角洲生态补水 6.37 亿 m^3，是 2008 年实施河口地区生态补水以来补水总量最多的一年。2020 年 6 月启动防御大洪水实战演练，黄河水利委员会抓住河口段流量较大的机会，按照能补尽补、应补尽补的原则，实施黄河河口三角洲自然保护区湿地生态补水工作，向黄河河口三角洲湿地累计补水 2.16 亿 m^3。通过实施生态补水，黄河三角洲水面面积大幅度增加，三角洲沿河地下水得到有效的补充。根据监测记录显示，自 2020 年 6 月下旬开始，地下水位逐渐抬升，7 月上旬西河口附近地下水位抬升最高达 1.4 m。湿地沟壑劣 V 类水变为 IV 类水，黄河鲫鱼再次现身黄河口，黄河下游和河口地区水生态水环境进一步改善。

二是乌梁素海生态补水。乌梁素海位于内蒙古自治区巴彦淖尔乌拉特前旗，是黄河改道形成的河迹湖，也是全球荒漠半荒漠地区极为少见的大型草原湖泊，是中国 8 大淡水湖之一。多年来，由于乌梁素海湿地水质恶化，盐分积累，泥沙淤积，植被退化，动物栖息地丧失，生态环境问题突出。利用黄河水实施应急生态补水是乌梁素海生态环境治理的重要措施之一。自 2018 年起，水利部组织黄河水利委员会连续 3 年有计划地向乌梁素海实施应急生态补水。2018—2020 年累计补水 18.34 亿 m^3。通过补水置换水体，加之内蒙古自治区近年采取的各项水生态综合治理措施，乌梁素海生态环境得到明显改善，水域面积显著扩大，沼泽化趋势得到有效遏制；水质明显好转，由劣 V 类水和 V 类水变为 IV 类水，鱼类和鸟类逐渐得到恢复。

三、黑河生态调度

2019—2020 年，黑河流域管理局按照《关于批准下达黑河干流 2020—2021 年度水量调度方案的通知》要求，共组织实施"全线闭口、集中下泄"措施 4 次 112 天、限制引水措施 2 次 13 天、洪水调度措施 2 次 14 天。莺落峡水文断面实测来水量 20.16 亿 m³，正义峡水文断面实测下泄水量 12.79 亿 m³。全年累计向额济纳绿洲生态补水 8.99 亿 m³，东居延海补水量超过 0.30 亿 m³，最大水面面积达到 43.20 km²，实现了连续 16 年不干涸。尾闾生态环境持续改善，生物多样性明显提升，栖息鸟类达 110 余种 8 万多只，5 种国家一级保护鸟类黑鹳、遗鸥等以及 15 种二级保护鸟类白鹭、天鹅、红嘴鸥等珍稀鸟类栖居居延海湿地。全年灌溉额济纳绿洲林草 94 万亩，天鹅湖、莫闹湖等生态脆弱区得到有效补水，浇灌沫浓湖周边退化草场 5 万亩，为进一步改善和巩固额济纳绿洲生态成效奠定了良好的基础。

四、向海湿地补水

向海湿地位于吉林省西部通榆县境内，跨洮儿河与霍林河局部区域，总面积为 1054.67 km²，其中核心区面积为 311.90 km²，占保护区总面积的 29.6%，共分为鹤类核心区、东方白鹳核心区、大鸨核心区和黄榆核心区 4 个核心区。自 2000 年以来，受连续干旱影响，向海湿地缺水严重。为了避免向海湿地进一步萎缩，发生不可恢复的灾难，水利部组织实施察尔森水库应急补水，在一定程度上恢复了湿地调节局地自然小气候的功能。2020 年从察尔森水库累计调出水量 1.038 亿 m³，进入向海湿地累计水量约为 0.640 亿 m³。按水深 0.3 m 计算，向海湿地核心区水面面积由补水前的 180 km² 增加至 250 km²，直接改善白鹳、大鸨、黄榆 3 个核心区的生态环境，对抑制向海湿地自然环境恶化、维系湿地功能、防止生态灾难发生发挥了重要作用。

五、科学实施珠江枯水期水量调度

为了确保澳门、广东省珠海市等地的供水安全，珠江水利委员会积极组织开展 2019—2020 年珠江枯水期水量调度工作。面对严峻的供水保障形势，按照"重在前蓄、总量控制、节点调控、风险管理"的总体思路，精心组织做好水库"前蓄"和"后补"调度。在调度期内，累计向澳门和珠海市主城区供水 1.38 亿 m³。自 2005 年以来，珠江水利委员会已经成功实施了 17 次珠江枯水期水量调度，切实保障了澳门、珠海市等地的供水安全，取得了显著的社会、经济和生态效益，为粤港澳大湾区经济社会发展提供了坚实的基础。

六、及时启动引江济太调水

太湖流域管理局认真贯彻落实水利部的有关工作部署，统筹流域与区域、防洪与供水。2020 年，为了保障冬春季供水、应对太湖蓝藻暴发和水体异常等现象，先后组织实施了 4 次引江济太调水工作。全年通过望虞河调引长江清水 6.60 亿 m³，其中入太湖 2.36 亿 m³，有效增加了流域水资源量，促进了河湖水体流动，切实保障了流域重要水源地的供水安全。

七、塔里木河胡杨林区生态调度

新疆维吾尔自治区塔里木河流域管理局编制印发《2020 年塔里木河流域"四源一干"胡杨林区生态输水实施方案》，在保证生活、生产用水的前提下，利用汛期各河洪水情况，适时启动生态输水工作。2020 年通过科学调度、优化配置，塔里木河流域向"四源一干"胡杨林区生态输水 19.58 亿 m³，完成全流域生态输水任务。通过开展胡杨林生态输水，2020 年流域淹灌胡杨林 293 万亩，影响面积约为 685 万亩。各胡杨林保护区以胡杨为主的天然植被生长季各时段的植被指数上升显著，自然植被长势好转；地下水得到了有效的补给，随着地下水位的抬升，地下水的水质也日益好转，水环境得到明显改善。以塔里木河干流为例，距离河道 1 km 处的地下水位在输水后：上游阿拉尔生态监测断面抬升 1.02 m，中游阿其克生态监测断面抬升 0.73 m，下游英苏、老英苏生态监测断面抬升 1.62 m。

邱立军　郑振华　执笔

朱程清　孙　卫　审核

专栏四十八

华北地区地下水超采综合治理
成效进一步显现

水利部规划计划司

2020年，水利部会同国务院有关部门和北京、天津、河北3省（直辖市），努力克服新冠肺炎疫情影响，按照"一减、一增"的治理思路，全力推进华北地区地下水超采综合治理重点任务措施落实，取得明显的成效。

一是河湖生态补水效果明显。通过加大引江、引黄水源供给，累计向京津冀地区供水78.3亿 m^3。充分利用当地水、外调水和再生水，为华北地下水超采治理区的21条（个）河湖生态补水44.2亿 m^3，补水河道有水河长1958 km，形成水面面积554 km^2。

二是地下水压采措施加快推进。大力推进节水行动，促进农业节水增效、城镇节水降损和工业节水减排。京津冀新增126万亩高效节水灌溉面积任务基本完成，开工两处大型灌区续建配套与节水改造工程。持续推进农业种植结构调整，河北省完成旱作雨养土地面积44.7万亩、退耕土地面积10万亩，北京市、天津市分别完成休耕轮作土地面积6万亩、3.9万亩。在南水北调中线一期和引黄等工程受水区，新开工一批城镇江水直供、农村水源置换工程，压减地下水开采量。

三是地下水监管力度加大。加强跟踪督促和监督检查，对重点任务措施实施情况开展暗访核查，针对发现的问题及时督促整改。利用国家和省级地下水监测网络，动态监测评估地下水水位变化情况，通过无人机航测、遥感解译等手段，对河湖水面变化进行动态分析。河北省将地下水取水许可审批权全部上收到省级，逐县制定地下水开采控制"红线"，对县域开采量接近或超过控制"红线"的，实行取水许可限批。

四是地下水水位变化明显好转。2020年，在降水量与多年平均降水量总体持平的情况下，京津冀平原区地下水水位呈现总体稳定、逐步回升的态势。与2019年相比，治理区浅层地下水水位平均回升0.23m，其中回升和稳定的面积比例为95.6%；深层承压水水位平均回升1.34m，其中回升和稳定的面积比例为92.7%。

2021年是"十四五"规划开局之年，也是实施华北地下水超采治理的关键一年，水利部将继续深入贯彻落实党中央、国务院决策部署，会同国务院有关部门和北京、天津、河北3省（直辖市），组织实施好《华北地区地下水超采综合治理行动方案》，推动治理工作取得更大的成效。

杨　威　王　晶　马　越　刘海振　执笔

高敏凤　审核

专栏四十九

农村水系综合整治助力乡村振兴

水利部规划计划司

2020 年，水系连通及农村水系综合整治试点工作全面启动实施，相关省份和试点县（区、市）综合施策、系统治理，加快建设水美乡村，助力乡村振兴。

一、试点县建设全面启动

按照实施乡村振兴战略的要求，为了解决农村水系存在的淤塞萎缩、水污染严重、水生态恶化等突出问题，恢复河湖功能，改善人居环境，2019 年 10 月，水利部、财政部启动水系连通及农村水系综合整治试点工作，主要通过河湖清障、清淤疏浚、生态护坡、水源涵养、水系连通，以及污染源控制、河湖管理等系统治理措施，建设水美乡村。2020 年年初，克服新冠肺炎疫情的影响，通过县级申报、竞争立项和专家审核，确定并公布了第一批农村水系综合整治试点县名单，实施时间为 2020—2021 年，包括东、中、西部 27 个省（自治区、直辖市）的 55 个县（区、市），覆盖湿润、干旱和过渡区以及平原水网和山地丘陵区，地理气候类型多样。当年安排中央水利发展资金 47 亿元支持试点县建设。

二、试点县建设快速推进

水利部联合财政部印发《关于印发加强水系连通及农村水系综合整治试点县建设管理指导意见的通知》，通过调度会商、督导检查等方式加强督促指导；相关省份建立完善月周报制度，将试点工作作为年度重点考核对象，加强技术指导把关、建设监管和进度督促。如，四川、重庆、广东等省（直辖市）结合当地治理的需求和特点，制定农村水系综合整治技术要求或指引，加强建设管理；试点县人民政府专门成立农村水系综合整治领导小组，党委或政府主要负责人担任组长，加强制度建设和部门统筹协调，精心优化组织，积极筹措资金，营造共建共治共享格局。在大家的共同努力下，2020年农村水系综合整治试点县完成水利投资97亿元，投资完成率达到98%。2020年各试点县投资完成率情况见图1。

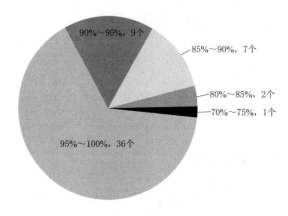

图1 2020年各试点县投资完成率情况

三、试点县建设初见成效

2020年治理农村河道2200多km、湖塘600多个，受益村庄2400多个，治理后的农村河湖生态环境质量明显改善。如，甘肃省临泽县以生态为本、保护为先，将野水驯化，在戈壁滩上打造出美丽河湖。除再现村民记忆中的潺潺溪水、一鉴方塘外，试点县建设"筑巢引凤"，吸引休闲、康养、生态农业产业，成为农村经济新的增长极。如，安徽省芜湖市湾沚区以河湖为脉，农村旅游景观和生态村庄为点，串点成线，实施全域河流治理，成功吸引六郎湿地花海农业科技示范园、珩琅山玫瑰谷文创产业等企业资金参与。

童学卫　施文婧　执笔

谢义彬　审核

专栏五十

长江经济带小水电清理整改
重点工作全面完成

水利部农村水利水电司

为了全面贯彻落实习近平生态文明思想，坚决纠正长江经济带小水电违规建设、影响生态环境等问题，按照国务院领导同志重要批示精神，水利部会同有关部门于 2018 年年底启动了长江经济带小水电清理整改工作，指导 10 个省（直辖市）在对长江经济带 2.5 万多座小水电逐站核查问题、综合评估的基础上，按照退出、整改、保留进行分类，针对存在的问题逐站逐项提出措施，编制"一站一策"方案，组织分类实施。经过 10 省（直辖市）和 7 个部委的共同努力，截至 2020 年年底，历时 2 年多的长江经济带小水电清理整改工作已完成，共计退出涉及自然保护区核心或缓冲区、严重破坏生态环境的违规水电站 3500 多座，全面整改影响生态环境、审批手续不全的水电站 2 万多座，同步建立了小水电生态流量监管平台，对在建和拟建项目进行复核，严格控制新上项目。大幅提高了生态流量保障程度，河流生态得到初步修复，小水电违规建设、过度开发基本得到遏制，生态环境问题得到全面解决。

一是做好顶层设计。水利部会同有关部门联合出台了长江经济带小水电清理整改工作指导意见，召开启动工作视频会，明确工作原则、目标任务和要求。将清理整改纳入《长江保护修复攻坚战行动计划》统筹谋划，强化部署和落实。

二是建立协调机制。根据工作需要，建立了水利部、国家发展改革委、自然资源部、生态环境部、农业农村部、国家能源局、国家林业和草原局 7 个部委相关单位组成的清理整改工作协调小组。各省（直辖市）成立了省领导或部门主要负责同志任组长的领导小组、工作组，加强部门协作，形成工作合力。

三是完善工作制度。规范并明确了综合评估报告、电站退出、验收销号等相关意见和要求。组织开发了清理整改管理信息平台和移动端 APP，建立了信息报送制度。各地也结合实际出台了贯彻落实的配套文件。

四是健全监管机制。联合生态环境部出台小水电生态流量监管相关意见，出台生态流量监管平台指导意见，提出落实小水电站生态流量工作的重点措施，明确了生态流量监管要求、保障机制。10 省（直辖市）将清理整改工作纳入河长制、湖长制工作内容和考核体系，结合实际建立了省、市、县生态流量监管平台，完善监测监督体系，逐步从专项整治向日常监管转变。

五是加强督查指导。邀请包括院士在内的 60 余位专家，组建专家库和专家组，提供技术支持。水利部在福建省永春县、湖北省宜昌市召开现场会，组织有关省（直辖市）交流好做法、好经验。采取线上与线下结合，7 个部委联合督导与暗访检查相结合，调度会商和重点督导、通报相结合等多种方式加强督促指导，确保如期完成任务。

岳梦华　张　翔　王　亮　执笔

邢援越　审核

江西省玉山县：水保项目助力
乡村脱贫攻坚

　　江西省玉山县水利局把"治一方水土，兴一方经济，富一方百姓，美一方家园"作为水土流失治理目标，走出了一条以水土保持生态建设助力乡村脱贫攻坚的新路子。

　　玉山县科学规划，精心实施，开展以小流域为单元，统筹山、水、林、田、路、草、能、居的统一规划；乔、灌、草、拦、蓄、灌统筹兼顾；沟、凼、池合理配套、综合治理。坚持因地制宜，把离居民集居地较远的山场规划为封禁治理区；对于居民集居地附近山场，有条件的种植经果林，其余种植水保林；采取横坡沟垄耕作或起垄种植的保土耕作措施，有效地减少耕作土流失；扎实推进生态清洁型小流域建设，多个水生态文明村自主创建达到验收标准，被授予"江西省水生态文明村"称号。

　　2011 年以来，玉山县共投入财政资金 2000 多万元，治理水土流失面积 67.50 km²，项目区涉及 11 个乡镇，治理完工 11 条小流域，种植水保林 6500 多亩、经果林 1.2 万多亩，5 万余人受益。项目区植被覆盖率由治理前的 47.2% 提高至 59.5%，水源涵养能力不断增加，土壤流失量有所减少，农民人均纯收入显著增加。

　　玉山县将水土流失治理与产业开发结合，坚持"政府引导、政策扶持、典型示范、群众参与、产业化经营"的发展思路，在项目区大力发展绿色食品原料（油茶）生产基地 5000 余亩，油茶低产林改造 1 万余亩，不仅有效地治理了水土流失，还为调整农业产业结构、帮助山区农民增收开辟了一条新路子。项目区人均油茶种植面积由治理前的 1.8 亩提至 3.1 亩,油茶生产能力由亩产不到 4kg 提高到了 15kg 多,实现了经济发展和生态环境改善双赢。

在水保项目实施中,玉山县优先选择贫困群众参与建设,每年安排当地群众投工投劳近 1 万个工作日,支付工资 100 多万元,不仅解决了项目建设用工难题,还把国家补助资金化为劳务收入惠及百姓。此外,玉山县引导、扶持农林合作社、家庭林场、龙头企业等 9 家大户投资 5000 多万元,带动当地群众参与种植"赣无"系列高产油茶、水果、白茶等,发展养殖和林产品加工。绿水青山已经成为当地群众的"幸福靠山"。

翁学先　丁奕然　执笔

席　晶李攀　审核

能 力 建 设 篇

水利科技创新与标准化工作进展

水利部国际合作与科技司

2020 年，水利部努力降低疫情不利影响，聚焦水利改革发展需求和水利中心任务，不断深化科技管理体制和水利标准化改革，深入推进水利科技重大问题研究，着力抓好先进实用技术成果推广转化，优化完善水利技术标准体系。

一、重大科技问题研究建立新格局

一是水利重大科技问题研究深入推进。通过规范管理、专家咨询、交流进展成果等手段，组织完成围绕水利改革发展重点领域实施的 21 个研究项目，部分成果已经在相关规划编制、政策制定中得到应用。启动实施 9 项流域水治理重大问题研究项目。编制 16 项"十四五"国家重点研发计划重大需求，协调科技部谋划好水利"十四五"国家级重点专项工作。

二是长江、黄河水科学研究联合基金成功设立。联合国家自然科学基金委员会和有关国企设立长江、黄河水科学研究联合基金，落实经费 5 亿元，完成长江水科学研究联合基金 2020 年度指南发布、项目评审立项，以及长江、黄河水科学研究联合基金 2021 年度指南征集凝练等工作。

二、科技体制改革与规划工作稳步推进

一是科技体制改革不断深化。深入推进"三评"改革，通过调研提出加快推进水利科研院所改革发展的工作清单，推动破解制约院所改革发展的问题。完善并推广使用水利科技专家库。组织中国水利水电科学研究院、南京水利水电科学研究院完成扩大科研院所自主权试点工作，指导中国水利水电科学研究院开展中央级科研事业单位绩效评价试点。

二是科技创新相关规划工作积极开展。积极参与《2021—2035 年国家

中长期科技发展规划》编制工作，提出战略研究选题建议，将水利重大科技需求纳入国家规划。组织流域机构、科研单位、涉水高校等凝练"十四五"科技发展需求，做好顶层设计，初步完成"十四五"水利科技创新规划编制工作。

三、科技推广和科技奖励工作全面推进

一是科技推广转化开创新模式。印发《水利科技推广工作三年行动计划（2020—2022年）》，进一步明确水利推广工作新机制及其重点任务。发布《2020年度成熟适用水利科技成果推广清单》，推动形成水利部有关司局、流域和省（自治区、直辖市）联动的水利推广协作机制，近百项成果得到广泛应用。组织实施水利技术示范项目47项，进一步规范项目管理，实施项目结题备案机制，加强事中事后监管，完成28项到期项目结题备案。完成水利科技成果登记87项、成果评价43项。

二是大禹水利科学技术奖评审改革不断推进。会同中国水利学会，实施大禹水利科学技术奖评审改革，完成奖励委员会换届，基本健全组织机构。印发奖励办法、评审细则等10项配套制度，不断完善制度体系。全面完成2020年度大禹奖评审工作。

四、创新基地和科普工作不断加强

一是水利部重点实验室和野外科学观测研究站建设加快推进。强化制度建设，修订印发《水利部重点实验室建设与运行管理办法》。改革重组现有10个部级重点实验室。1家水利行业野外观测站被列入国家野外站择优建设清单。围绕节水、流域水治理和水利大数据等重点领域，初步确定6个重点实验室作为第一批新建对象。对水利行业野外定点观测研究站布局情况进行摸底调查，为后续新建工作奠定基础。积极推动第一批认定的6个野外科学观测研究站纳入国家野外科学观测研究站序列。

二是水利科普工作积极推进。联合8部门印发《关于举办2020年全国科普日活动的通知》，共同举办2020年全国科普日活动，将节水科普作为全国科普日活动的重要内容。协调中国科学技术协会，加入全民科学素质

行动计划纲要实施工作联席机制。举办首届水利科普讲解大赛，在科技活动周等重要节点，组织开展特色水利科普活动。成功推荐 1 个单位和 2 名个人分别获评全国科普工作先进集体和先进工作者。

五、水利标准化工作卓有成效

一是标准体系不断优化。加强标准化制度建设，制定印发《关于加强水利团体标准管理工作的意见》。优化完善水利技术标准体系，形成《水利技术标准体系表（送审稿）》，使标准的技术支撑作用不断增强。发布 45 项水利技术标准（国家标准 3 项、行业标准 42 项），在编 143 项水利技术标准，全面支撑节水、水资源保护、工程运行管理等方面的监管工作。在全面评估标准实施效果的基础上，废止 87 项不适应当前水利改革发展需要的行业标准。

二是标准实施与监督全面加强。标准实施取得显著的社会效益，有 2 项标准分别获得"标准科技创新奖"一等奖、三等奖，另有 2 项标准分别获得"中国标准创新贡献奖"二等奖、三等奖。向社会免费公开全部水利技术标准文本，获得社会各界的一致好评。组织录制国家标准宣传贯彻视频，服务社会各方的标准需求。优化标准复审方法与程序，完成 83 项水利技术标准复审工作。加强标准化示范区管理，组织完成水利部承担的 3 项国家农业标准化示范区项目年度建设任务。发布《2019 年度水利标准化年报》，为宏观管理和决策提供支撑。

三是标准国际化取得新成效。加强标准国际化顶层设计，提出标准国际化工作思路与打算，明确重点任务和工作安排。联合国工业发展组织与国际小水电联合会正式发布水利部主导编制的 26 本小水电国际标准（中文版）。不断加强水利技术标准英文翻译工作，2020 年完成 3 项技术标准翻译工作，截至目前共完成 33 项技术标准的英文翻译出版，另有 21 项技术标准正在翻译。在南京水利水电科学研究院成立国际标准化组织水文测验技术委员会（ISO/TC113）中国专家组，积极研究提交国际标准提案。

四是计量和资质认定工作稳步推进。与国家市场监管总局联合推进水资源计量工作，成立全国能源资源计量技术委员会水资源计量分委员会。完成 15 家水利检验检测机构资质认定现场评审工作。组织开展 93 家国家级检验检测机构 2020 年度能力验证、监督检查自查工作，国家级水利检验检测机构能力水平进一步增强。

六、全力推动新发展阶段水利科技工作高质量发展

2021 年，水利科技工作要深入贯彻落实党的十九届五中全会精神，紧密围绕"节水优先、空间均衡、系统治理、两手发力"治水思路和水利改革发展需求，增强科技创新引领，夯实标准基础支撑，为保障国家水安全、实现水治理体系和治理能力现代化提供有力的科技支撑与保障。

一是不断深化重大科技问题研究和科技体制改革。组织做好第一批 21 个水利重大科技问题研究成果应用，开展新一轮重大水利科技问题研究，推进流域水治理重大科技问题研究工作。组织实施长江、黄河水科学研究联合基金。协调科技部做好"十四五"重点研发计划重点专项的设计和组织实施工作，争取国家科技计划支持。加快推进水利部属科研院所改革发展，进一步扩大科研自主权，加强"十三五"重大水利科技成果宣传工作。

二是全面加强科技成果推广转化和创新基地建设。围绕节水、水生态修复等重点领域，动态掌握 100 项左右成熟适用的水利技术成果。加强水利技术成果供需对接，搭建水利科技成果供需平台。改革重组并布局新建一批水利重点实验室，谋划推动水利野外科学观测研究站体系建设。做好 2021 年度国家奖推荐和大禹奖评审等奖励工作。出台《关于加强水利科普工作的指导意见》，开展特色水利科普活动。

三是不断夯实水利技术监督工作。强化标准化制度建设，编制发布水利技术标准复审细则、水利技术标准翻译出版工作管理办法。颁布新版水利技术标准体系表，开展新体系标准的制修订。积极发挥小水电国际标准制定的示范作用，协助国际标准化组织推动小水电国际标准在各国实施。推进国家水文水资源计量站建设，加强国家水利工程质量监督检验中心建设，全面夯实计量、认证认可等基础工作。

王　伟　金旭浩　汝　楠　执笔

刘志广　武文相　倪　莉　审核

完成 21 项水利重大科技问题研究

水利部国际合作与科技司

2019 年 7 月，水利部启动实施 21 个水利重大科技问题研究，其中"水资源宏观战略研究"等 3 项宏观重大研究项目，直接针对解决四大水问题开展研究；"水利改革发展总基调战略问题研究"等 18 项重点领域战略研究项目，针对各业务领域支撑解决四大水问题开展研究。水利重大科技问题研究事关理清水利改革发展思路、明确各业务领域工作方向，是水利部党组关心的重点工作。21 项水利重大问题研究项目清单见表 1。

表 1　　　　　　　　　　21 项水利重大问题研究项目清单

序号	项目名称	负责司局	牵头承担单位
一	宏观重大研究项目		
1	水资源宏观战略研究	水资源司	水利部水利水电规划设计总院
2	保障水环境和水生态安全战略研究	规划计划司	中国水利水电科学研究院
3	水旱灾害防御战略研究	水旱灾害防御司	中国水利水电科学研究院
二	重点领域战略研究项目		
4	水利改革发展总基调战略问题研究	办公厅	水利部发展研究中心
5	地下水预测预警技术与超采区治理对策研究	规划计划司	水利部水利水电规划设计总院
6	基于保障国家水安全构建系统完备的水法规体系研究	政策法规司	水利部发展研究中心

续表

序号	项目名称	负责司局	牵头承担单位
7	水价关键问题研究	财务司	中国水利水电科学研究院
8	新时代水治理体制下水利部的定位和发展研究	人事司	水利部发展研究中心
9	我国节水评价标准、推进策略与分区重点研究	全国节约用水办公室	南京水利水电科学研究院
10	新时期中小河流治理目标及对策研究	水利工程建设司	中国水利水电科学研究院
11	新形势下水工程安全管理标准及对策研究	运行管理司	南京水利水电科学研究院
12	河湖长制背景下的河湖健康评价体系及管理决策支持研究	河湖管理司	南京水利水电科学研究院
13	新时代水土保持目标与对策研究	水土保持司	中国水利水电科学研究院
14	农村供水中长期发展战略研究	农村水利水电司	中国灌溉排水发展中心
15	水库移民稳定与中长期发展战略研究	水库移民司	水利部发展研究中心
16	运用信息化技术开展水利行业监管及风险评价研究	监督司	水利部信息中心
17	水文支撑解决四大水问题战略研究	水文司	南京水利水电科学研究院
18	优化三峡工程运行管理保障长江流域水安全战略研究	三峡工程管理司	中国水利水电科学研究院
19	新时期南水北调工程战略功能及发展研究	南水北调工程管理司	长江水利科学研究院
20	水资源"空间均衡"目标与对策研究	调水管理司	水利部水利水电规划设计总院
21	水利科技和标准化支撑保障战略研究	国际合作与科技司	黄河水利水电科学研究院

目前 21 项研究项目已经全面完成研究工作，项目研究成果已汇总呈报水利部领导。这些水利重大科技问题研究取得了一批重大成果。一是为厘清水利改革发展思路提供了支撑。通过"水资源宏观战略研究"等 3 个宏观重大研究项目以及"水利改革发展总基调战略问题研究""新时代水治理体制下水利部的定位和发展研究"等 18 项重点领域战略研究项目，形成了一批重大战略成果，为深入贯彻落实"3·14"重要讲话精神，解决新老四大水问题、厘清水利改革发展思路、明确水利行业发展方向提供了支撑。二是推动各业务领域明确工作方向。通过 21 个水利重大科技问题项目研究，明确概念 255 个、确定标准 170 个，提出各业务领域开展工作的布局、对策和手段，有力地推动各业务领域，明确了今后工作的方向、着力点和相关对策措施。三是在支撑水利改革发展中发挥了重要作用。结合项目研究工作开展，积极推进研究成果在水利各领域行业政策制定、发展战略研究、"十四五"规划编制等顶层设计以及具体业务工作中应用，有力地促进了业务工作开展，有力地支撑了水利改革发展。

金旭浩　张景广　执笔

武文相　审核

专栏五十二

水利科技与标准化获奖情况

水利部国际合作与科技司　中国水利学会

近年来，水利科技与标准化工作喜报频传，由水利部推荐申报的多个项目荣获国家级和省部级奖励，水利科学技术和水利技术标准实施的社会效益不断凸显。

国家科技奖励取得重大突破。2019年水利部提名的"长江三峡枢纽工程"获得国家科学技术进步奖特等奖。"长三角地区城市河网水环境提升技术与应用"和"复杂水域动力特征和生境要素模拟与调控关键技术及应用"获2019年度国家科技进步奖二等奖。2020年水利部提名的"大型泵站水力系统高效运行与安全保障关键技术及应用"通过2020年度国家科技进步奖二等奖会评。"气动抛投散粒体洞堵水的方法"获第二十一届中国专利奖优秀奖。

大禹水利科学技术奖改革有序推进。按照国家科技奖励制度改革精神，认真落实"压缩获奖数量、提升获奖成果质量"的改革要求，修订印发《大禹水利科学技术奖奖励办法》，指导中国水利学会组织开展2020年度大禹奖网络评审和网络会评，从177项成果和团队中评选出拟授奖的47项成果和团队。2020年度大禹水利科学技术奖获奖名单见表1。

水利标准再获中国标准化领域最高奖。"中国标准创新贡献奖"是我国标准化领域的最高奖项，水利部时隔10余年再度获奖。2020年水利部推荐申报的水利行业标准SL 258—2017《水库大坝安全评价导则》和团体标准T/CHES 18—2018《农村饮水安全评价准则》分别获得二等奖、三等奖，且SL 258—2017《水库大坝安全评价导则》为二等奖获奖标准中唯一一个行业标准。

水利标准首获工程建设领域唯一标准奖项。"标准科技创新奖"是我国工程建设领域唯一的标准奖项，2018—2020 年共进行过 3 届评选。2020 年水利部推荐申报的水利行业标准 SL 775—2018《水工混凝土结构耐久性评定规范》和团体标准 T/CHES 22—2018《渡槽安全评价导则》分别获得一等奖、三等奖。

表1　　　　　　　　2020 年度大禹水利科学技术奖获奖名单

一、科技进步奖			
序号	成果名称	完成单位	获奖等级
1	高危堰塞湖应急处置关键技术与实践	水利部长江水利委员会、长江勘测规划设计研究有限责任公司、长江水利委员会水文局、长江水利委员会长江科学院、水利部水利水电规划设计总院、中国水利水电科学研究院	特等奖
2	多沙河流水库减淤兴利运用关键技术	黄河勘测规划设计研究院有限公司、清华大学、中国水利水电科学研究院、水利部黄河水利委员会、水利部小浪底水利枢纽管理中心、水利部黄河水利委员会三门峡水利枢纽管理局	一等奖
3	黄河中游生态脆弱区分区量化综合治理关键技术及应用	黄河水利委员会黄河水利科学研究院、中国科学院地理科学与资源研究所、黄河水利委员会黄河上中游管理局、北京大学、河南大学	一等奖
4	农村饮用水水源地水质安全保障关键技术及应用	北京大学、中国灌溉排水发展中心（水利部农村饮水安全中心）、武汉大学、中国水利水电科学研究院、河海大学、扬州大学、浙江爱迪曼环保科技股份有限公司	一等奖
5	气候变化对我国东部季风区陆地水循环与水资源安全的影响及适应对策	中国科学院地理科学与资源研究所、国家气候中心、水利部水利水电规划设计总院、水利部信息中心、中国科学院大气物理研究所、北京师范大学、武汉大学、清华大学、中国科学院东北地理与农业生态研究所	一等奖
6	三峡水库生态系统结构优化完善研究与应用	水利部中国科学院水工程生态研究所、中国长江三峡集团有限公司中华鲟研究所、中国水利水电科学研究院、中国科学院重庆绿色智能技术研究院、中国科学院武汉植物园、重庆大学、中国人民大学	一等奖

2021 中国水利发展报告

续表

序号	成果名称	完成单位	获奖等级
7	河流生态变化辨识与生态河流完整性重构一体化技术及应用	河海大学、水利部交通运输部国家能源局南京水利科学研究院、黑龙江省三江工程建设项目服务中心、四川大学、黑龙江大学	一等奖
8	高校（小区）节水智能管控机制、技术与装备	水利部综合事业局、河北工程大学、北京国泰节水发展股份有限公司、株洲珠华水工业科技开发有限公司、深圳科信洁源低碳环保有限公司、义源（上海）节能环保科技有限公司、福水智联技术有限公司、厦门矽创微电子科技有限公司、广东工业大学、株洲南方阀门股份有限公司	一等奖
9	重大水工程边坡安全评价与防控关键技术研究及应用	河海大学、水利部交通运输部国家能源局南京水利科学研究院、中国水利水电科学研究院、中国电建集团贵阳勘测设计研究院有限公司、中国电建集团华东勘测设计研究院有限公司、中国电建集团成都勘测设计研究院有限公司	一等奖
10	入河排污布设分区理论与多元优化关键技术及应用	长江水资源保护科学研究所、河海大学、水利部水利水电规划设计总院、武汉大学、中国水利水电科学研究院	二等奖
11	用水紧缺区水安全保障能力提升关键技术及应用	华北水利水电大学、中国水利水电科学研究院、中国科学院地理科学与资源研究所、南京信息职业技术学院、水利部交通运输部国家能源局南京水利科学研究院、中国建筑科学研究院有限公司	二等奖
12	万吨级海水淡化节能高效技术装备及智能控制系统	中国电建集团华东勘测设计研究院有限公司、舟山中电建水务有限公司、中国电建集团郑州泵业有限公司	二等奖
13	西北牧区水草畜平衡管理和饲草地节水增效技术示范与推广	水利部牧区水利科学研究所、内蒙古自治区水利科学研究院、鄂尔多斯市水利局	二等奖
14	干旱与半干旱区水文循环机理、模型及应用	河海大学、中国科学院西北生态环境资源研究院	二等奖
15	三峡库区高切坡防护关键技术、应用及推广	水利部长江勘测技术研究所、长江勘测规划设计研究有限责任公司、长江工程监理咨询有限公司（湖北）、中国地质大学（武汉）、扬子江工程咨询有限公司（湖北）、北京航空航天大学、绍兴文理学院	二等奖

序号	成果名称	完成单位	获奖等级
16	沂沭泗河湖综合调度关键技术与实践	淮河水利委员会沂沭泗水利管理局、淮河水利委员会水文局（信息中心）、沂沭泗水利管理局水文局（信息中心）、中国水利水电科学研究院、河海大学、河北工程大学	二等奖
17	大型复杂跨流域调水工程预报调配关键技术研究	陕西省引汉济渭工程建设有限公司、西安理工大学、陕西省水文水资源勘测局、珠江水利委员会珠江水利科学研究院	二等奖
18	南水北调中线一期工程全过程调度与输水安全保障关键技术	长江勘测规划设计研究有限责任公司、南水北调中线干线建设管理局、武汉大学、长江水利委员会长江科学院	二等奖
19	生态文明视觉下库岸滑坡减灾关键技术	三峡大学、重庆交通大学、枣庄学院、西南大学、重庆大学、深圳市东深工程有限公司、中国葛洲坝集团第一工程有限公司	二等奖
20	农村水电绿色发展若干关键技术研究及应用	长江水利委员会长江科学院、国际小水电中心、水利部农村电气化研究所、水利部中国科学院水工程生态研究所、浙江大学	二等奖
21	大型煤炭基地水安全评估及综合保障关键技术与应用	水利部交通运输部国家能源局南京水利科学研究院、黄河水利委员会黄河水利科学研究院、中国水利水电科学研究院、北京师范大学、合肥工业大学	二等奖
22	青藏高原深厚冰水堆积物工程地质特性及筑坝适宜性研究	青海省水利水电勘测设计研究院、中国电建集团西北勘测设计研究院有限公司、成都理工大学	二等奖
23	红壤丘陵区雨水径流资源水土保持调控技术及应用	江西省水土保持科学研究院、南昌工程学院、江西农业大学	二等奖
24	近岸风暴潮浪集合预报与动态预警关键技术研究及应用	河海大学、水利部信息中心、水利部交通部国家能源局南京水利科学研究院、广东省水文局、上海市防汛信息中心、江苏省水文水资源勘测局、天津市水文水资源管理中心	二等奖
25	水资源取用水协同监管平台关键技术及应用	安徽省（水利部淮河水利委员会）水利科学研究院、科大讯飞股份有限公司	三等奖
26	堤坝渗漏隐患多源协同探测与生态修复关键技术	重庆交通大学、河海大学、水利部交通运输部国家能源局南京水利科学研究院、广东水利电力职业技术学院、中交三航（重庆）生态修复研究院有限公司	三等奖

序号	成果名称	完成单位	获奖等级
27	黄河口及邻近海域生态系统管理关键技术研究与应用	黄河河口海岸科学研究所、自然资源部第一海洋研究所、中国海洋大学、东营市海洋经济发展研究院、国家海洋局北海环境监测中心	三等奖
28	贵州高原水库藻类群落演变机理、调控技术及应用	贵州师范大学、珠江水利委员会珠江水利科学研究院、中国水利水电科学研究院、水利部水资源管理中心、贵州省水利科学研究院	三等奖
29	防淤堵自振式水工闸门成套技术及工程应用	中国水利水电科学研究院、水利部水利水电规划设计总院、山东省调水工程运行维护中心、北京力博தி仪器仪表有限责任公司、山东省调水工程运行维护中心博兴管理站	三等奖
30	寒冷地区农村供水安全保障体系与技术研究	辽宁省水利事务服务中心、中国水利水电科学研究院、江苏永冠给排水设备有限公司	三等奖
31	北方特大城市雨洪资源利用与灾害防控技术研究与应用	北京市水科学技术研究院、中国科学院地理科学与资源研究所	三等奖
32	大掺量高钙粉煤灰及高温环境碾压混凝土筑坝关键技术研究与应用	广东水电二局股份有限公司、广东粤水电勘测设计有限公司、福建省恒鼎建筑工程有限公司、福建省禹澄建设工程有限公司、福建泉润建设工程有限公司	三等奖
33	高水头深覆盖大型岩塞与淤泥层协同爆破关键技术	中国水利水电第六工程局有限公司	三等奖
34	太湖流域河湖水网综合协同调度技术体系与应用	太湖流域管理局水利发展研究中心、水利部交通运输部国家能源局南京水利科学研究院、河海大学、中国水利水电科学研究院	三等奖
35	生产建设项目水土保持"天地一体化"监管关键技术研究与应用	珠江水利委员会珠江水利科学研究院、水利部水土保持监测中心、中国科学院空天信息创新研究院、珠江水利委员会珠江流域水土保持监测中心站、广东华南水电高新技术开发有限公司	三等奖
36	穿江隧洞遇断层带及长大深基坑施工关键技术	中国电建集团华东勘测设计研究院有限公司	三等奖

续表

序号	成果名称	完成单位	获奖等级
37	灌区节水调控关键技术研究及应用	黑龙江省水利科学研究院、武汉大学、黄河水利科学研究院引黄灌溉工程技术研究中心、山东省水利科学研究院	三等奖
38	水资源保护立法理论与实践	长江水资源保护科学研究所、水利部水资源管理中心、武汉大学	三等奖
39	洪水风险分析关键技术及软件产品研发	中国水利水电科学研究院、水利部交通运输部国家能源局南京水利科学研究院、山东大学	三等奖
40	基于底泥洗脱技术的凉水河内源治理暨生态恢复技术创新与示范	北京市凉水河管理处、中国科学院合肥物质科学研究院、安徽雷克环境科技有限公司	三等奖
41	胶东半岛水安全保障关键技术与应用	山东省水利科学研究院、山东省调水工程运行维护中心、北京师范大学、河海大学、水利部信息中心	三等奖

二、技术发明奖

序号	成果名称	完成单位	获奖等级
42	大型河工模型智能测控系统开发	水利部交通运输部国家能源局南京水利科学研究院、河海大学、长江水利委员会长江科学院、南京瑞迪建设科技有限公司、北京尚水信息技术股份有限公司	一等奖
43	混凝土坝智能温控成套技术	中国水利水电科学研究院	二等奖

三、科学普及奖

序号	成果名称	完成单位	获奖等级
44	《节水总动员》科普动画创新与多维传播	江西省水利科学研究院、中国水利水电出版社有限公司	科学普及奖
45	南水北调纪录片《水脉》	中国中央电视台、国务院南水北调工程建设委员会办公室	科学普及奖
46	电视片《黄河》	水利部黄河水利委员会、黄河水利委员会新闻宣传出版中心	科学普及奖

续表

四、创新团队奖			
序号	团队名称	支持单位	获奖等级
47	南京水利科学研究院变化环境下水文生态效应创新团队	水利部交通运输部国家能源局南京水利科学研究院	创新团队奖

表2　　　　　　　　　　2020年度水利标准项目获奖名单

序号	标准项目名称	主要完成单位	获奖等级
中国标准创新贡献奖			
1	SL 258—2017《水库大坝安全评价导则》	南京水利科学研究院、水利部大坝安全管理中心、河海大学	二等奖
2	T/CHES 18—2018《农村饮水安全评价准则》	中国水利水电科学研究院、中国灌溉排水发展中心、河北省水利厅、山西省水利厅、内蒙古自治区水利厅、吉林省水利厅等	三等奖
标准科技创新奖			
1	SL 775—2018《水工混凝土结构耐久性评定规范》	南京水利科学研究院、中国水利水电科学研究院、长江水利委员会长江科学院、中水东北勘测设计研究有限责任公司、新疆水利水电科学研究院	一等奖
2	T/CHES 22—2018《渡槽安全评价导则》	广东省水利水电科学研究院、广东省水利水电技术中心、黄河水利委员会黄河水利科学研究院、中国水利水电科学研究院、华北水利水电大学、南京水利科学研究院、广东水电二局股份有限公司、广东省大坝安全技术管理中心	三等奖

管玉卉　谷金钰　米双姣　执笔

武文相　倪　莉　审核

水利国际合作进展

水利部国际合作与科技司

2020 年，在水利国际合作工作方面，水利部加强对涉水国际组织和国际组织对口机构的考核和监管，规范线上对外交流活动审批审核的有关程序和要求；坚决执行疫情防控涉外规定，严格监管因公出访团组；创新互动方式，巩固已有良好合作关系，全力克服不利影响，推进各项工作。

一、水利国际交流合作有序开展

一是多双边水利合作深入开展。组织召开在线对外交流活动 58 场，参加外方主办的在线活动 115 次。加强外事工作顶层谋划，编制完成水利外事工作指南。参加 G20 农业水利部长会议等涉水交流活动，开展联合国《2030 年可持续发展议程》涉水目标监测。继获得 2023 年第四届世界灌溉论坛和 2023 年第 18 届世界水资源大会主办权之后，又获得 2024 年第 28 届国际大坝会议主办权。拓展世界银行、亚洲开发银行渠道，立项实施 3 个项目，落实经费 118 万美元。

二是中欧水利合作扎实推进。以视频方式召开中欧水资源交流平台第 12 次联合指导委员会会议，交流分享中欧水利行业抗疫经验措施，稳步推进中欧水资源交流平台重点任务。组织有关单位在"流域管理与生态安全、农村供水与粮食安全、水与能源、水与城镇化"4 个领域与欧方合作伙伴开展交流活动，研究提出相关政策建议，促进中欧水利企业对接。

三是水利抗疫合作有序进行。在疫情初期第一时间协调亚洲水理事会给长江水利委员会捐赠防疫物资，指导有关单位向印度尼西亚、智利、塞尔维亚、孟加拉等国的国家水利机构捐赠防疫物资。向世界水理事会等提供《中国抗疫行动白皮书》（英文版）、中国水利行业抗疫行动措施介绍等材料，宣传中国水利抗疫成效。

二、澜湄水资源合作等跨界河流工作开拓新局面

一是澜湄水资源合作取得新进展。积极落实澜湄合作第三次领导人会议共识,2020 年 11 月 1 日开始向湄公河 5 国提供澜沧江旱季水文信息,将水文信息共享扩展至全年。正式开通澜湄水资源合作信息共享平台网站,举办"澜湄周——水资源合作成果宣传片线上发布会",合作的积极效应进一步放大。

二是跨界河流合作机制良好态势不断巩固。继续与老挝、越南、俄罗斯、哈萨克斯坦等国保持部长级信函密切沟通,有序推进中俄、中哈联委会固定机制工作,推动中哈、中越等合作协议磋商和签署工作取得积极成果。紧急协调加大景洪水电站下泄流量,帮助泰国应对湄公河旱情,彰显负责任大国形象。圆满完成对周边国家 72 个水文站的国际报汛工作,向哈萨克斯坦增加提供伊犁河旱情和水情预报信息,增加中朝水文报汛频次,为周边下游国家防洪减灾提供支持。

三是跨界河流涉外管理和基础支撑水平全面提升。配合中央外事工作领导小组办公室和外交部进一步加强鸭绿江、澜沧江等跨界河流的涉外管理工作。强化跨界河流国际法律研究,成功举办第二届国际水法研讨会。加强跨界河流对外宣传,讲好跨界河流水故事,增进周边国家的理解,营造良好的合作氛围。

三、"一带一路"水利建设不断深化

一是境外项目疫情防控管理不断加强。组织部属单位开展境外项目疫情防控和风险排查工作,指导项目单位加强在外人员管理,督促项目单位压实境外项目疫情防控主体责任,建立疫情防控组织体系和疫情应急处置机制,制定疫情防控实施方案或应急预案。全面梳理在建重点项目实施难点,加大支持力度。

二是"一带一路"建设水利合作专项规划重点任务稳步实施。克服疫情影响,启动 2 个援外项目,获批 3 个援外培训班,建立基于互联网+"水利工程医院"国际平台,成立"一带一路"河湖生态保护技术联合培

训中心。深入调研部直属单位落实专项规划工作安排，研究提出工作设想和建议，滚动更新三年实施计划。召开座谈会，研讨新形势下贯彻落实共建"一带一路"高质量发展要求的举措。

四、外事管理和涉港澳台水利交流水平不断提升

一是外事管理和制度建设持续加强。组织开展对国际组织和国际组织对口机构的考核工作，抓好考核成果的应用。制定国际组织和国际组织对口机构2020—2021年重点工作事项及考核指标，印发实施《水利部国际合作与科技司关于规范管理线上外事活动的通知》，不断完善水利外事监管体系。

二是涉港澳台水利交流稳步开展。组织召开第一届内地香港水利科技研讨会。召开澳门附近水域水利事务管理联合工作小组第六次会议，落实双方合作共识。推动落实水利惠台政策措施，协调保障向金门、马祖供水工程的安全稳定运行，举办第九届海峡两岸水利青年工程交流营等3项两岸在线交流活动。

五、努力推动水利国际合作工作再创佳绩

2021年，水利国际合作工作将进一步深入贯彻落实党的十九届五中全会精神，积极践行"节水优先、空间均衡、系统治理、两手发力"治水思路，持续关注国际疫情形势，打造周边命运共同体和全球水伙伴关系，为全球水治理提供中国智慧、中国经验和中国方案。

一是统筹谋划水利多双边交流合作。密切关注全球疫情发展，与国外对口合作部门加强沟通联系，就多双边固定交流机制活动保持密切联系，进一步创新互动方式，以多种形式开展相关对外交流活动。积极开展中欧水利合作，落实中欧水资源交流平台第8次年度高层对话会成果，深化与欧盟合作，推动水利合作纳入中欧科技合作计划。及时跟踪第四届亚太水峰会和第九届世界水论坛等重要国际水事活动的筹备情况。做好即将在华举办的各项重要国际水事活动的筹备工作。

二是深化澜湄水资源等跨界河流合作。精心组织第二届澜湄水资源合

作论坛和第二届澜湄水资源合作部长级会议，努力将澜湄水资源合作推向新高度。有序推进跨界河流固定合作机制下的各项工作，继续密切与周边国家在防洪减灾、信息共享、工程建设管理、联合研究等领域合作。进一步加强与相关部门协同配合，全力提升跨界河流涉外管理水平。

三是深入推进"一带一路"建设水利合作。抓好"一带一路"建设水利合作专项规划实施，积极为有关单位实现高质量"引进来"和高水平"走出去"搭建平台。深化务实合作，指导有关单位依托国内大循环打造中国水利的国际合作和竞争优势。督促企业进一步增强安全防范意识，提升防范风险能力，坚持合规经营。

四是进一步强化外事管理。研究编制 2021 年度水利部国际会议计划。继续加强国际组织和国际组织对口机构的考核指导。进一步加强因公出国事中、事后监督管理工作，采取"四不两直"方式，对出访任务较多的单位组织"飞行"检查。加强对水利部属单位开展线上交流活动的管理，修订证照管理办法等相关外事管理制度。进一步做好境外项目疫情防控工作，督促有关单位采取有效措施防范风险、保障项目人员的生命安全。

徐　静　郝　钊　王洪明　执笔

刘志广　于兴军　李　戈　审核

专栏五十三

澜湄水资源合作信息共享平台网站开通

水利部国际合作与科技司

　　根据澜湄合作第三次领导人会议共识，为进一步加强澜湄6国在水资源领域的信息共享，水利部于2020年11月30日率先开通澜湄水资源合作信息共享平台网站。水利部、外交部和湄公河5国驻华使节应邀出席仪式。

　　近年来，在澜湄6国的共同努力下，澜湄水资源领域合作步入快车道，机制建设日趋完善、务实项目接连实施、信息交流更加顺畅、人员交往不断密切，进一步提升了各国水资源科学管理水平和防洪减灾能力，为流域水资源安全和各国经济社会可持续发展提供了重要保障。

　　受极端气候变化影响，澜湄流域洪水、干旱事件的发生频率和强度均在增加，流域面临的挑战在逐步升级。澜湄6国同饮一江水，亲如一家人，是事实上的命运共同体。作为最上游国家，中国历来充分考虑下游国家关切，始终以实际行动为下游防洪减灾和水资源安全作出应有的贡献。自2020年11月1日起，水利部正式开始向湄公河国家提供澜沧江旱季水文信息，将信息共享时段从汛期扩展至全年，充分展现了中国作为负责任上游国家的善意和诚意。

　　建设澜湄水资源合作信息共享平台是澜湄6国领导人达成的重要共识，对保障流域水资源安全和各国经济社会可持续发展具有重要意义。水利部率先开通平台网站，通过网站及时准确地发布澜沧江水文信息和水电站应急调度信息，全面系统地展示澜湄水资源务实合作成果，客观准确地分享跨界河流基础知识，让澜湄水资源信息共享的成果更好更早地惠及流域各国人民。同时，平台网站的开通，也为6国加快推动澜湄水资源合作信息共享平台建设，早日实现6国水资源领域数据、信息、知识、经验和技术的全面共享打下坚实的基础，显示了中国推进澜湄合作、提升水伙伴关系的坚定决心。

水利部将继续与湄公河 5 国携手，全力落实澜湄合作第三次领导人会议共识，以共同建设澜湄水资源合作信息共享平台为契机，努力把澜湄水资源合作推向新高度，为流域各国经济社会可持续发展注入更多活力，为建设澜湄国家命运共同体作出新的更大贡献。

王洪明　翟晓娟　执笔

于兴军　审核

水利干部人才队伍建设进展

水利部人事司

2020 年，水利部坚持以习近平新时代中国特色社会主义思想为指导，全面贯彻新时代党的组织路线，坚持创新驱动，加强统筹组织，紧紧围绕水利中心工作、重点任务，加强干部队伍建设，实施人才重点行动，努力为新时代水利改革发展提供坚实的组织保障和干部人才支撑。

一、立足工作实际，不断健全干部队伍发展体制机制

（一）坚持好干部标准，实施领导干部政治素质考察

积极探索考准考实干部政治表现的有效路径，切实把好选拔任用干部的政治关。在中央国家机关率先制定出台《水利部领导干部政治素质考察办法》（以下简称《考察办法》）。坚持"重在日常、用在选拔"，突出水利行业特色，切实加强干部政治素质考察的针对性和实操性。注重从政治忠诚、政治定力、政治担当、政治能力、政治自律等方面全面了解掌握干部的政治表现情况，把学习习近平新时代中国特色社会主义思想、贯彻落实习近平总书记重要指示批示和党中央决策部署、承担急难险重任务、应对重大风险考验等情况作为政治素质考察的重要内容。对政治素质考察结果达不到要求的干部，直接取消考察对象资格。《考察办法》的印发实施进一步提升了政治素质考察工作的规范性和可操作性，大力选拔政治过硬、德才兼备、实干担当的干部，激励广大干部担当作为、干事创业，为建设忠诚干净担当的高素质专业化水利干部队伍提供有力保障。

（二）落实规划纲要要求，加大年轻干部的选拔力度

深入贯彻落实中央《2019—2023 年全国党政领导班子建设规划纲要》精神，研究制定《水利部党组关于贯彻落实〈2019—2023 年全国党政领导

班子建设规划纲要〉的实施意见》（以下简称《实施意见》），加强部管领导班子建设，选优配强领导班子正职，加大优秀年轻干部选拔使用力度，选准用好综合素质好、业务能力强、群众公认的优秀干部，坚持将年轻干部选拔配备融入部管领导班子的日常调整，不断优化部管干部队伍的年龄结构，增强整体功能。《实施意见》的制定印发充分彰显了水利部党组贯彻落实中央精神、加大年轻干部选拔培养的力度和决心，释放了鲜明的用人导向和选人理念，对加快水利干部队伍建设、推进水利事业薪火相传具有十分重要和深远的意义。

二、聚焦重点任务，积极推进高素质专业化人才队伍建设

（一）大力实施人才发展创新行动

认真贯彻落实水利部党组《新时代水利人才发展创新行动方案（2019—2021 年）》，推动有关人才培养创新举措落地落实。

一是建立水利高层次人才库。对全国水利系统省部级以上高层次人才进行统计分析，首次建立 400 余人的全国水利高层次人才库，形成《高层次人才统计分析报告》。启动高层次人才库信息管理系统建设，提升人才工作信息化水平。

二是组建部级人才创新团队。围绕水利重大科技战略问题，试点组建水资源、水生态和水旱灾害防御 3 个部级人才创新团队，填补了水利部没有部级人才创新团队的空白。拟订团队管理办法，与团队签订 3 年任务书，选派专家指导团队做好内部建设。团队运行良好，按期提出阶段性研究成果。

三是组建部级人才培养基地。按照"单位+院校+企业"的模式，试点组建服务"一带一路"部级人才培养基地，填补了水利部没有部级人才培养基地的空白。加强基地建设管理，组建基地管理委员会，指导基地开展人才培训、教材编写、咨询服务等工作。

四是强化国际化人才培养。首次与东部和南部非洲共同市场、亚洲水理事会 2 个国际组织签署人才交流合作协议。组织实施水利国际化人才培养项目，协调国家留学基金管理委员会资金支持，选派 36 名人才出国访

学。建立国际职员水利后备人才库，向联合国教科文组织等国际组织推送国际职员。

五是强化人才服务保障。水利人才发展基金组建工作取得重大进展，完成基金会章程拟订、材料预审、筹备会议、资金筹集及验资等工作。开展水利高层次人才统计和调研，形成《高层次人才成长路径调研分析报告》。注册开通"中国水利人才"微信公众号，建立宣传联络员队伍，人才宣传工作取得新成效。

（二）统筹推进人才各项工作

在大力实施人才发展创新行动的同时，扎实做好高层次人才选拔推荐、水利职称制度改革、高技能人才评选、人才基础研究等工作。

一是组织开展人才选拔推荐。全年组织开展各类人才选拔推荐 16 批 419 人次，其中配合中共中央组织部、人力资源社会保障部、科学技术部、国家留学基金管理委员会等组织选拔推荐各类人才 13 批次 218 人次。修订印发《水利部水文首席预报员选拔管理办法》，在长江水利委员会、黄河水利委员会试点开展水文首席预报员选聘工作。

二是完成新一轮水利职称制度改革。向人力资源社会保障部申请组建工程、经济、会计系列正高级职称评审委员会并得到批复。组织水利部属企事业单位 2780 名教授级高级工程师过渡为正高级工程师。制定印发工程、经济、会计 3 个系列 5 项评审条件。组织完成 765 人的年度职称评审工作。

三是加强技能人才队伍建设。开展第十一届高技能人才评选表彰、第三批全国水利行业首席技师评选和高级技师评审，评选高技能人才 168 人。组织举办第八届全国水利行业职业技能竞赛、第十四届全国水利职业院校技能大赛。组织开展职业技能等级认定改革政策研究和方案起草工作。

三、助力脱贫攻坚，加大贫困地区人才队伍建设帮扶力度

（一）加强组织统筹，推进帮扶任务落实

与有关重点帮扶地区逐一沟通、逐项对接需求，研究制定《2020 年贫困地区水利人才队伍建设帮扶工作要点》。加大人才帮扶力度，新选派 7

名专业技术干部开展重点帮扶，接收 30 名贫困地区水利干部人才到部机关、部属单位交流培养锻炼，组建 9 个专家组到有关贫困地区开展 1~2 周的技术咨询，全年开展专家技术咨询 709 人次。

（二）实施创新举措，推动"订单式"培养取得新突破

积极推广水利人才"订单式"培养经验，助力基层和贫困地区破解人才"引不进、留不住"问题。在指导青海省做好水利人才"订单式"培养试点的基础上，指导推动广西壮族自治区、湖南省水利部门与教育、财政、人社等部门联合实施"订单式"人才培养（规模达 3000 人）。2020年 7 月，水利人才"订单式"培养案例被世界银行等 7 家机构组织评为"全球最佳减贫案例"，得到国务院扶贫开发领导小组办公室的肯定。

（三）持续巩固深化，拓展"人才组团"帮扶范围

在对阿里地区连续 3 年开展"人才组团"帮扶的基础上，应西藏自治区请求，扩大帮扶范围，组织开展"人才组团"援助雅江中游生态治理项目和援助那曲工作。从水利部属单位择优选派 35 名技术骨干组成 3 个团组，开展为期 3~6 个月的集中帮扶。水利"人才组团"帮扶入选全国兴边富民行动 20 周年成就展。

（四）抓好协调推动，加强教育培训帮扶力度

在预算大幅压减的情况下，举办扶贫专题培训班 21 期，比 2019 年增加 3 期，示范培训贫困地区水利干部 1600 多人次，首次举办脱贫攻坚水利人事干部培训班。持续推动水利"三支一扶"工作。组织 16 所水利院校为 1000 多名基层干部提供学历提升教育。协调教育部，为重庆市有关区（县）新增 40 个华北水利水电大学本科招生指标。

唐晓虎　张新龙　张玉卓　雷相科　执笔

侯京民　审核

水利部试点组建 3 个人才创新团队 和 2 个人才培养基地

水利部人事司

一、试点组建 3 个部级人才创新团队

2020 年 7 月，围绕水利部党组确定的 3 个宏观重大研究项目，汇聚水利部属单位人才资源，试点组建了水资源安全保障、水生态安全保障和水旱灾害防御战略研究 3 个部级人才创新团队，填补了水利部空白。自团队组建以来，人事司加强对团队运行的指导与管理，组织签订团队建设任务书，明确了团队 3 年建设目标任务；会同各团队分别制定了管理办法，规范了团队管理；协调安排专家跟踪指导团队建设，定期了解团队运转情况。目前，团队运行良好，通过集智攻关，积极开展工作，取得了阶段性成果。

（一）水资源安全保障创新团队

一是高质量完成重大课题《水资源宏观战略研究》，并通过审查。二是团队成员获得国家杰出青年科学基金资助、中国青年科技奖、大禹水利科学技术奖等多项资助和奖励，发表论文 10 余篇。三是开展了水资源刚性约束制度、国家水网工程等多项专题研究。

（二）水生态安全保障创新团队

一是完成水利重大课题《保障水环境和水生态安全战略研究》，并通过审查。二是开展了幸福河评价标准、生命共同体系统治理等多项课题研究，提出了适宜水域面积率的实现途径等成果。三是研究提出《我国河湖生态流量短板分析与强监管建议》报告，为水利部领导决策提供参考。

（三）水旱灾害防御战略研究创新团队

一是开展水利重大课题《水旱灾害防御战略研究》，已完成研究报告初稿。二是赴广东省开展"蓄滞洪区管理与运用评估"和"粤港澳大湾区洪水防御现状与问题"现场调研。三是团队成员参与 2020 年科学技术部组织的长江洪水与防洪形势实时研判，并得到充分肯定。四是主办了《团队通讯》，开展了水旱灾害防御知识普及等工作。

二、试点组建 2 个部级人才培养基地

2020 年 7 月，围绕国家战略和水利中心工作，试点组建服务"一带一路"和"强监管"2 个人才培养基地，填补了水利部空白。自基地组建以来，人事司指导完成了基地管委会组建及内部章程制定等工作，明确了基地职责、相关人员组成、日常管理要求等，为基地正常运行奠定了基础。两个基地紧紧围绕服务水利中心任务，积极开展工作，取得了实质性成效。

（一）服务"一带一路"人才培养基地

一是开展了基地培训课程体系方案设计，组织召开专家咨询会。二是围绕服务"一带一路"倡议、全球水治理和国际化人才培养等内容，举办司局级干部专题研修班。三是积极与亚洲水理事会沟通，推动水利部与其签署人才培养协议；组织对 36 名水利国际化人才培养项目留学人员开展行前教育培训。

（二）"强监管"人才培养基地

一是组织开展"强监管"人才培养，组织专家采取"送课上门"方式开展技术帮扶，目前已与两项重大水利工程项目法人完成前期对接。二是组织开展"强监管"水利人才培训规划编制，举办两期"强监管"业务培训班。三是组织开展培训课程开发、培训教材编写工作，录制网络课程 30余门，完成《水利工程建设监管案例》编写。四是通过中国水利学会分论坛、河海大学"全民终身学习活动周"等活动积极扩大基地的影响力。

唐晓虎　张新龙　张玉卓　雷相科　执笔

侯京民　审核

专栏五十五

2020 年新入选全国水利高层次人才名单

水利部人事司

序号	项　目	姓　名	单　位
1	享受政府特殊津贴人员	熊泽斌	长江水利委员会长江勘测规划设计研究院
2		高何利	长江水利委员会长江勘测规划设计研究院
3		李清波	黄河水利委员会黄河勘测规划设计研究院有限公司
4		李敬文	黄河水利委员会山东黄河河务局
5		李　辉	淮河水利委员会沂沭泗管理局
6		詹全忠	信息中心
7		侯传河	水利水电规划设计总院
8		张军劳	中水北方勘测设计研究有限责任公司
9		李益农	中国水利水电科学研究院
10		许建中	中国灌溉排水发展中心
11		李国英	南京水利科学研究院
12		范子武	南京水利科学研究院
13	中国青年科技奖	李云玲	水利水电规划设计总院
14	水利部一级水文首席预报员	闵要武	长江水利委员会水文局
15		杨文发	长江水利委员会水文局
16		王春青	黄河水利委员会水文局
17		陶　新	黄河水利委员会水文局

唐晓虎　张新龙　张玉卓　雷相科　执笔

侯京民　审核

水利网信工作取得新进展

水利部信息中心

2020 年，水利部按照"安全、实用"总要求，紧密围绕水利中心工作和疫情防控，推动水利网信各项工作全面见效。

一、网信补短板持续发力

（一）补强网络安全短板

网络安全能力显著提升。一是实施网络安全能力提升工程，建成水利部网络安全威胁感知系统。推进部机关信息系统等级保护，完成 14 个信息系统定级备案和 10 个三级系统等级保护测评。二是推进水利行业商用密码应用，落实《水利部密码应用与创新发展实施方案（2018—2022 年)》，在河长制、水利督查等 10 多个重要信息系统开展密码应用，保护重要敏感数据、个人信息超过 1 亿条。

关键信息基础设施保护取得进展。一是印发《水利关键信息基础设施认定规则》，确定并报送水利行业首批关键信息基础设施清单。二是对 7 个水利重要信息系统开展网络安全摸底风险评估。三是依据《中华人民共和国网络安全法》《网络安全审查办法》等制定水利关键信息基础设施网络安全责任书。

网络安全实战水平明显提高。组织水利行业参加网络安全攻防演习，按照整体联防、局部防控、重点防护三级防控模式，充分利用水利部网络安全能力提升工程建设成果，监测到 150 余万起网络攻击，处置网络安全风险 160 余个，实现一点遇险、全网协防，确保目标及重要系统未被攻破，获得防守最高的"优异"等次。全年实现部机关网络安全"零事件"，获"2020 年度国家网络与信息安全信息通报先进单位"。

（二）补强信息化短板

信息化基础设施得到加强。一是实施水利业务骨干网提速和水利部门户网站改造，水利部至流域管理机构、地方水利部门带宽分别提升至200Mbit/s 和 100Mbit/s；完成水利部主站及部机关各司局、10 个部直属单位网站 IPv6 改造。二是升级扩容水利卫星主站系统，重点保障了流域管理机构及各省组织的大型联合应急演练等多项工作。

数据资源整合共享取得突破。一是完善相关制度标准体系。编制印发《水利信息资源目录编制指南（试行)》等标准规范，初步建立水利对象联动更新机制。二是扎实开展数据更新。全年共更新 9 类、13.9 万条基础数据，新增 8 类、21.6 万条基础数据；开展并完成水库数据资源整合并统一编码，核定全国正常运行水库 98247 座。三是持续优化全国水利"一张图"。搜索和查询速度优于 1s，接入日日新遥感影像服务，新增病险水库安全度汛、遥感监测专题，全年为各级水利部门 100 余个业务应用持续提供地理信息服务。四是提升水利信息监测感知能力。首次实现年度水土保持采集、处理当年高分辨率遥感影像；开展华北地区地下水超采综合治理范围内 22 条（个）补水河湖的遥感监测。

电子政务服务能力得到增强。一是在国家政务服务平台录入和发布水利部政务服务基本目录 30 项、实施清单 62 项，实现政务服务事项"应上尽上"和水利部本级、流域管理机构政务服务事项"一网通办"。二是搭建取水许可电子证照系统。实现取水许可电子证照发放与管理，全年累计发放取水许可电子证 12262 本。三是建设政务服务"好差评"系统。实现政务服务事项线上评价数据统一汇聚、分析和管理。四是水利部网站在国务院办公厅《2020 年政府网站和政务新媒体检查情况通报》中位居国务院部门第 3 名。

重点工程建设发挥效益。国家水资源监控能力建设二期项目、国家地下水监测工程、全国河长制管理信息系统、国家电子政务内网对接等重点项目全面建成，作用与效益持续发挥。统筹推进水利部和 7 个流域管理机构电子政务工程建设，超额完成年度任务。

水利蓝信为疫情防控提供支撑。蓝信使用人数突破 3 万人，全年召开各类移动视频会议 7018 次、参会 80714 人次，有效地降低了疫情风险。

二、支撑监督成效明显

（一）网信自身监督全面强化

首次开展水利网信建设和应用专项检查。一是印发《水利网信建设和应用监督检查办法（试行）》。二是印发年度专项监督检查工作方案，确定 6 项检查内容，在线上检查的基础上，现场检查 16 个单位，共发现问题 128 项，结合网络攻防演习情况，对 10 个单位实施约谈、24 个单位实施责令整改，对问题较多的单位负责人进行约谈。

开展软件使用情况年度核查工作。一是开展自查与复查整改。按照推进使用正版软件工作部际联席会议核查通知要求，组织开展自查、复查和整改。二是配合完成现场核查。顺利通过主管部门组织的现场核查，核查成绩在部委中位列前茅。

强化网络安全攻防演练。水利部组织网络安全攻防演练，采用"暗访"形式对黄河水利委员会机关等 6 个单位的网络和信息系统进行攻击测试，通过攻防演练及时发现漏洞隐患，督促全部按期完成整改。印发漏洞整改通知 19 份并督促全面整改。依据相关办法对表现好的单位提出表扬，对问题较多的单位主要负责人、网络安全分管领导进行警示约谈，各单位开展逐级问责，累计约谈 19 个单位（部门）41 人次。中共中央网络安全和信息化委员会办公室充分肯定了水利部的工作，印发专刊介绍水利部网络安全攻防演练开展情况。长江水利委员会、黄河水利委员会、淮河水利委员会、海河水利委员会、山东省、浙江省、湖南省、宁夏回族自治区、四川省、新疆生产建设兵团等单位自行组织开展攻防演练，取得积极成效。

（二）水利行业监督全面见效

建设水利部 12314 监督举报服务平台。一是搭建监督举报平台。整合部内已有举报渠道实现"一号对外"，全年共接到举报问题线索 57589 条，转办核查问题 1464 条。二是开展问题线索统计分析，为 2020 年"一对一"水利扶贫工作监督检查、督查暗访和现场核查等提供线索依据。

全面支撑监督业务应用。一是夯实监督数据支撑。建立河湖管理基础信息库，将规模以上河湖管理范围划定成果集成到全国"水利一张图"。实现年度新增集中供水工程上"水利一张图"，增加、更新数据64038条。二是支撑河湖监督。建立河湖遥感"四查"平台和河湖暗访督查系统，提供问题线索4903个（确认率达90%），支撑8592名用户开展"四乱"暗访督查，发现问题2.5万个。三是支撑农村水利监督。开发农村集中供水工程批量上传、查询以及对比分析和农村饮水安全"回头看"等模块。四是升级完善稽察系统功能。全年支撑1816个督查组使用平台对22类、2万余个对象开展督查，上报问题5万余条。

强化水利建设市场监督。依托水利建设市场监管平台与中国水利企业协会、中国水利工程协会和中国水利水电勘测设计协会进行服务联调，同步推送5325家企业信息，督促企业活跃度较低的企业及时更新完善信息，发布企业不良行为和黑名单信息54条。

三、行业管理不断加强

（一）智慧水利先行先试取得积极成果

一是印发《智慧水利先行先试工作方案》，在3个流域管理机构、5个省级水利部门、3个地市级水利部门，开展实施36项先行先试任务。二是参加第三届数字中国建设峰会成果展，集中展现水利业务与新一代信息技术深度融合的最新成果。三是开展中期检查评估，评选出10项最佳实践、8项优秀案例成果。四是智慧水利基础设施纳入国家"十四五"有关规划，5个智慧水利项目纳入150项重大水利工程。

（二）"水利网信水平提升三年行动"有力推进

一是"水利网信水平提升三年行动"进展顺利，网络安全、网络畅通等突出短板问题大幅缓解，河湖遥感监测、水利监督、政务服务等薄弱环节支撑能力显著提升。二是强化与知名互联网企业的联合创新驱动。水利部与华为公司、中国铁塔公司等签署合作协议。

（三）制度标准体系不断完善

印发《水利网信建设和应用监督检查办法（试行）》《水利信息资源

共享管理办法（试行）》，颁布《水利对象分类与编码总则》等7项行业标准。

（四）"十四五"水利网信建设目标任务明确

开展《"十四五"水利网信建设实施方案》编制，提出"强感知、增智慧、保安全"总体思路，明确构建水利感知网、升级水利通信信息网、建设智慧水利大脑、打造水利业务智能应用、完善网络安全体系、优化网信保障体系等6项任务。

王位鑫　周维续　执笔

钱　峰　审核

专栏五十六

智慧水利先行先试取得积极成效

水利部信息中心

目标任务。智慧水利先行先试是水利部大力推进智慧水利的一项重要举措，按照抓住关键、突出重点、解决痛点的思路，充分考虑水灾害、水资源、水工程、水监督、水政务等领域的需求，依据单位的现有基础、积极性及代表性，确定先行先试单位和目标任务，用2年时间，在长江水利委员会、黄河水利委员会、太湖流域管理局3个流域管理机构，浙江省、福建省、广东省、贵州省、宁夏回族自治区5个省级水利部门，广东省深圳市、浙江省宁波市、江苏省苏州市3个市级水利部门，开展实施36项先行先试任务，强化新一代信息技术与水利业务深度融合，推进智慧水利率先突破，示范引领全国智慧水利又好又快发展。

推进机制。先行先试工作在水利部的统一领导和组织协调下，先行先试单位具体实施，采取"网信部门统筹、业务部门指导、专家技术把关"的工作机制。水利部成立智慧水利先行先试工作组，下设技术指导组（部信息中心人员）、业务指导组（业务司局人员）、责任专家组（行业内外专家）；先行先试单位均成立专项工作组，积极借助先行先试工作加快推进立项争取资金；工作组及业务、技术专家全程跟踪，持续指导把关，上下合力、各司其职，务实高效推进。

取得成效。在水利部网络安全和信息化领导小组办公室（以下简称"网信办"）组织下，先行先试单位扎实开展成果提炼和经验总结，围绕成果定位、创新点、解决问题、应用推广情况等，共形成应用系统、技术方案、工作模式、定型产品及技术标准、发明专利等49项阶段成果，在防御2020年大洪水、支撑城乡供水等方面发挥了显著效益。2020年12月，经技术指导初评、业务司局把关、专家集中评估等环节，经部长专题办公会审议，认定了一批智慧水利先行先试成果，水利部发布智慧水利先行先试成果目录（2020 年度），评选出 10 项最佳实践和 8 项优秀案例，为各地开展智慧水利建设提供了参考借鉴。

形成良好氛围。水利部在门户网站开通智慧水利专题，水利部原副部长叶建春亲自为智慧水利高级研修班授课，网信办组织先行先试单位亮相数字中国峰会。全面掀起了推进智慧水利热潮，国家水利大数据中心、国家水利综合监管平台、水工程防灾联合调度系统等列入 150 项重大水利工程。辽宁省、江西省、河南省、四川省、甘肃省及北京市朝阳区、湖南省益阳市、湖北省石柱土家族自治县等地，陕西省引汉济渭工程管理局等单位纷纷申请加入先行先试行列；水利部与华为公司、中国铁塔公司签署合作协议；华为、腾讯、阿里等知名互联网企业积极参与智慧水利建设。

王位鑫　执笔

钱　峰　审核

专栏五十七

水利蓝信视频会议系统发挥重要作用

水利部信息中心

2020 年年初，面对严峻的突发新冠肺炎疫情，水利部坚决贯彻党中央疫情防控工作决策部署，明确提出"不添乱、多出力、作贡献"的要求，在全力做好疫情防控的同时，强化水安全保障，积极推进水利复工复产。

系统组成与推广应用。为了有效地避免疫情的影响、推动各项工作顺利开展，水利部信息中心在水利蓝信的基础上，采用小鱼易连云视频会议技术，快速搭建水利蓝信视频会议系统，陆续在各流域管理机构、各省级水利部门部署专用硬件终端设备，黄河水利委员会、珠江水利委员会及河北、河南、湖南等省水利厅也延伸建设系统子平台。水利蓝信视频会议系统采用智能路由架构，应用 SVC 柔性编解码算法，使用国密算法，有效支撑各类终端、各类网络，实现随时随地非见面会议和远程办公新模式。2020 年 2 月，水利部办公厅印发《关于推广应用水利蓝信视频会议的通知》（办信息函〔2020〕79 号），在水利部机关及直属单位全面推广应用水利蓝信视频会议系统。2020 年，依托水利蓝信视频会议系统累计召开会议 7018 次、时长 17946 小时，参会 80714 人次，为有效避免疫情影响、推动各项工作顺利开展提供不可替代的支撑和保障。

支撑水旱灾害防御工作。2020 年，我国出现 1998 年以来最严重的汛情，水旱灾害防御工作面临重大的考验，联合会商、滚动会商、跨部门会商工作多、任务急。水利蓝信视频会议系统多次支撑水利部与应急管理部、中国气象局等跨部门紧急联合会商，与水利异地会商视频会议系统融合，实现与各流域管理机构、地方水利部门及时地滚动会商，为夺取水旱灾害防御重大胜利作出贡献。

支撑保障重要活动。2020 年 9 月 18 日，中央精神文明建设指导委员会办公室、水利部联合黄河水利委员会、河南省水利厅在黄河流域开展"关爱山川河流·保护母亲河"全河联动志愿服务活动。活动主会场设置在河南省郑州市，青海省、甘肃省、宁夏回族自治区、内蒙古自治区、陕西省、山西省、山东省和小浪底水利枢纽管理中心、三门峡水利枢纽管理局设分会场。本次户外活动全程由水利蓝信视频会议系统提供各会场间远程连线，对外进行视频直播，活动效果出色、应用稳定，得到了中央精神文明建设指导委员会办公室的肯定。

支撑保障重要会议。按照疫情防控要求，2021年全国水利工作会议首次全面采用视频会议方式，7个分组讨论会需同步进行，会议保障压力大、难度高。水利部信息中心利用水利蓝信视频会议系统和水利异地会商视频会议系统集成融合，形成双备份模式，两套系统既可独立又可融合应用，同时应用华为公司研发的"水利智慧屏"，极大地增强了系统的保障率和稳定性，保障会议圆满召开，得到与会代表一致的好评。

水利蓝信视频会议系统在水旱灾害防御会商、水文预测预报会商、视频巡河巡湖、应急指挥、监督检查、培训讲座等应用场景均已得到广泛应用，不断融合新业务场景，必将在今后水利工作中发挥更大作用。

詹全忠　执笔

钱　峰　审核

水利舆论引导能力建设进展

水利部办公厅　水利部宣传教育中心　中国水利报社

2020 年，水利部完善与媒体的合作机制，进一步拓展新闻传播方式，策划组织了一系列重头报道活动，社会主流媒体频发水利声音；水利行业媒体坚持正确的政治导向和行业政策导向，精心策划，主动发声，发挥了重要的舆论引导作用；水利政务新媒体积极转变思路，聚焦水利重点工作，创新手段、加强策划，传播力、引导力、影响力、公信力进一步增强；水利舆情工作坚持围绕中心，密切跟踪网络涉水社情民意，着力提升快速感知、快速研判能力，及时回应社会关切，正确引导舆论，及时有效应对突发热点舆情，维护良好的网络环境。

一、积极利用中央媒体阵地开展水利宣传

积极传递权威声音。中央主要媒体和网络新媒体聚焦水利中心工作，通过刊发署名文章、高端访谈、新闻发布、深度报道等方式权威发声。水利部原部长鄂竟平相继在《人民日报》《求是》《学习时报》等发表署名文章。《瞭望》新闻周刊、中央广播电视总台《央广会客厅》、人民网等中央媒体专访水利部领导。全年举行国务院联防联控机制水利专场新闻发布、国新办水旱灾害防御、安全饮水有关工作情况等 10 场新闻发布会，水利部领导和有关司局负责人出席发布会，中央主要媒体、网络新媒体记者近 400 余人次到会采访报道，集中展示了水利保障疫情防控和复工复产、水旱灾害防御、水利扶贫、水利改革发展取得的成果成效。

完善新闻发布机制。建立主汛期央视新闻中心、新华社国内部驻水利部记者制度，做到有情况、有部署第一时间发布，极大提升了新闻的时效性。在汛情最紧张的时刻，《人民日报》连续刊登《淮河防汛　手段多有底气》等深度报道，刊发汛情报道 75 篇；新华社播发《从最不利情况出

发全力应对——走进水利部探访淮河防汛调度》等多篇深度报道；中央电视台《新闻联播》栏目连续 24 天播发来自水利部的消息，《焦点访谈》栏目先后播出 6 期节目关注水工程调度、水文预测预报的措施、成效，并在水利部设立"新闻直播间"，在 2020 年 7 月连续 12 天第一时间发布水利部动态新闻；《光明日报》《经济日报》等中央媒体的水利报道数量较常年增长 2~4 倍。

新闻报道数量质量大幅提升。全年受理媒体采访申请 183 次，提供新闻通稿 265 期，通稿发布数是 2019 年同期（141 期）的 1.9 倍，通稿被采用数量超过 1700 篇。联系中央主流媒体展开 30 余次选题策划，克服疫情影响抓住时机围绕水利重点工作组织"逐梦幸福河湖""节水中国行"等 10 次集中采访活动，刊发报道达 150 余篇。《人民日报》在 6 月 4 日头版头条刊登报道《在建重大水利工程投资超万亿元》；新华社推出《改水记》等深度报道，打通报、网、端、微，全方位解读水利重大宣传活动；中央电视台《新闻联播》栏目连续播发《水利工程保江河安澜　筑牢国计民生根基》等重头报道；《光明日报》《经济日报》在一版头条等重要位置刊发水利深度报道，各大网络媒体推送水利新闻报道量大幅提升，宣传效果良好。

二、行业媒体发挥舆论主阵地作用

《中国水利报》、《中国水利》杂志、中国水利网等"中国水利"融媒集群始终坚持正确的政治导向和行业政策导向，坚持把党中央决策部署贯彻到水利新闻宣传工作全过程，突出抓好习近平总书记"3·14""9·18""1·03""6·30"重要讲话精神在行业落地落实，积极响应水利部党组关于新时期水利宣传战略调整决策部署，紧跟中央决策部署和国家大事要情等时事焦点热点，及时准确宣传报道党和国家重大要闻信息，做好政策阐释，做好行业上下贯彻落实"节水优先、空间均衡、系统治理、两手发力"治水思路的宣传报道，发挥了重要的舆论引导作用。

着重突出一条主线，大力宣传"节水优先、空间均衡、系统治理、两手发力"治水思路和习近平总书记关于治水重要讲话精神。及时宣传报道好习近平总书记考察黄河长江沿线并擘画流域生态保护和高质量发展情况。开设《贯彻落实习近平总书记在黄河流域生态保护和高质量发展座谈会上重要讲话精神·学习体会》专栏，推出特别策划、系列评论等；与中国摄影家协会、中国楹联学会、中国作家协会等专业权威组织联手，举办黄河主题摄影征集和展览、楹联大赛、黄河故事征文三大活动等。推出"习近平总书记发表'9·18'重要讲话一周年"专号，刊发特稿《潮起大河满眼春》；推出《落实习近平总书记"9·18"讲话一周年专题》以及《见证黄河这一年·云观察》系列视频报道。报道好《中华人民共和国长江保护法》出台和黄河立法启动工作。

紧跟水利中心工作，大力宣传重大水利工程与水利监管工作。全力报道好172项、150项重大水利工程建设部署安排，做好病险水库除险加固宣传报道；宣传好三峡工程、南水北调工程巨大综合效益，报道好三峡工程整体竣工验收；组织开展中央及行业媒体"幸福西江行"大型采访活动。加大华北地区地下水超采综合治理报道力度；报道好推进河湖"清四乱"常态化规范化和12314监管新渠道取得的突出成效等。

应对突发新冠肺炎疫情，大力宣传水利战"疫"和复工复产。聚焦水利部党组应对疫情决策部署，突出重点报道水利行业疫情防控及复工复产。开设《战"疫"，中国水利在行动》《防疫常态化　聚力促发展》等栏目，图文并茂地报道水利行业保障供水安全和水利所属医院驰援武汉等。

聚焦决战脱贫攻坚，大力宣传水利扶贫助力全面建成小康社会。推出"决胜——小康路上的水利担当"特别报道专号。刊发特稿《奏响水利扶贫最强音》。报道好水利部如期全面解决我国贫困人口饮水安全问题决策部署，开展水利扶贫基层行采访报道活动，刊发《春来怒江——云南怒江州深度贫困地区水利脱贫攻坚纪实》《大凉山幸福水》等报道。

强化防汛应急响应，大力宣传水旱灾害防御决策调度。派出本部记者近50人次赶赴防汛一线采访报道。两次推出水旱灾害系列特稿，推出《理念领航　防汛有效》《见证防汛减灾的水工程力量》等。积极协调《人民日报》整版刊发《在防洪度汛中科学调度——水利工程发挥重要作用》。

落实国家节水行动，大力宣传节水优先实践成效。持续办好《创新节水看地方》《打好节水攻坚战》等栏目，聚焦 2020 年县域节水型社会试点达标建设情况，介绍各地在落实"节水优先"工作中的经验和亮点。推出《不浪费粮食就是节约用水》特别策划等。

三、新媒体传播力引导力显著提升

"中国水利"官方微信在关注人数、阅读量上保持持续稳定增长的良好势头，水利新媒体宣传的风向标和排头兵地位进一步稳固。注重做好水利科普工作，讲好水库、堤防等防洪体系减灾作用，讲好百姓应知应会的水利科普知识，以科学正面的内容、创新接地气的方式制作科普产品。

水利政务新媒体着力加强短视频、H5 等新媒体产品的策划制作，提升传播效果。2020 年"中国水利"官微发布图文内容超过 1058 期，总阅读量突破 650 万次，关注人数突破 50 万。"中国水利"头条号、"水利部"澎湃号、"中国水利"人民号同步权威发声，拓宽权威发布渠道，多平台、多形式发布权威信息。"水利部"澎湃号全年转发信息 835 条，累计阅读量 2447 万次。"中国水利"人民号获人民日报社新媒体中心颁发的"2020年度优秀政务号主"荣誉证书；"水利部"澎湃号在"2020 年最佳政务传播·国家部委传播奖"排行榜中排行第 9 名；2020 年政府网站和政务新媒体检查中，水利部政务新媒体合格率达到 100%，受到国务院通报表扬。

"中国水利"融媒集群大力推进媒体深度融合发展。两会期间，推出"小水滴云访谈""云播报"，原创短视频《水利部：遇到涉水方面问题可拨打 12314 投诉举报》单条播放量 120.7 万人次。在抖音平台策划推出"节水护水 dou 行动"线上宣传活动，总播放量达 11.9 亿人次。

四、水利舆情服务能力稳步提升

2020 年，水利舆情不断强化舆情监测报告能力，编报《水利舆情快报》《水利舆情参阅》《水利敏感信息专报》《水利纪检监察专报》等各类参阅报告 500 余期，为助力疫情防控与复工复产、水利改革发展提供了有力的信息支撑。

织密监测网络，提高舆情报告靶向效率。动态建设1000多个专业关键词，优化调整关键词语义搭配，拓宽对全网涉水负面及敏感信息的搜集渠道，完善舆情预警报告制度，加强应急值守，确保重大信息及时报、不漏报。及时发现苗头性、倾向性负面舆情线索渠道，精准报送《水利敏感信息专报》，一大批涉及河湖"清四乱"、农村饮水安全、水资源水生态、水旱灾害问题的舆情信息得到反映，为水利部党组通过媒体了解实际问题、推进群众急难愁盼的水利问题得到及时解决提供了重要信息支撑。

加强预警预判，提供有效舆情应对建议。针对网络谣言，24小时加密跟踪监测，动态报告舆情发展态势，及时提交应对方案。在淮河王家坝闸分洪、三峡工程竣工验收等节点，采用动态监控滚动播报的方式持续监测报告。

改进报告质量，提升决策参考价值。按照"上通、中深、下达"的目标，改版《水利舆情月报》为《水利舆情参阅》，2020年8月实现首期刊发，对当月各界媒体和公共舆论关注的水利事件进行系统梳理，总结各地的典型做法和经验成效，促进行业舆情信息共享，受到水利行业关注。

增强分析深度，提高专题报告质量。围绕重大国家战略、水利改革发展工作重点和重要水利方针政策等，着力提高水利舆情专题报告的分析深度和研判水平，先后编发《黄河流域生态保护和高质量发展座谈会召开一周年水利舆情》《黄河流域生态保护和高质量发展重点媒体智库文章汇总》《2018年—2020年中央环保督查反馈河湖长制问题报道汇总》《水利扶贫领域及反对形式主义官僚主义典型案例报道专题报》《近期水旱灾害防御主动宣传舆情》《华北地下水超采综合治理专题报》《媒体报道河湖长制问题专题报》等舆情专题报告近50期，为各方提供多角度、深层次舆情信息参考。

李　洁　胡　邈　王红育　翟平国　李　攀　执笔

李晓琳　刘耀祥　李先明　审核

流域管理篇

在大战大考中书写高质量
发展的"长江答卷"

——2020年长江流域重点工作进展与成效

水利部长江水利委员会

2020年，水利部长江水利委员会（以下简称"长江委"）坚持以习近平新时代中国特色社会主义思想为指导，在水利部的坚强领导下，战疫情保平安，战洪水保安澜，战危机保发展，各项工作取得显著成效。

一、疫情防控取得重大成果

新冠肺炎疫情发生后，地处防控一线的长江委沉着应对，第一时间成立疫情防控领导小组，全力以赴协调救治病患，千方百计筹集防疫物资，及时制定防控工作方案和应急处置流程，加强摸底排查，强化督导检查，迅速建立联防联控工作机制。委属200多名医护人员舍生忘死、逆行出征，800多名志愿者日夜值守、默默奉献，1300多名后勤人员坚守岗位、连续奋战。水利部高度关切长江委疫情防控工作，给予了大力支持，一些兄弟单位及时伸出援手，提供了无私帮助。委机关和委属各单位相互扶持、守望相助，形成全委一盘棋的防控格局。长江委坚持疫情防控和业务工作两手抓，确保了重点工作不断档、不松劲，彰显了长江委强大的凝聚力、向心力，弘扬了伟大的抗疫精神。

二、防汛抗洪取得全面胜利

2020年发生了中华人民共和国成立以来仅次于1954年、1998年的流域性大洪水，汛情来得早、范围广、历时长，应急响应长达87天，长江干流及主要支流多站水位超警戒、超保证，甚至超历史。长江委努力克服疫情影响，压实责任、周密安排，汛前扎实准备，汛期严密监测预报预警，科学精准调度以三峡水库为核心的长江上中游控制性水库群，组织会商156 次，下发调度令 129 个，控制性水库群累计拦蓄洪量近 500 亿 m³，派出 36 个工作组、专家组驰援各地，指导地方防御洪水和处置险情，有效应对长江 5 次编号洪水，极大地减轻了上中下游防洪压力。特别是在应对长江第 4 号、第 5 号复式洪水中，成功地防御三峡水库建库以来最大入库流量为 75000 m³/s 的大洪水，避免了上游岷江、嘉陵江等支流洪水遭遇而形成的上游干流川渝河段约 100 年一遇的大洪水，避免了荆江分洪区等蓄滞洪区的启用。

三、水利前期工作取得新进展

沅江、雅砻江、赤水河等流域综合规划获批，岷江等流域综合规划进入批复流程，汉江流域综合规划已经上报水利部，长江上游干流宜宾以下河道采砂管理规划、长江经济带水资源保护与利用空间布局方案获批。全面加快引江补汉工程前期工作。长江流域全覆盖水监控系统建设列入国家150 项重大水利工程项目，2021—2025 年三峡工程后续工作规划实施意见通过部长办公会审议，洞庭湖四口水系综合整治工程项目可行性研究报告上报水利部，长江下荆江熊家洲—城陵矶河段综合整治工程总体方案、陆水水库除险加固工程可行性研究报告、蓄滞洪区布局调整总体方案、长江洲滩民垸治理方案任务书通过水利部技术审查。

四、行业监管取得新成效

建立归口管理、分工协作的监督工作机制，全年开展监督检查 680 组（次），完成 35 项重大督查专项工作，发现各类问题 15023 个。加强安全度汛督查，分类分级实施 1420 座大中型水库调度运用监管，提前完成3172 座小型水库和 1160 个水闸、堤防、水毁修复工程督查，对 1400 余座中（小）水库除险加固项目进行核查。加强饮用水监管，组织开展江苏等7 省 18 个城市应急备用水源建设与规划督导，组织开展 5 次疫情影响下的水质水量应急监测。全面完成重庆等 5 省（自治区、直辖市）46 个县农村饮水安全脱贫攻坚分片包干督导任务。加强水土保持监管，组织对四川等 6 省（自治区、直辖市）水土保持重点工程暗访督查，完成金沙江下游等 13 个国家级重点防治区 110 万 km² 范围的水土流失监测。推动湖北等 4 省（直辖市）中小河流治理项目的暗访督查和贵州等 3 省长江经济带 72 座小水电站的清理整改。

五、水资源管控显著增强

金沙江、沅江流域水量分配方案获批，湘江等 14 条跨省江河水量分配方案通过技术审查，在七大流域率先实现主要跨省江河水量分配全覆盖。三峡工程完成整体竣工验收，三峡水库连续第 11 年完成 175 m 试验性蓄水任务。加强跨省河流水量调度管理，南水北调中线工程年度供水 87.56 亿 m³、生态补水 24.03 亿 m³，创历史新高。加强取用水管理专项整治，现场督查西藏等 6 省（自治区、直辖市）1802 个取水口，完成取水工程整改提升监督检查，全流域近 8 万个问题全部完成整改。加强最小下泄流量预警处置，建立 238 个水资源动态管控断面名录，222 个断面日均满足程度在 90% 以上。完成江西等 6 省（自治区、直辖市）地下水管控指标复核。加强用水定额评估工作，启动重点监控用水单位管理系统建设，完成四川等 5 省（直辖市）51 个县域节水型社会达标建设复核，委属单位节水机关建设全面推进。

六、水生态环境保护持续加力

狠抓长江经济带生态环境突出问题整改，完成年度 21 个问题的督导整改任务。加强河湖岸线乱象治理，推动河湖长制落实，督导完成 1700 多个河湖"四乱"问题整改，督促 2417 个涉嫌违法违规岸线利用项目完成清理整治，腾退岸线 158 km、拆除违法违规建筑物 234 万 m²、完成滩岸复绿 1213 万 m²，武汉市东湖等 3 个国家级示范河湖建设通过验收。加强生态流量管理，实现 20 条（个）重要跨省河湖 42 个断面生态流量（水位）在线监管。组织实施 20 条（个）河湖水生态水环境监测试点工作，提出长江中下游原通江湖泊生物通道恢复试点工作方案。开展三峡水库和上游水库群生态调度试验，沙市江段 4 大家鱼鱼卵径流量达 20.22 亿粒，为 2011 年以来最高。

七、依法治江深入推进

积极参与长江保护法立法工作,出台长江委2020—2025年水法规建设规划。进一步深化"放管服"改革,首张国家级取水许可电子证照在长江委诞生,全年办结297项行政审批事项,满意率继续保持100%。实现长江流域省际水事隐患矛盾纠纷"零增量、零存量",历时15年的鄂渝老龙洞—千丈岩水事纠纷依法销号处理。严厉打击水事违法行为,加强采砂联合检查和清江行动,全年暗访巡查58次,巡查暗访3万km,开展陆水水库清淤砂综合利用试点,流域采砂管理秩序保持总体可控稳定向好。建立流域岸线保护利用协调机制、流域水资源调配协调机制,完善长江河道采砂管理合作机制,深化与交通运输部长江航务管理局、农业农村部长江流域渔政监督管理办公室、公安部长江航运公安局、水利部太湖流域管理局、江苏省南京市人民政府合作机制,新扩展与湖北省十堰市人民政府、三江源国家公园管理局的合作,共抓大保护合力进一步增强。

八、科技支撑不断增强

编制完成"十四五"科技创新规划等重大问题研究顶层设计。获批国家及湖北省科技计划项目40项,省部级及行业科技奖励50余项,其中"高危堰塞湖应急处置关键技术与实践"获2020年度大禹水利科技进步奖特等奖。制定修订国家标准和水利行业标准10部,取得各类专利和软件著作权391项。10余人新入选国家级、省部级专家,2人被授予"全国工程勘察设计大师",3人入选湖北省突出贡献专家,2人入选享受国务院政府特殊津贴人员。加强技术成果质量监督检查工作,发布2020年长江治理与保护报告。创新推进双多边交流,完成澜湄水资源信息共享平台第一阶段建设。加强水利信息化建设,水文监测在线整编系统等2项成果入选水利部智慧水利先行先试成果目录。

九、委内改革发展不断深化

稳步推进机构改革,组建流域水生态监测中心、流域水质监测中心和丹江口水库库区管理中心。统筹谋划领导干部队伍建设，制定委党组关于进一步加强领导班子建设的实施意见、长江委高层次治江人才选拔培养实施意见，建立公务员队伍建设管理、调任考核配套制度。加强政务督查，全年重点事项办结率达97%，其中有2项重点任务被水利部督办考核为优秀。承办的"助推绿色发展　建设美丽长江"全国引领性劳动和技能竞赛取得积极成效。面对疫情防控创收难、预算压减矛盾大的严峻形势，集中推出72项纾困解难工作清单，建立经济发展保障机制，在预算大幅压减的不利情况下，委属企事业单位积极开拓市场，至2020年第三季度基本转入正常经营状态，全委经济发展向稳向好。

十、全面从严治党纵深推进

深入学习贯彻习近平总书记系列重要讲话精神和党的十九届五中全会精神，委党组中心组集中学习研讨20次。扎实开展"让党中央放心、让人民群众满意的模范机关"创建工作，巩固"不忘初心、牢记使命"主题教育成果，持续推进"支部深化年"建设，8个支部荣获"水利先锋党支部"。127个党员志愿服务队坚守疫情防控一线，11名抗疫人员一线入党，3036名党员到社区报到。深入推进党风廉政建设，开展了两批委内企事业单位政治巡察。巩固落实中央八项规定精神成果，党风政风进一步好转。完成水利援疆任务17项、援藏任务25项，完成水利定点扶贫和"联县驻村"精准扶贫年度任务47项，累计直接投入帮扶资金近1200万元。推进文化塑委和水文化建设，多种形式开展建委70周年活动，多层次开展向郑守仁同志学习活动。汉江集团等5家单位再次通过全国文明单位复审，1人荣获"全国抗击新冠肺炎疫情先进个人"称号，1人荣获"全国先进工作者"称号，24个集体和107名个人荣获水利部、湖北省、武汉市疫情防控工作表彰。委属多个集体或个人分获全国内部审计先进集体、全国厂务公开民主管理示范单位、抗美援朝出国作战70周年纪念章等荣誉。

邓涌涌　张兆松　谭羽茜　执笔

戴润泉　审核

管住长江"水龙头"
保障流域经济社会高质量发展

水利部长江水利委员会

2020 年，水利部长江水利委员会（以下简称"长江委"）深入贯彻落实习近平总书记关于长江经济带发展重要讲话和治水兴水重要论述精神，在水利部的坚强领导下，统筹防疫、防汛与水资源管理等重点工作，克服了任务重、要求高、时间紧等困难，如期完成长江流域取水工程（设施）核查登记整改提升任务。

一、高位推动，全面完成整改提升任务

长江委党组高度重视，在新冠肺炎疫情防控最紧急时刻，委领导主持专题办公会全面研究部署，高位推动落实。针对委管权限内取水工程（设施）整改提升，长江委自我加压，整合核查登记与"双随机一公开"和水政执法发现问题，建立"全覆盖"台账。制定实施方案、创新方式方法、精准分类施策，高效推动委管 215 个项目 260 个问题全面完成整改。针对流域各省（自治区、直辖市）整改提升督导任务，建立整改提升联系人制度，逐月发布流域 19 省（自治区、直辖市）整改提升进展；委领导多次带队暗访检查，派出工作组对进度滞后的省份开展电话或现场督导、培训授课，高效推进流域整改提升。举全委之力，提前 1 个月完成西藏等 6 省（自治区、直辖市）27 个地市 79 个区（县）1802 个取水口现场监督检查，对现场发现的问题进行跟踪督办，以查促改，有力地推动了整改提升工作，长江流域近 8 万个问题全部整改到位。

二、成效凸显，初步探索形成"长江经验"

长江委率先推动完成核查登记整改提升，初步探索形成了一套可借

鉴、可推广的"长江经验",取得显著成效。

（一）水资源监管能力有效提升

截至 2020 年 12 月底，长江流域 19 个省（自治区、直辖市）列入台账的退出类、整改类近 8 万个问题全部整改到位，众多长期违规取用水户纳入依法管理轨道。通过整改提升河道外取水工程（设施）中，已发证、已计量的占比分别达到 98.5% 和 80.0%。长江流域（不含太湖流域）整改提升数据分析见图 1。

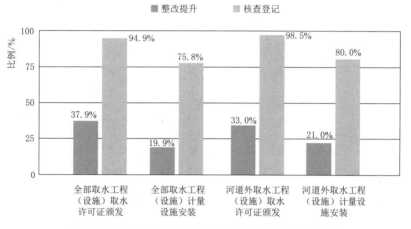

图 1　长江流域（不含太湖流域）整改提升数据分析

（二）取水许可管理更加规范

对重难点问题挂牌督办，探索多部门协同监管模式，创新解决了委管权限内多年遗留的 32 个项目的疑难问题，提高了处理复杂取水许可管理的能力；深化"放管服"改革，简化取水许可审批手续，持续实现延续取水审批申请人"跑零次"，颁发了首张国家级取水许可电子证照，实现了长江流域取水许可证申领从"线下跑"到"网上办"的质变；修订出台《长江水利委员会实施取水许可制度细则》。

（三）水资源信息化水平不断提升

建立了长江流域 19.2 万个取水工程（设施）基本信息库，摸清了"家底"；建立了委管取用水单位"一户一档"；按照"工作基础从图上来，工作过程以图协同，工作成果回图上去"的思路，完善了"水利一张图",为"管住用水"提供了基础信息支撑。

(四)取用水管理长效机制日趋完善

建立了长江流域取用水管理联席会议制度、流域机构与省级水行政主管部门纵向协作机制、跨部门合作协商机制等,通过联合印发会议纪要、创建合作备忘录、签署战略合作协议等方式,促进取用水管理从"水利部门单打独斗"向"部门协同,齐抓共管"转变。

马拥军 执笔

杨 谦 审核

勇担新使命　奋进新征程
勠力同心建设造福人民的幸福河

——2020 年黄河流域重点工作进展与成效

水利部黄河水利委员会

2020 年，水利部黄河水利委员会（以下简称"黄委"）深入学习贯彻习近平总书记关于黄河保护治理重要论述精神，全面落实水利部党组决策部署，上下团结奋斗拼出了一份沉甸甸的成绩单，各项治黄工作进中有新、进中有好。

一、落实重大国家战略开局良好

融会贯通学习习近平总书记"3·14""9·18""1·03"重要讲话精神及历次考察黄河重要指示精神，坚决把思想和行动统一到党中央的重大决策部署上来。积极参与顶层设计，配合完善水利纳入《黄河流域生态保护和高质量发展规划纲要》内容，超常规推进水安全保障规划编制，在相关专项规划中率先通过部委审查。完成水沙关系变化趋势及对策、"八七"分水方案调整等 26 项重大问题研究。开展《黄河流域保护治理实施方案》编制，提出不同阶段目标任务。黄河立法进入国家立法程序，完成条文稿并上报水利部。保护传承弘扬黄河文化，优化黄河博物馆展陈，建成 4 个治黄工程与黄河文化融合示范案例，打造社会公众亲水近河、了解治黄的窗口。联合中国民主促进会中央委员会举办第二届黄河生态保护和文化发展论坛，联合河南省筹建黄河实验室，凝聚黄河保护治理合力。

二、工程补短板强力推进

完成黄河流域（片）"十四五"水安全保障规划、水利基础设施空间规划等编制。8 个项目列入国家 150 项重大水利项目。古贤水利枢纽工程可行性研究审查意见、南水北调西线工程规划方案比选论证报告，黄河下游"十四五"防洪工程、下游引黄涵闸改建、下游防洪工程安全监控系统可行性研究报告均已上报国家发展改革委。粗泥沙集中来源区拦沙工程一期实施方案通过水利部审查。黄河下游防洪工程超额完成年度任务，黄藏寺水利枢纽大坝主体提前浇筑至 2562m 高程。66 家直属水管单位实现维修养护市场化，新创建国家级水管单位 2 个、黄委"示范工程"30 处。

三、行业监督全面发力

整合委属企事业单位资源，完善"1+1+6+N"监督工作体系。派出 457 个督查组，完成农村饮水安全、汛限水位执行、小型水库安全运行等 59 项监督任务，其中水利部下达重点督查任务 20 项，累计发现问题近 14000 个。完善河湖长制组织体系，与流域 9 省（自治区）签署了河湖管理流域统筹与区域协调合作备忘录。开展黄河岸线项目利用、取用水管理、河道采砂等专项整治，对列入水利部台账的 22 件陈年积案逐一现场复核，实现"清零"。首次发布水土保持"重点关注名单"，实施水资源超载地区取水许可限批，实现重点取用水户现场监督检查全覆盖，一批长期影响水生态质量和供水安全的问题得到解决。

四、水旱灾害防御取得新胜利

克服疫情影响，科学调度，确保了防凌安全。在汛前，结合小浪底水库腾库迎汛开展了防御大洪水实战演练，下游主河槽最小过流能力提升到 5000 m³/s，进一步打开了防洪调度空间，为完善水沙调控体系赢得了时间，为保障滩区群众安全增加了保险系数，锻炼了防汛队伍。在汛期，面对近 30 年来罕见的汛情，联合调度干支流水库群，实施全河段水沙调控，成功应对干流 6 场编号洪水，避免了下游 11.85 万人受淹。坚持"一高一低"调度思路，龙羊峡水库高水位运行拦洪削峰，小浪底水库腾空保持低水位运行，既增加了防洪库容，又尽可能排空泥沙，小浪底水库排沙 3.4 亿 t。在后汛期，实现防洪与防凌调度无缝衔接，干支流骨干水库增蓄水量 72 亿 m³，多座水库发电量打破纪录。

五、水资源管理和水生态保护取得新成效

强化水量统一调度，全年供水 360 亿 m³，实现黄河连续 21 年不断流。落实国家节水行动，编制 3 项行业用水定额标准，叫停 3 个节水评价未通过项目，委属 73 家单位建成节水机关。首次实施全河生态调度，干支流26 个重要断面生态流量达标情况良好。向河口三角洲补水 6.37 亿 m³，补水范围、水量、历时均实现新突破，刁口河流路时隔多年再次输水入海。向乌梁素海生态补水 6.25 亿 m³，水体水质稳中向好。利用来水偏丰条件，开展向库布齐、乌兰布和沙漠生态补水，沙漠"锁边"效果明显。多线路实施引黄入冀供水，有力地支持了华北地区地下水超采综合治理和雄安新区建设，促进了白洋淀生态修复。精细调度黑河水量，东居延海实现连续16 年不干涸。

六、治黄科技迈出新步伐

完成黄河保护治理国家重点研发计划"十四五"重大研发需求并上报。8 项科技成果获省部级特等奖或一等奖。3 个省级创新平台获批，省级重点实验室实现零的突破。推动"六个一"信息化建设提档升级，"一张图""一个库"更加完善，实现水文历史数据和地理信息数据共享，重点淤地坝、下游防汛信息和监督动态等数据"上图入库"。水文测报能力不断提升，多普勒流速仪等流量在线监测仪器在 44 个水文站投入使用，初步构建了水文现代化测报管理模式。

七、疫情防控和重点工作统筹推进

黄委党组第一时间成立领导小组，从严落实疫情防控各项要求，保障了职工身体健康。选派黄河医院 4 名医务人员驰援武汉，党员干部踊跃缴纳"特殊党费"293 万元。把"战疫情"与"抢春灌"统筹起来，春灌供水 124 亿 m³，实现了应灌尽灌，为保障疫情冲击下的国家粮食安全作出了贡献。在做好防控措施的前提下，治黄在建工程 2020 年 4 月初全面复工。

八、全面从严治党不断深化

落实落细主体责任，巩固"不忘初心、牢记使命"主题教育成果。持续深入学习习近平新时代中国特色社会主义思想，黄委党组（扩大）学习25次，开展党的十九届五中全会精神宣讲。开展120个基层党组织党建工作督查，推进创建"黄河水利基层党建示范带""黄河先锋党支部"，12个支部荣获首届"水利先锋党支部"。积极配合中央和水利部党组巡视工作，严肃认真抓好整改。完成5家委属单位巡察监督。制定《关于健全沟通协调机制形成全面从严治党合力的意见》，形成齐抓共管的工作格局。出台《整治形式主义官僚主义突出问题若干措施》等制度办法，开展中央八项规定精神落实情况专项检查和缴纳伙食费、市内交通费专项核查，严肃查处一批违纪违法案件。推进纪检监察体制改革，2个直属单位纪检组监察局新纳入委党组直接管理。

九、单位自身建设不断提升

把规范管理与全面从严治党贯通起来，与巡察整改、各类专项整治结合起来，坚持问题导向完善管理制度。加强财务在线监管，全面推进会计集中核算，完成92家企业清理整合和13家"僵尸企业"处置，开展党的十八大以来审计发现问题"大起底"专项行动，有效地防范了财务和经营风险。落实"争、挣、帮"举措，积极争取中央和地方的财政支持，保障了治黄事业正常运行。对口帮扶工作圆满收官，最后7家受帮扶单位"摘帽"。围绕落实习近平总书记"9·18"重要讲话精神开展系列宣传，为落实重大国家战略营造了有利的舆论氛围。

向建新　执笔

苏茂林　审核

专栏五十九

紧盯洪水风险　确保黄河安澜

水利部黄河水利委员会

开展大洪水实战演练，打开下游防洪调度空间。黄河小浪底水库建成以来持续开展调水调沙，黄河下游主河槽过流能力有所恢复，但是依然偏低，下游滩区始终面临中常洪水漫滩风险。水利部黄河水利委员会（以下简称"黄委"）党组直面问题，创新思维、缜密论证、果断决策，汛前开展了 2020 年防御大洪水实战演练，创造性地利用小浪底水库腾库迎汛时机人工塑造大洪水过程，连续对下游卡口河段进行集中冲刷，下游主河槽过流能力提升至 5000m³/s 以上，进一步打开了黄河下游防洪调度空间，为滩区 100 多万百姓的安全转移增加了保险系数，也为将来完善黄河水沙调控体系建设赢得了时间。河南省、山东省沿黄 15 个市、48 个县的 2 万余人参加了演练，各级防汛队伍得到了锻炼。

全面夯实备汛基础，落实超标洪水防御措施。按照水利部的总体部署，系统梳理黄河流域现状防洪能力，编制完成《黄河流域防洪能力分析报告》。组织开展历史大洪水应对分析复核，提出《黄河流域大洪水应对措施》。编制了黄河和渭河、沁河超标洪水全链条防御预案，制定了黄河超标洪水防御"作战图"。组织开展了以 1761 年型大洪水为背景，以黄河干支流水工程调度运用为重点的黄河中下游超标洪水调度演练，检验监测预报、调度指挥和抢险技术支撑能力，为有效防御超标洪水重大风险积累了经验。

协调联动，成功防御 6 场编号洪水。2020 年黄河入汛早、上游来水偏丰，黄河遭遇 30 年来罕见汛情，干流形成 6 场编号洪水，为历年最多。黄委先后 4 次启动水旱灾害应急响应，共派出 30 个工作组、专家组，指导各地抗洪抢险工作。坚持"一高一低"调度思路，综合调度上中游骨干水库，统筹防洪运用与水沙调控，拦蓄洪水 120 亿 m³，将花园口最大洪峰流量由 6600 m³/s 削减至 4350 m³/s，避免了下游 11.85 万人受淹。上万名干部职工和群防队员加强堤防巡查防守，共战胜较大以上险情 20 次，全力确保了黄河防洪安全。

科学调度水沙，实现防洪减淤多赢目标。在汛期，抓住全河大流量持续时间长的有利时机，再次实施黄河中下游水沙联合调度，小浪底、三门峡等水库共排出泥沙 8.07 亿 t，利津站入海沙量 2.92 亿 t。积极探索在丰水条件下生态调度新措施，在汛前结合腾库迎汛，向黄河三角洲湿地共补水 1.8 亿 m³；在汛期向内蒙古自治区库布齐沙漠巴音温都湿地、乌兰布和地区等生态补水 1.42 亿 m³，向乌梁素海持续补水 5.52 亿 m³。在后汛期无缝衔接防洪防凌调度，龙羊峡水库连续 3 年蓄水至正常高水位 2600 m，干支流骨干水库增蓄水量 72 亿 m³，多座水库发电量打破历史纪录，实现了水资源综合调度多赢。

蔡　彬　执笔

苏茂林　审核

牢记殷切嘱托
书写新时代淮河保护治理新篇章

——2020年淮河流域重点工作进展与成效

水利部淮河水利委员会

2020年，在水利部党组的正确领导下，水利部淮河水利委员会（以下简称"淮委"）全面贯彻"节水优先、空间均衡、系统治理、两手发力"治水思路，深入学习贯彻习近平总书记视察淮河时的重要指示精神，坚持党建引领，积极履职尽责，淮河保护治理各项工作都取得新成效。

一、深入学习贯彻习近平总书记视察淮河时的重要指示精神

2020年，习近平总书记先后视察淮河流域王家坝闸和江都水利枢纽工程，详细地了解了淮河治理历史、流域防汛抗洪和南水北调东线工程规划建设等情况，对治淮成就给予充分肯定，对行蓄洪区调整建设、现代化防洪救灾体系建设、确保南水北调东线工程成为"四个生命线"等作出重要指示，为淮委进一步做好新时代淮河保护治理工作注入了强大动力，提供了根本遵循。淮委以高度的政治责任感和历史使命感迅速掀起学习贯彻习近平总书记重要指示精神的热潮，及时组织召开学习会、学习班等，推动学习宣传贯彻往深里走、往实里走。按照习近平总书记的指示要求，第一时间成立淮河治理经验总结、"十四五"时期淮河治理方案编制两个工作组，聚焦流域和区域发展全局，认真总结中华人民共和国70年治淮经验；系统梳理新老水问题和薄弱环节，谋划确定流域基础性、全局性的项目建设任务，初步编制了"十四五"及今后一个时期淮河治理方案，为淮河保护治理打下了坚实的基础。

二、有声有色纪念新中国治淮 70 周年

2020 年是中华人民共和国治淮 70 周年。淮委首次通过国务院新闻办公室平台举行新闻发布会，着重介绍了 70 年治淮取得的主要成效，引起了社会广泛关注。成功举办纪念中华人民共和国治淮 70 周年座谈会，水利部魏山忠副部长出席会议并对治淮工作给予充分肯定、对新时代淮河保护治理提出明确要求。组织召开淮河流域水治理战略研讨会，开展院士专家淮河行活动，提出流域水治理的重大需求及措施建议，为今后一个时期发展提供了重要的战略参考。发布《新中国治淮 70 年白皮书》，征集出版纪念文集、科技论文集，高标准完成治淮陈列馆提升设计及布展，积极开展系列纪念文体活动。深入开展全方位、多维度、立体化的宣传，《一定要把淮河修好》《长淮壮歌　盛世华章》等专题片先后在中央电视台等主流媒体播出，产生了巨大的社会影响。

三、有力有序有效应对流域性较大洪水

2020 年，淮河发生流域性较大洪水，正阳关以上发生区域性大洪水，沂沭泗河发生 1960 年以来最大洪水。在汛前，淮委提早谋划做好各项迎汛准备工作，开展超标洪水防洪调度演练和预报应急演练，全力保障通信网络安全运行。加大防汛督查暗访力度，严防严控超标洪水、水库失事、山洪灾害"三大风险"。汛期，在水利部的统一指挥和流域各省的支持配合下，加强会商分析研判，滚动预测预警预报，先后组织召开防汛会商 94 次，启动应急响应 14 次，滚动制定洪水应对方案 37 期，派出 31 个工作组检查指导防汛抗洪抢险工作。充分发挥水利工程的集成效应，科学调度水库拦蓄洪水，适时启用行蓄洪区蓄滞洪水，有效利用蚌埠闸、三河闸、苏北灌溉总渠等工程全力排泄洪水，牢牢掌握抗洪主动权。充分发挥东调南下防洪工程作用，预泄骆马湖底水，合理分泄、全力东调沂河洪水。在整个防汛抗洪过程中，水库拦洪效果好，堤防挡水稳得住，行蓄洪区运用及时安全有效，实现了无一人因洪伤亡，无一水库垮坝，主要堤防未出现重大险情，夺取了防汛抗洪工作的全面胜利。

四、提速提质补齐流域水利基础设施短板

持续推进重大规划编制和重大项目前期工作，南水北调东线二期工程可行性研究报告按期编制完成并报送国家发展改革委，淮河流域"十四五"水安全保障规划已报送水利部，淮河流域水利基础设施空间布局规划编制有序推进，沂沭河上游堤防加固等4项工程初步设计已经获得批准，临淮岗水资源综合利用工程总体方案已经水利部水利水电规划设计总院审查。稳步有序推进复工复产，加强在建新建项目监管力度，积极发挥组织协调作用，统筹安排已完工工程验收，确保重点工程建设顺利推进。2020年，淮河流域节水供水重大水利工程年度投资计划完成率达102%，进一步治淮工程年度完成投资180.9亿元，是2019年度完成投资的2.6倍。淮河干流王临段等4项工程开工建设，新汴河治理等4项工程完成竣工验收，南四湖二级坝除险加固等工程全线加速推进，为促进经济发展、助力"六稳""六保"发挥了重要作用。扎实做好扶贫和援藏、援疆工作，全面完成农村饮水安全脱贫攻坚分片包干联系任务，流域内180万贫困人口饮水安全问题全部解决，5000多万农村人口供水保障水平显著提升，积极推动河南省大别山革命老区引淮供水灌溉工程项目批复实施。

五、聚焦聚力提升流域水治理能力

2020年，淮委共组织实施督查任务42项，任务量较上年增加75%。其中水利部下达的综合督查任务21项、专项督查任务15项，自主开展督查任务6项。淮委共计派出督查组313组次、1859人次，累计发现各类问题6828个，印发"一省一单"15份。以督查工作为抓手，跟踪抓好发现问题的整改落实，为防范化解水利领域重大风险提供了重要保障。

在水资源节约集约利用方面：第三批包浍河等3条河流分配方案已经获得水利部正式批复，第四批池河等5个河湖分配方案完成编制，开展淮河等7条河流水量分配方案实施情况分析评价。有序推进重要河流水资源统一调度，编制完成淮河水量调度方案并报送水利部审批，批复6条跨省

河流水量调度方案，制定印发 4 条跨省河流年度水量调度计划。持续做好南水北调东线一期工程水量调度及安全运行监管，年度向山东省调水 7.03 亿 m³。全面完成淮河区第三次水资源调查评价、淮河流域取水工程（设施）核查登记。完善水资源刚性约束指标体系，明确各区域水资源承载情况及可用水量。21 家报备单位全部通过节水机关验收，淮委系统节水机关全面建成。完成河南、安徽、山东 3 省县域节水型社会达标建设年度复核及回头看，开展用水定额监督检查和应用评估，完成 11 项建设项目节水评价。编制完成《黄淮地区重点区域地下水超采治理与保护方案》，率先开展流域地下水管控指标复核。完成第二批重点河湖生态流量目标确定，持续加强河湖生态流量监管。进一步扩大流域水质监测覆盖范围，深入推进流域重要饮用水水源保护。常态化开展河湖健康评估，积极探索建立史河水源地生态补偿机制。

在江河湖泊保护管理方面：全力推进河湖长制"有名""有实""有能"，完成两轮河湖管理暗访，清理整治各类"四乱"问题 1416 个。深入开展河湖违法陈年积案"清零"行动，86 起陈年积案全部完成整改结案。建立流域河湖长制工作沟通协商平台、淮河干流省界段采砂联防联控机制。着力解决南四湖、骆马湖、洪泽湖等重点湖泊划界难题，推动完成 12.86 万 km、242 个河湖划界，流域河湖划界工作按期完成。推动流域 4 省建成沂河、大沙河等 4 条国家级示范河湖，建设省级、市级示范河湖 1000 余个。

在工程建设和运行管理方面：全过程监督指导流域小型水库攻坚行动，超目标完成年度任务。持续强化流域内治淮工程质量监管，河南、安徽、江苏、山东 4 省在全国水利工程建设质量工作年度考核中均获得"A"级，流域水利建设质量管理工作居全国前列。扎实抓好安全生产各项工作，安全生产标准化建设全面达标。深入推进直管工程维修养护改革，基层水管单位全部实现维修养护市场化运作。全面推进直管水利工程标准化管理，积极推动水管单位管理能力提档升级，大官庄水利枢纽管理局通过水利部水利工程管理考核验收。

在水土保持监管方面：进一步强化生产建设项目水土保持监管，跟踪检查 33 个部批在建项目水土保持方案落实情况，严格督查安徽、江苏、山东 3 省水土保持监管履职情况。持续开展水土流失动态监测，完成 4 个国家级重点防治区 49 个县 7.86 万 km² 面积的监测任务。

六、纵深推进全面从严治党

（一）不断加强理论武装

深入学习贯彻习近平新时代中国特色社会主义思想和党的十九届四中、五中全会精神，推动全委上下进一步树牢"四个意识"，坚定"四个自信"，做到"两个维护"。大力实施青年理论学习提升工程，成立了 76 个青年理论学习小组，推动青年理论武装工作取得实效。

（二）持续强化党的建设

坚持把政治建设放在首位，开展强化政治机关意识教育，巩固深化"不忘初心、牢记使命"主题教育成果。认真抓好意识形态工作。坚持不懈开展纪律和廉政警示教育，组织开展出差人员缴纳伙食费和市内交通费、委属企业贯彻执行中央八项规定精神情况等专项监督检查。坚决支持、全力配合纪检组开展水利扶贫、疫情防控等专项检查。组织开展淮委党组第七轮、对南四湖局党委等 2 个基层党组织的政治巡察，督促做好巡察"后半篇文章"。

（三）全面提升党建工作质量

扎实开展模范机关创建活动。巩固提升基层党组织标准化规范化建设，积极打造具有鲜明特色的基层党建工作品牌，淮委办公室党支部和灌南局党支部等 2 个支部获评全国水利系统"水利先锋党支部"。组织开展基层党组织互评互查，顺利通过水利部党建督查。

（四）巩固深化作风行风建设

从严从实推进"灯下黑"问题专项整治。严格执行中央八项规定及其实施细则精神，持续纠治形式主义、官僚主义。大力弘扬新时代水利精神，组织开展第二届"最美治淮人"评选，积极开展"抗疫新力量"等志愿服务活动。深入开展精神文明创建，淮委荣获"第十二届安徽省文明单位"、蚌埠市"双拥模范单位"称号,顺利通过"全国文明单位""全国水利文明单位"复核验收。

郑朝纲 执笔

刘冬顺 审核

淮河流域防汛抗洪取得全面胜利

水利部淮河水利委员会

2020 年汛期，淮河发生流域性较大洪水，沂沭泗河水系发生 1960 年以来最大洪水。在水利部的坚强领导下，持续加大防汛督查暗访，加快推进重大水利工程建设，科学调度水利工程，夺取了防汛抗洪工作的全面胜利。

一、强化防汛督查暗访，"三大风险"防范成效显著

围绕防洪保安全工作，持续加大防汛督查暗访力度，严防严控超标洪水、水库失事、山洪灾害"三大风险"。一是以超标洪水防御预案编制督查为抓手，全面检查预案编制及备案、防御措施落实等，确保一旦发生超标洪水，能够有序应对、不打乱仗。二是以严禁湖库违规超汛限水位运行监管为核心，以小型水库"三个责任人""三个重点环节"落实为关键，强化网上监控和现场督查，紧盯责任人履职尽责，严防严控水库失事风险。特别是在汛期，对累计拦蓄洪水超过 30 亿 m^3 的 55 座水库进行了重点督查，严禁擅自超汛限水位运行。三是以县级监测预警平台运行、群测群防体系落实为关键环节，深入开展山洪灾害防御暗访，督促各地加强监测预警平台运行维护，严防严控山洪灾害风险。同时，加强堤防险工险段、河湖"清四乱"暗访工作。2020 年，水利部淮河水利委员会（以下简称"淮委"）共开展各类督查暗访 42 项，其中涉及水旱灾害防御督查 14 项，发现各类问题 3800 多个，及时通过"一省一单"等形式进行了督促整改，为流域安全度汛提供了强有力的监督保障。

二、强化重大项目建设，防洪工程补短板发挥主要作用

统筹新冠肺炎疫情防控和复工复产，全力以赴抓好重大项目建设。一

是及时开展现场督导,全力推进重大工程有序复工复产。2020年3月4日,淮河流域重大水利工程全部复工,进度位居全国前列,为如期完成汛前建设任务打下了坚实的基础。二是加快推进工程补短板,积极协调攻坚解决省界工程矛盾,先后开展两轮重大水利工程综合性督导检查,召开5次工程建设协调推进会,督促加快工程建设和投资计划的执行进度。流域重大水利工程年度投资计划完成率总体达到102%,进一步治淮工程年度完成投资180.9亿元,是2019年度完成投资的2.6倍。三是全面开展在建项目度汛督导检查,督促项目法人做好度汛方案、应急预案细化以及发现问题整改。2020年,洪汝河治理等2项工程新开工建设,淮河干流王临段等2项工程主体工程开工建设,出山店等4座大型水库主体工程全面完成,史灌河治理等5项工程完成竣工验收。一大批在建新建项目发挥了显著效益,出山店水库在淮河洪水中削峰率达到77.8%;西淝河、高塘湖泵站抽排水量约6亿m^3,减灾效益合计3.86亿元;淮干蚌浮段等已实施工程安全度汛,发挥设计效益,保障了流域人民群众的生命安全和财产安全。

三、强化水工程科学调度,流域防汛抗洪有力有效

针对总体偏差的气象年景和极为严峻的防汛形势,淮委严密监测、及时预警,科学研判、精准调度,成功应对了流域性较大洪水。一是及早谋划做好迎汛准备,完善水库河湖调度运用计划,编制超标洪水防御预案和"作战图",开展超标洪水防洪调度演练和预报应急演练。二是持续加强预测预报,先后40余次组织防汛会商,6次启动应急响应,派出26个工作组赴一线检查指导防汛抗洪抢险。三是充分发挥水利工程集合效应,科学调度梅山、响洪甸等15座大型水库拦洪削峰错峰,及时启用蒙洼、邱家湖等8个沿淮行蓄洪区蓄滞洪水,有效地利用入江水道、分淮入沂、苏北灌溉总渠等排泄洪泽湖洪水,充分发挥东调南下工程下泄沂沭泗洪水。在整个防汛抗洪过程中,水库拦洪效果好,堤防挡水稳得住,行蓄洪区运用及时可靠,夺取了防汛抗洪工作的全面胜利。

郑朝纲　执笔

刘冬顺　审核

聚焦服务国家重大发展战略
为海河流域经济社会高质量发展
提供坚实水安全保障
——2020 年海河流域重点工作进展与成效

水利部海河水利委员会

2020 年，海河水利委员会（以下简称"海委"）全面贯彻党的十九大和十九届二中、三中、四中、五中全会精神，积极践行"节水优先、空间均衡、系统治理、两手发力"治水思路，聚焦服务京津冀协同发展、雄安新区建设等国家重大发展战略，坚持以问题为导向，统筹推进疫情防控和年度重点工作，各项工作取得显著成效。

一、完善流域水利改革发展顶层设计

持续学懂弄通做实习近平总书记"3·14""9·18""1·03"等重要讲话精神，对标党的十九届五中全会提出的目标任务，把握新发展阶段、落实新发展理念、构建新发展格局，深入分析新时期流域水安全新任务新要求，以全面提升流域水安全保障能力为主线，以服务京津冀协同发展、雄安新区、北京城市副中心建设和北京冬奥会等重大战略为重点，编制完成了《海河流域"十四五"水安全保障规划》，明确了"十四五"流域水利改革发展路线图。

二、聚焦薄弱环节补短板

将保障流域供水安全特别是确保首都供水绝对安全作为首要政治任务来抓，克服新冠肺炎疫情影响，举全委之力压茬推进，按期完成了南水北调东线二期工程规划、东平湖以北部分工程可行性研究及穿黄工程初步设计并上报水利部。编制完成了《南水北调东线一期工程北延应急供水水量调度方案》。协调引黄入冀向白洋淀补水 1.51 亿 m³，完成引黄入冀供水协议续签稿起草并上报水利部。抓好南水北调东中线工程水量调度计划执行和运行安全监管。委属工程完成安全供水 16.64 亿 m³。积极推动京津冀全面落实"节、控、调、管"4 项措施，协调向滹沱河、滏阳河、南拒马河等 22 个河湖补水 44.23 亿 m³。持续推进京津冀协同发展"六河五湖"综合治理与生态修复，完成了永定河平原南段、大兴国际机场段等治理工程可行性研究技术审查。大力开展永定河生态水量调度，全年调水 2.89 亿 m³，永定河有水河段达到 737 km。召开 2 次会议推进潘家口、大黑汀水库水源保护工作，提出了水库周边整治等 8 项措施，持续改善潘家口、大黑汀水库水质。编制完成《智慧海河总体方案》，网信六大基础建设任务全面实施，网络安全能力显著提升，协同攻防演练得到水利部网络安全与信息化领导小组办公室的通报表扬。

三、推动监督工作提档升级

健全监督工作机制，统筹做好农村饮水安全、小型水库、水闸安全运行、山洪灾害防御等 12 项专项监督，累计派出 198 个组 695 人次，督查项目 2339 个。开展 2 轮河湖暗访督查，实现流域片 25 个设区市 183 个规模以上河湖暗访督查全覆盖。建立了海河流域河长制湖长制联席会议制度，构建了四位一体的跨区域协作平台。协调省级河长办公室对直管河库"四乱"问题开展联合督查，销号问题 462 个。推进了潮白河、清漳河水量分配工作。开展取用水管理专项整治行动，18492 个取水口通过省级取水工程核查登记审核。对 82 个水利部批准的生产项目水土保持实现全过程监督。修订海委督办管理"两办法一细则"，进一步完善工作机制，推动 10 项水利部督办事项和 121 项海委督办事项全面落实。坚持"过紧日子"，强化预算执行和绩效管控。开展各类跟踪审计、突击审计 18 项，充分发挥了审计"体检"和"免疫"作用。

四、着力提升防洪保安能力

认真贯彻落实习近平总书记关于防汛救灾工作的重要指示精神，坚持人民至上、生命至上，深入落实京津冀防汛工作会议精神，坚持防洪工程体系与防汛能力建设并重，突出抓好雄安新区、北京城市副中心等重点区域的防汛工作，编制完成了《雄安新区起步区 2020 年度汛方案》并获水利部批复，组织编制的大清河流域综合规划通过水利部水利水电规划设计总院审查。加快推进流域蓄滞洪区建设及中小河流治理，四女寺北闸除险加固工程顺利完工，推进卫河干流治理初步设计通过水利部审查，海河防潮闸除险加固工程可行性研究通过审批。对标"三大风险"，编制完成大清河、永定河等五大河系超标洪水防御预案，制定防御"作战图"；海委领导带队开展汛前拉网式排查，累计派出检查组 25 个，对发现的问题"一省一单"督促地方整改落实；汛期累计会商 17 次，启动Ⅳ级应急响应 2 次，成功应对了多次强降雨过程；开展了北运河防洪调度和水文应急监测联合演练，完成 14 处视频水文监测系统建设，进一步提升了"以测补报"水平。

五、能力建设成果丰硕

迅速落实党中央、国务院决策部署，按照水利部党组"不添乱、多出力、作贡献"的要求，快速反应，周密部署，统筹组织全委疫情防控工作。紧急采购防疫物资支援水利部长江水利委员会抗疫工作。统筹推进复工复产，动态调整防控措施，从严从紧织密防控网络。组织 79 名下沉党员、849 名志愿服务党员参与社区防控，捐款 27 万余元助力疫情防控。

推进水行政许可标准化建设，进一步优化审批流程、精简环节，启用首张取水许可电子证照。强化水政执法巡查，累计巡查河道 10.98 万 km，查处违法案件 19 件。实现直管河湖违法陈年积案和水事案件双"清零"。深化水管体制改革，委属 45 家水管单位全部实现了维修养护市场化。完成岳城、潘家口、大黑汀水库和引滦枢纽闸的安全鉴定。引滦工程管理局顺利通过国家级水管单位复核。有序推进规划编制和前期工作。启动流域水治理战略研究，务实推进中法、中欧交流合作。积极推进委属企业改革发展。在全委系统集中开展制度建设工作，完成 479 项制度制定修订工作。离退休、工青妇、宣传档案、信访保密、信息通信、后勤服务、综合管理等工作水平进一步提高。

六、全面从严治党工作持续深入

深入学习贯彻习近平总书记在中央和国家机关党的建设工作会议上的重要讲话精神，强化政治机关意识，增强"四个意识"，坚定"四个自信"，做到"两个维护"。深入开展模范机关创建，大力争创"水利先锋党支部"，积极推进"双示范"创建工作。持续整治形式主义、官僚主义问题，认真开展出差人员缴纳伙食费和市内交通费情况专项核查和"灯下黑"问题专项整治，不断巩固深化"不忘初心、牢记使命"主题教育成果。督导31个部门、单位制定全面从严治党主体责任清单，建立"清单+监管+问责"工作机制，层层压实主体责任。狠抓廉政警示教育，深入开展廉政集中约谈和现场督导。启动新一轮巡察工作，督导开展巡察"回头看"，抓好巡察整改"后半篇文章"。及时查处并通报党员干部违法违规问题。完成委机关和引滦工程管理局党组织隶属关系调整，成立机关离退休党委，落实委领导基层联系点制度。坚持正确选人用人导向，选优配强各级领导班子，推动干部年龄结构持续优化，加大年轻干部培养选拔力度，完成第三批双向干部交流，通过援藏、援疆、水利扶贫等多渠道培养锻炼和选拔干部。开展了中青年科技创新领军人才选拔工作，大规模培训各级干部，为流域治水事业积蓄人才力量。

魏广平　执笔

王文生　审核

专栏六十一

有序推进南水北调东线二期工程前期工作

水利部海河水利委员会

南水北调东线工程是构建国家"四横三纵、南北调配、东西互济"水资源配置总体格局的骨干水网之一。水利部海河水利委员会（以下简称"海委"）认真落实国务院南水北调后续工程工作会议精神，按照水利部部署，全力克服新冠肺炎疫情影响，举全委之力推进，按期完成东线二期工程前期工作各项节点任务。

一是提高站位，加强组织领导。海委认真学习贯彻习近平总书记关于南水北调工程的重要指示精神，始终将思想和行动统一到国家战略部署和水利部工作要求上来，不断提高政治站位，把东线二期工程前期工作作为第一要务，举全委之力抓好落实。及时成立前期工作协调小组，组成工作专班，细化工作计划，落实责任与分工，倒排工期，挂图作战，实时动态跟踪工作进度。建立周报制度，定期梳理工作进展，分析存在的问题，研究解决措施。2020年共编印40多期周报，为各级领导决策提供了重要参考。

二是精准施策，强化调度督导。建立东线二期工程前期工作调度制度，制定调度计划，实施精准调度。先后召开调度会、推进会，分析研判工作形势，督导各承担单位一手抓疫情防控、一手抓重点工作推进，全面摸清沿线防控要求，整合社会力量，扩大作业面，全线推进工程外业勘测工作；充分利用信息化技术手段，创新工作方式方法，积极稳妥推进复工复产，不断提高工作效率；打通断点堵点，优化工作流程，保质保量压茬推进各项内业设计，有效地确保了重要节点任务的按时完成。

三是科学论证，深化专题研究。先后组织开展了流域需调水量分析、东中互济线路布局、北京接入点确定、北大港调蓄运用、输水时间与输水损失等多个专题论证。结合党外相关人士对吴桥以北供水线路的建议，组织编制了利用引黄入冀补淀线路、经白洋淀调蓄向北京供水专题补充论证报告。在山东省提出新辟位德线方案后，及时组织开展了位临—临吴线、位德—德吴线同深度同尺度专题论证比选工作，召开专题技术讨论会议，确定了位山至吴桥段推荐输水线路，为顺利推进可行性研究报告编制提供了保证。

四是加强协调，打通关键节点。多层级、多渠道加强与水利部黄河水利委员会、山东省水利厅等的沟通协调，确保了穿黄工程外业及时进场；坚持不间断跟进，推进北京段外业进场工作。推动山东省书面明确了胶东供水过黄河的布局方案，协调河北省与北京市落实了廊坊市北三县供水方案。多次与水利部长江水利委员会及河北省水利厅沟通协调河北省东中互济区的水资源配置方案，就穿黄工程防洪影响专程赴水利部黄河水利委员会及黄河山东河务局进行对接，赴山东省自然资源厅就用地预审与生态红线等问题进行座谈，率先启动穿黄初步设计和总体可行性研究河北省线路停建令办理工作，推动要件办理迈出实质性步伐。

魏广平　执笔

王文生　审核

凝心聚力谋发展　珠江治水谱新篇

——2020年珠江流域重点工作进展与成效

水利部珠江水利委员会

2020年是全面建成小康社会和"十三五"规划收官之年。在水利部党组的坚强领导下，水利部珠江水利委员会（以下简称"珠江委"）以党建为引领，统筹推进疫情防控和流域水利工作，水旱灾害防御取得全面胜利，大藤峡水利枢纽工程顺利实现蓄水、通航、发电三大节点目标，粤港澳大湾区水安全保障工作有序推进，监督体制机制创新成效显著，为流域高质量发展提供了有力的支撑。

一、凝心聚力，贯穿一条主线

以加强党的建设为主线，推动全面从严治党不断向纵深发展。深入推进模范机关创建，强化政治机关意识，狠抓巡视整改"回头看"，坚决整治形式主义官僚主义，全年党组中心组学习17次，制定修订制度42项，完成内部管理强制性条文汇编，明确内部管理的红线底线。全委干事创业氛围日趋浓厚，作风明显转变，讲政治、比奉献、勇担当、谋发展成为珠江委的主旋律。

二、聚焦重点，强抓三件大事

（一）水旱灾害防御取得全面胜利

2020年珠江共发生40场强降雨，150条河流超警戒水位，西江、北江同时发生编号洪水，贺江中下游发生超标洪水，3个台风正面登陆。面对严峻的防汛形势，在水利部的坚强领导下，珠江委扎实备汛，精心编制超标洪水防御预案，强化监测预报预警和水库汛限水位监管，会同有关省（自治区）科学调度292座水库，拦蓄洪水156亿 m^3，确保了流域和区域防洪安全，取得了"大水之年无大灾"的全面胜利。

（二）大藤峡水利枢纽工程顺利实现蓄水通航发电三大节点目标

精准施策，指导督促大藤峡水利枢纽开发有限责任公司有序复工复产，主持完成有关阶段验收。在各方的共同努力下，大藤峡水利枢纽工程于 2020 年 3 月 10 日实现 44 m 高程下闸蓄水，3 月 31 日船闸试通航，4 月 30 日左岸首台机组投产发电。提前 56 天完成年度发电任务，累计通过船舶 1 万多艘次，为新冠肺炎疫情防控期间国家重大工程建设树立了标杆。

（三）粤港澳大湾区水安全保障有力有序

《粤港澳大湾区水安全保障规划》已正式印发，科学谋划了未来一个时期大湾区水安全保障的总体布局，明确了 2025 年、2035 年水安全保障目标任务。保障澳门地区供水安全关系"一国两制"的成功实践。2019—2020 年，圆满完成珠江枯水期水量调度，累计向澳门地区、广东省珠海市供水 1.4 亿 m³，连续 16 年保障大湾区供水安全，当前上游水库及珠海市当地水库群蓄水情况良好，供水安全可以有效地保障。

三、抢抓机遇，补强四方面短板

（一）水利规划体系不断完善

北仑河、郁江两项规划获水利部批复；韩江等规划已报送国家发展改革委；珠江"十四五"水安全保障规划提出初步成果。流域水利基础设施空间布局规划、2021—2035 年珠江河口综合治理规划编制等有序推进。

（二）重点项目前期工作取得突破性进展

会同广西壮族自治区、广东省全力推进环北部湾水资源配置工程前期工作，取得突破性进展，工程总体方案获水利部同意并印发审查意见，工程试验段于 2020 年 12 月 25 日开工建设，可行性研究阶段的各项工作正在抓紧推进。

（三）高质量发展基础进一步夯实

组织开展粤港澳大湾区水安全保障重大战略问题研究。完成珠江三角洲及河口同步水文测验，开展粤港澳大湾区（河口区）水下地形测量，为重大规划编制、重点工程论证提供基础支撑。珠江河口原型观测试验站一期完成竣工验收并投入运行，二期工程建设正在开展，填补了长期实时同步观测资料的空白。

（四）信息化补短板持续推进

加强顶层设计，组织编制"十四五"网信建设实施方案。全力推进珠江委电子政务工程建设，提前超额完成年度建设任务。扎实推进智慧珠江工程前期工作，编制完成可行性研究报告。

四、动真碰硬，全面强化行业监督

2020年水利部下达督查任务共24项，全年派出督查组621组2018人次，珠江委领导带队督查暗访64批次。督查各类水利工程2855处，暗访行政村664个、贫困户1373户，抽查取水口1585个，督查河段湖片1348个，发现各类问题13204项，整汇编问题70余万条，多项任务提前超额完成。

（一）水资源刚性约束不断强化

强化节水管理，完成44个县（区）节水型社会达标建设年度复核及"回头看"。西江流域水量分配方案获国家发展改革委和水利部联合批复，九洲江等5条跨省河流水量分配方案通过水利部水利水电规划设计总院技术审查。制定西江等11条河流和抚仙湖生态流量保障实施方案，开展韩江等6条已批跨省河流水量统一调度，全力保障流域用水安全。全面推进取用水管理专项整治行动。创新开展水源地监督性监测。

（二）河湖监督力度不断加大

完成流域11宗河湖重点陈年积案"清零"，强力拆除柳江12栋水上别墅、港湾人家饭店、平南碳酸钙生产线项目等违法建筑约4.6万 m²，清理整治珠江河口狮子洋水域堆渣填土67万 m³。督促地方以河湖违法项目为重点，举一反三，全面开展河湖"大体检"，广西壮族自治区柳州市排查出40个违建项目，按照"一区一单"的要求全面落实整改，达到了以点带面、震慑一片的显著效果。

（三）水土保持和农村饮水安全监管扎实推进

创新监管手段，以"天地一体化"监管为支撑，实现流域部管 51 个生产建设项目全覆盖监管，完成 12 个生产建设项目现场检查，切实管住人为水土流失。扎实开展农村饮水安全脱贫攻坚暗访检查，确保农村饮水安全工程持续发挥效益。

（四）水利工程监管持续强化

组织完成中型水库建管问题专项整顿、小型水库安全运行等专项检查，开展南渡江引水工程、黄家湾水利枢纽工程质量监督巡查，以及在建重点项目日常监督。首次开展珠江重要河段枢纽电站运行管理自主督查、暗访。制定百色水利枢纽安全运行监管方案，建立安全运行月报和不定期飞检机制。

（五）监督体系进一步完善

开展流域水利监督体制机制创新研究，分析总结各地监督成效经验和存在问题，研究提出"协同联动、多元构建、智慧监督、专业运维"的监督模式，推动形成流域上下联动、同频共振的监督大格局。配合做好珠江水量调度条例立法协调，完成韩江水量调度和百色水库管理立法前期调研。

2021 年是"十四五"规划的开局之年。珠江委将坚持以党的政治建设为统领，深入学习贯彻习近平总书记关于治水工作的重要论述精神，逐项落实"十四五"规划各项水利任务，重点抓好七方面工作。一是抓好水旱灾害防御。扎实开展汛前准备，优化完善流域超标洪水防御预案，加强预测预报预警，强化水库安全度汛运行监管，科学调度水工程，全力保障流域防洪安全。二是抓好大湾区水安全保障。聚焦服务重大国家战略，做好大湾区水安全保障规划实施，继续做好珠江枯水期水量调度，密切关注上游来水和下游咸潮情况，视情况启动应急补水调度，确保澳门地区、广东省珠海市等地供水安全。三是抓好大藤峡水利枢纽工程建设。统筹抓好左岸一期工程运行管理和右岸二期工程建设，加强施工进度、招标、投资计划执行和投资控制等监督，进一步加强质量安全监督，抓牢抓实安全生产各项工作。四是抓好水利规划编制。完善流域"十四五"水安全保障规划，加快推进流域水利基础设施空间布局规划、珠江河口综合治理规划编制和审查工作，配合水利部完善国家水网规划纲要编制，协调推进韩江、柳江等综合规划及珠江中下游重要河道治导线规划审批，做好防洪规划修编前期准备等有关工作。五是抓好重大项目前期。大力推进环北部湾广东省水资源配置工程可行性研究等前期工作，力争主体工程早日开工建设；加快推进思贤滘生态控导工程总体方案编制，做好重大项目储备。全力推进智慧珠江工程前期工作，争取国家立项支持。六是抓好重点领域监督。持续强化水资源、河湖、水利工程、水土保持、水旱灾害防御等领域监督，提升监督实效，推进"协同联动、多元构建、智慧监督、专业运维"监督模式在流域内示范运用。七是抓好水法规建设。大力推进珠江水量调度条例立法进程，争取尽早颁布实施；推进韩江水量调度管理办法、珠江流域跨省大中型水库管理办法等部门规章立法前期工作。

袁建国　吴怡蓉　执笔

王宝恩　审核

构建水安全保障新格局
护航粤港澳大湾区高质量发展

水利部珠江水利委员会

建设粤港澳大湾区是习近平总书记亲自谋划、亲自部署、亲自推动的国家战略。为了贯彻落实好《粤港澳大湾区发展规划纲要》（以下简称《规划》），按照水利部统一部署，水利部珠江水利委员会（以下简称"珠江委"）组织编制完成的《粤港澳大湾区水安全保障规划》已由水利部和粤港澳大湾区建设领导小组办公室联合印发。作为大湾区水安全保障的顶层设计，《规划》科学谋划了未来一个时期大湾区水安全保障的总体布局，为大湾区高质量发展注入源源不断的"活水"和生机。

一、厘清方向，明确大湾区水安全保障目标

粤港澳大湾区核心区域位于珠江三角洲网河区，这是世界上最复杂的河口地区之一，治理难度大，水问题十分复杂。

针对大湾区新老水问题相互交织的复杂局面，珠江委坚持问题导向、目标导向，深入调查研究，全面梳理短板弱项，分类施策找准解决方案。

《规划》立足湾情水情，对照中央有关要求和对标国际先进水平，明确了大湾区 2025 年、2035 年水安全保障目标任务。到 2025 年，大湾区水安全保障能力进一步增强，珠三角 9 市初步建成与社会主义现代化进程相适应的水利现代化体系，水安全保障能力达到国内领先水平。到 2035 年，大湾区水安全保障能力跃升，水资源节约和循环利用水平显著提升，水生态环境状况全面改善，防范化解水安全风险能力明显增强，防洪保安全、优质水资源、健康水生态和宜居水环境目标全面实现，水安全保障能力和

智慧化水平达到国际先进水平。

二、统筹谋划，提出大湾区水安全保障总体布局

大湾区地处流域下游，本地水资源量不足，加之水资源时空分布不均，决定了大湾区水安全保障必须从全流域层面统筹考虑。为此，《规划》坚持流域和区域相统筹，提出了流域层面、湾区层面、城市群和城镇层面"三位一体"的总体布局。

在流域层面，加强西江、北江和东江流域中上游水土保持和水源涵养，加强流域防洪及水资源统一调度，强化干流及重要支流的保护与治理。在湾区层面，形成"一屏、一核、一带、三廊"水安全保障总体格局。城市群和城镇层面，优化提升4个中心城市的水安全保障能力，夯实7个重要节点城市水安全保障基础，因地制宜提高特色城镇水安全保障水平。

三、打造"四张水网"，助力大湾区高质量发展

当前大湾区防洪减灾体系基本建立，城乡供用水体系初步形成，但是防洪减灾设施仍然存在明显的短板，水资源集约节约利用水平有待提高。《规划》以助力大湾区高质量发展为主题，提出构建大湾区水安全保障"四张水网"。

一是以水资源节约集约利用为前提，以供水水源互联互通和供水工程挖潜提升为基础，打造一体化高质量的供水保障网；二是以加强防洪（潮）治涝薄弱环节建设和联防联控为重点，构筑安全可靠的防洪减灾网；三是以涉水空间管控和水环境系统治理为抓手，构建全区域绿色生态水网；四是以水利信息化建设和监管机制及服务创新为突破口，构建现代化的智慧监管服务网。

袁建国　吴怡蓉　执笔

王宝恩　审核

践行初心使命　凝聚奋进合力
全力谱写松辽流域治水兴水新篇章

——2020 年松辽流域重点工作进展与成效

水利部松辽水利委员会

2020 年，水利部松辽水利委员会（以下简称"松辽委"）在水利部的坚强领导下，深入贯彻党的十九大和十九届历次全会精神，积极践行"节水优先、空间均衡、系统治理、两手发力"治水思路，努力克服新冠肺炎疫情影响，履职尽责、真抓实干，在多重挑战下推动各项工作取得了新成效。

一、补短板实现新提升，流域水利基础设施网络不断完善

一是流域水利扶贫攻坚任务全部完成。对 32 个贫困县 300 余处农村饮水工程进行暗访督查，推动解决 59 个贫困县饮水安全问题。紧盯贫困地区水利基建需求，组织开展吉林省 40 处河道治理单项工程可行性研究审查工作。深入推进重庆市武隆区对口帮扶，指导当地开展"十四五"水安全保障规划编制、农村饮水安全检查等工作。扎实做好水利援疆援藏工作，持续巩固提升支援和帮扶实效。

二是流域水利工程建设管理提质增效。积极推进辽河干流防洪提升、东水西引等流域重大水利工程前期工作。严把审查审批技术关，加大对引绰济辽、锦西灌区等重点工程现场检查指导，加大小型水库除险加固攻坚行动力度，确保建设任务按期完成。稳步推进尼尔基水库左副坝下游浸没影响处理，组织实施省界断面水资源监测站网、院区给排水管线改造等项目，委属基础设施建设管理水平和保障能力不断增强。

三是流域水生态修复治理持续发力。加强水土流失治理，组织编制

《东北黑土区侵蚀沟治理技术指南》,指导完成 1990 条侵蚀沟和超过 960 km 的水土流失治理任务。编制流域重点区域地下水超采保护方案,开展三江平原地下水动态监测,圆满完成 487 个测次的地下水水质监测任务,持续巩固地下水治理成效。调度察尔森水库为向海湿地应急补水 8500 万 m³,有效地缓解了湿地的生态危机。

四是水利信息化水平稳步提升。编制完成松辽委水利信息化"十四五"规划和智慧水利总体方案,通过优化顶层设计,加快网信工作提档升级。持续加强关键信息基础设施网络安全工作,以网络安全攻防实战演练为契机,切实筑牢网络安全防线。强化信息技术与水利业务的深度融合,加快推进水旱灾害防御、国际河流事务等信息平台板块建设,推动构建智慧高效的水利信息大系统。

二、监督工作展现新作为,流域水治理能力不断加强

一是水旱灾害防御夺取新胜利。组织召开流域防汛指挥机构以及直调水库安全度汛工作会议,周密部署重点工作。聚焦"黑天鹅"和"灰犀牛"事件防范化解,编制完成松花江、辽河大洪水应对措施和超标洪水防御预案,开展重点水库、蓄滞洪区等关键部位检查,指导做好备汛工作。加密预测预报和防汛会商频次,启动应急响应 4 次,下达调度令 21 个,派出工作组 24 个,检查指导水工程调度、堤防溃口处置等关键工作。科学精细调度骨干工程,4 座直调水库累计拦蓄洪水 94 亿 m³,最大削峰率达 95.9%。积极应对严重夏伏旱,调度尼尔基水库为下游应急补水 3.09 亿 m³,为粮食保丰收作出积极贡献。

二是水资源监管更加严格。深入开展用水定额监督检查,对 31 个县节水型社会达标建设进行复核。西辽河、音河、阿伦河水量分配方案获批复,东辽河、第二松花江和大凌河水量调度方案印发实施,流域水量统一调度格局逐步完善。全年准予取水许可 9 项、核发取水许可证 14 套,组织对 1100 余个取水口开展现场检查和问题整治。全力抓好西辽河"量水而行"监督工作,开展 5 批次水资源管理督查,实现 19 个县级行政区监督全覆盖,推动退减地表水灌溉面积 5.2 万亩,有效地压减地下水开采 1.9 亿 m³,近 20

年来首次实现干流生态水量下泄。

三是河湖监管力度不断加大。完成流域 4 省（自治区）41 个市 1400 个河段湖片"四乱"问题督查暗访，实现流域地级市检查全覆盖，针对严重问题印发"一省一单"，跟踪督促 304 项问题完成整改。深入抽查 8 个市和 49 县（区）河长制落实情况，推动流域河湖长"名实相符"。严格审批 27 项涉河建设项目，现场检查 10 项已批项目，确保审批要求有效落实。调查核实拉林河非法采砂、蒲河和珲春河违规乱建等问题，维护河湖健康生命。

四是水生态环境监管稳步推进。编制完成辽河干流等 9 条河流生态流量保障实施方案，开展重要江河生态流量保障情况监督检查。完成诺敏河干流河流健康评估报告，率先开展 193 个全国重要饮用水水源地基本情况调查。实施 58.86 万 km^2 国家级重点防治区水土流失动态监测，开展国家水土保持重点治理工程督查和 11 个部管生产建设项目监督检查，保护好黑土地这个"耕地中的大熊猫"。有力地应对黑龙江省伊春市鹿鸣矿业有限公司尾矿库泄漏事故，高质量完成现场处置和影响评估工作。

五是水利工程运行监督扎实深入。组织完成 323 座水闸、145 段堤防和 48 个水毁项目专项暗访督查，压紧压实工程运管监督责任。落实小型水库攻坚行动，对 286 座水库的管理机制及运行情况进行监督检查，有力推动"三个责任人"和"三个重点环节"从"有名"到"有实"。实施中型水库建设专项整顿，动态跟踪石头河等 3 座中型水库整顿落实情况，督促地方水利部门对发现问题进行切实整改。完成山洪灾害防御工程、农田水利"最后一公里"等督查任务，确保民生水利项目充分发挥作用。

三、夯基础增添新动能，流域水利改革发展保障水平不断提升

一是流域监督体制机制更趋完备。探索建立"1+N+S"督查队伍，推动构建人员专职化、队伍专业化的监督模式，全年累计派出 345 个检查组、1343 人次，圆满完成 16 项水利部督查任务和 11 项自主督查任务。制修订水利监督事项评估办法和监督工作管理办法，推动建立流域省（自治区）监督工作协调机制。创新开展 6 个县监督试点工作，推动问题整改落实，

增强监督工作时效性。

二是依法治水管水更显规范。科学编制流域"十四五"水安全保障规划，诺敏河、绰尔河流域综合规划获水利部批复，有序推进岸线利用、采砂等专项规划编制。认真制定松辽委水行政执法"三项制度"，集中开展119条河流水事矛盾纠纷排查化解，完成26件陈年积案"清零"抽查复核。持续深化"放管服"改革，全年共办结行政许可事项46项。

三是科技支撑保障能力更为扎实。成立科学技术委员会，为流域创新发展和科技兴水汇聚高端智力。同中国水利水电科学研究院签署战略合作框架协议，提出未来5年25项科技合作事项。积极拓宽科技奖励申报渠道，两项成果分获吉林省科技进步二等奖和三等奖。稳步推进国境界河、界湖水下及周边地形测量成果拼接、界河横断面数据交换等基础工作，筑牢国际河流管理基础。

四、强党建践行新使命，全面从严治党不断深化

一是不断强化党的政治领导力。落实全面从严治党主体责任，召开党建工作会议，研究制定工作要点，全年定期和专题议党9次，开展19次松辽委党组理论中心组集中学习研讨，举办党的十九届四中、五中全会精神专题培训。严格落实意识形态工作责任制，加强意识形态领域阵地建设。组织开展第二轮巡察，对松辽水资源保护科学研究所党支部开展常规巡察，对察尔森水库管理局党委开展"四资一项"专项巡察。

二是不断提升基层党组织的战斗力。制定落实全面从严治党主体责任清单，全覆盖推进党组织标准化、规范化建设。在水利部党建督查、吉林省直机关工委党建考评中取得优异成绩。积极推动模范机关创建，委机关被水利部评为首批模范机关。组织志愿者下沉社区、地铁站等战"疫"一线，助力打赢新冠肺炎疫情防控阻击战。策划开展的"新时代护水人"节水护水志愿服务项目获全国银奖。

三是不断深化作风建设的持久力。落实中央八项规定精神，严格公务接待、"三公"经费支出，开展违规操办升学宴、领导干部违规经商办企等问题专项检查。针对形式主义、官僚主义问题整治，提出6个方面20项

措施。开展第4次党风廉政建设宣传教育月活动，召开廉政警示教育大会暨廉政集体约谈会，切实加强对党员干部的教育、管理和监督。

李应硕　王　勇　种立博　执笔

廉茂庆　审核

专栏六十三

深化西辽河"量水而行"监管
助力构建北方生态安全屏障

水利部松辽水利委员会

由于长期对水资源的不合理利用，西辽河流域水资源供需矛盾突出，严重威胁区域生态安全。2020年，水利部松辽水利委员会（以下简称"松辽委"）按照水利部工作部署，立足流域实际、聚焦突出问题、强化基础保障、统筹各方力量，全力推进西辽河"量水而行"监管工作，为解决西辽河流域水资源过度开发问题提供了有力的支撑。

一、切实提升监管基础保障能力

组织制定西辽河流域"水资源管控"监管方案和年度工作任务清单，成立领导小组，定期召开工作会议，推动关键问题的有效解决。与相关部门在水量调度、信息报送、联合执法和成果共享等方面建立长效机制，搭建了系统完备的监督体系。为了全面摸清西辽河流域水资源底数、提升科学管理能力，开展地下水控制性管理分区与地下水阈值、地下水治理效果评价综合指标体系以及主要评价技术研究工作等4项专题研究，部分研究成果已经得到推广应用。

二、充分发挥水资源刚性约束作用

《西辽河流域水量分配方案》获水利部批复，在此基础上，制定水量调度方案以及生态流量保障实施方案，提出了主要调度工程下泄流量控制指标和主要控制断面生态流量保障目标，指导省（自治区）通过采取限制取水、集中下泄等措施，实施两次应急水量调度，实现西辽河干流20年来首次生态流量下泄，生态效益初步显现。严格取用水管理，在水资源超载地区严格执行建设项目取水许可限批政策。组织开展 75314 个取水工程核查登记成果复核、节水增粮 15087 个取水井台账建设工作，为下阶段监管工作奠定了坚实的基础。

三、高密度实地开展监督检查

深入实地全面排查西辽河流域水资源和河湖管理现状及存在问题。分 5 批次对流域内各级水行政主管部门以及 95 家取用水户开展水资源管理专项监督检查，实现 19 个县级行政区全覆盖，针对发现的问题下发整改通知并督促整改，不断推动西辽河水资源管理持续向好。开展 3 批次西辽河流域河湖管理检查调研，共检查了西辽河流域 52 个河湖的 165 个河段湖片，推动问题落实整改，进一步推进西辽河流域河长制湖长制"有名""有实""有能"，有效地改善了西辽河流域的生态环境。

四、汇集各方力量凝聚监管合力

坚持以系统治理为本，全面加强沟通交流和学术引领，整体联动、形成合力。多次组织监管工作推进会，与地方政府及相关部门座谈，对需要开展跨部门、跨行业沟通协调问题进行协调磋商，共研共商工作推进方案，促进相关问题顺利解决。组织召开西辽河流域"量水而行"以水定需研讨会，邀请中国工程院院士等专家学者为西辽河"问诊把脉"，为下一步工作指明了攻坚方向。全方位展开舆论宣传，营造多方参与、上下关注、各界支持的良好社会氛围。

李应硕　王　勇　种立博　执笔

廉茂庆　审核

扎实保障流域水安全
全力支撑服务长三角一体化高质量发展

——2020 年太湖流域重点工作进展与成效

水利部太湖流域管理局

2020 年，太湖流域管理局（以下简称"太湖局"）坚持以习近平新时代中国特色社会主义思想为指导，深入贯彻新发展理念和"节水优先、空间均衡、系统治理、两手发力"治水思路，在水利部的坚强领导下，统筹推进新冠肺炎疫情防控与流域水利改革发展各项工作，有力地支撑了长三角一体化高质量发展。

一、科学精细调度，全力打赢太湖超标洪水防御阻击战

受梅雨期持续强降雨影响，7 月 21 日太湖水位最高涨至 4.79 m，位列 1954 年以来历史第 3 位，发生流域性大洪水。面对严峻汛情，太湖局会同流域各方坚持人民至上、生命至上，周密安排、积极应对。以"超标洪水不打乱仗"为目标，提前制定《太湖流域大洪水应对措施》《太湖超标洪水防御预案》和"作战图"，开展实战演练。在汛前及时将太湖水位降至防洪控制水位，为洪水防御赢得了空间和时间。提前 10 天精准地预报太湖将发生超标洪水，提前 24 小时预报太湖超保证水位时间，抢在超标洪水发生前编报应急调度方案。在防御超标洪水的关键时期，坚持依法、科学、精细调度骨干水利工程，望亭水利枢纽、太浦闸持续突破设计流量全力排泄太湖洪水，尽最大能力降低太湖及河网水位。累计派出 153 个现场督查组，督促地方强化应急调度方案落实和重点堤防巡堤查险。在太湖局和流域各地的共同努力下，最终实现未死一人、未垮一库、未溃一堤，最大限度地减轻了灾害的损失，有效地维护了流域经济社会的稳定，取得了太湖

流域超标洪水防御阻击战的重大胜利。

二、完善顶层设计，积极支撑保障长三角一体化发展

认真领会党中央战略部署精神，深入贯彻习近平总书记扎实推进长三角一体化发展座谈会重要讲话，会同江苏省、浙江省、上海市、安徽省迅速制定印发《太湖流域支撑保障长三角一体化发展协同治水行动方案》。加快完善顶层设计，会同相关流域机构和省（直辖市）编制完成《长江三角洲区域一体化发展水安全保障规划》《长三角生态绿色一体化发展示范区水利规划》并报送水利部，"共编共研共推共议"的规划编制方法作为第一批制度创新经验向长三角省际毗邻区域进行复制推广。认真履行示范区理事成员单位职责，联合长三角区域合作办公室、长三角一体化示范区执委会等单位，制定印发示范区重点跨界水体联保专项方案。持续深化太湖流域水环境综合治理信息共享完善工作机制，促进共享数据得到更好的应用，基于共享平台打造的"突破'数据孤岛'瓶颈　构建水环境共保联治新格局"案例成功入选《长三角区域合作创新案例集》。

三、狠抓节约保护，流域生态文明建设成效明显

积极落实国家节水行动，开展用水定额评估及监督检查，助推江苏省、浙江省、上海市提前两年完成县域节水型社会达标建设2022年目标任务。严格生态流量管控，印发太湖、黄浦江、新安江生态流量（水位）保障实施方案，构建"日监测、日评估、月上报、特需及处"的河湖生态流量监管模式。推动太湖、新安江流域水量分配方案落地见效，加快推进太湖、新安江流域水量调度方案及交溪、建溪流域水量分配方案编制，建立引江济太调水新机制。探索建立"区域水资源论证＋取水许可审批告知承诺制"，颁发首张取水许可电子证照。科学开展太浦河闸泵联合调度，7次启用太浦河泵站应急供水，有力地保障了太浦河下游水源地的安全。受持续高温少雨影响，2020年5月中旬至6月上旬太湖北部湖区蓝藻"水华"防控形势严峻，在确保防洪安全的前提下，两

次实施引江济太调水，显著改善湖体水生态环境，确保太湖安全度夏。继续发挥太湖流域省际边界地区水葫芦联合防控工作机制作用，坚持日常防控和重要时段重点防控相结合，为第三届中国国际进口博览会等重大活动营造优美的水环境。

四、加强河湖管理，河长制湖长制工作持续深化

联合江苏省、浙江省、上海市河长办公室印发《关于进一步深化长三角生态绿色一体化发展示范区河湖长制　加快建设幸福河湖的指导意见》，深入推进示范区河湖长制探索创新、提质增效。全力推动太湖淀山湖湖长协作机制常态化运作并发挥实效，打造了一批以元荡、长白荡为代表的跨界河湖协同治理样板。高质量完成两轮河湖管理检查，共计检查浙江省、上海市、福建省河段（湖片）571 个，发现问题 245 个。开展流域重要河湖"清四乱"监督检查，持续督促指导地方及时整改销号。强化水生态空间管控和岸线分区管理，编制完成太湖、太浦河、望虞河岸线保护与利用规划。

五、加快补齐短板，流域骨干工程建设取得新突破

加强顶层设计，编制完成《太湖流域片"十四五"水安全保障规划》，制定《太湖流域水环境综合治理总体方案（2021—2035 年）水利措施建议》。准确把握太湖流域水利改革发展实际，提出太湖流域幸福河湖建设研究报告。协同推进 4 项治太重点水利工程前期工作取得重大突破，太湖流域规模最大的骨干工程——吴淞江工程上海新川沙河段于 10 月开工建设，吴淞江工程江苏段可行性研究已经水利部水利水电规划设计总院审查。江苏省环太湖大堤剩余工程建设全面推进，环湖大堤后续工程浙江段于 12 月开工建设。协调有关省（直辖市）就太浦河后续工程分期实施达成一致意见，太浦河共保联治江苏省先行工程已顺利实施。

六、坚持依法治水，涉水行政管理水平显著提升

以《太湖流域管理条例》配套制度建设为重点，制定太湖流域制度建

设清单及年度计划并推动实施，有效提升法治保障。探索法治机关建设，制定行政执法"三项制度"，修订印发流域片执法协同机制。以"一湖两河"及省际边界区域为重点，巡查河道长度达 1.3 万 km，水域面积达 2.6 万 km²，查处违法行为近 40 件。落实河湖执法三年行动方案，流域陈年积案"清零"已经基本完成。率先建立流域机构与地方水利部门监管联动机制，联合福建省水利厅制定印发对接方案，创新开展福建省小型水库"全覆盖"式督查，在实践中提炼形成并不断完善太湖特色监管长效工作机制。印发实施流域片部管生产建设项目水土保持协同监管办法，首创流域区域水土保持联合监管机制。

七、强化科技引领，流域水利工作现代化水平不断提高

积极发挥太湖研究院平台作用，推动建立幸福太湖水研究发展基金会，着力加强关键问题研究和交流合作。立足流域水安全保障需求开展太湖流域水治理战略研究，召开水治理战略研讨会，凝聚院士专家智慧为太湖治理建言献策。持续完善"智慧太湖1.0"建设成果，水资源监控与保护预警系统、信息资源整合与共享两大重点项目顺利通过竣工验收投入运行。有序推进水利先行先试项目建设，其中洪水风险预警项目在2020年流域超标洪水防御期间发挥重要作用。推动实施"数字工程 智慧管控"技术方案，先后实现太浦闸、望亭水利枢纽闸门运行智能化。科学谋划"智慧太湖2.0"建设，编制完成太湖局"十四五"水利网信建设实施方案，全面推进长三角一体化数字太湖建设工程前期工作。

八、筑牢工作基础，流域综合管理能力显著提升

认真贯彻水利部党组制定的重庆市巫溪县定点扶贫工作安排，通过选派干部挂职、消费扶贫等方式助力巫溪县完成脱贫任务。不断提升水利援疆、援藏工作成效，加强与对口帮扶单位交流对接，加大技术指导、人才培养、业务培训力度。大力推进太湖水文化建设，与江苏省苏州市签订了《太湖水文化馆共建共管协议》，基本完成太浦闸南堡太湖治理展示馆建设。加大优秀年轻干部培养选拔交流力度，打造配置合理的干部梯队结构

和技术骨干队伍，为流域事业健康长远发展积蓄能量和动力。持续推动"一网一微"融合发展，围绕水利工作重点抓宣传策划，积极营造良好的舆论氛围。

邵潮鑫　执笔

林泽新　审核

全力以赴打赢太湖超标洪水防御阻击战

太湖流域管理局

2020 年，太湖流域梅雨期降雨量达 583.8 mm，为多年平均的 2.4 倍。受连续强降雨影响，2020 年 7 月 21 日太湖水位最高涨至 4.79 m，与 1991 年并列为 1954 年以来历史第 3 位，太湖流域发生流域性大洪水。太湖流域管理局（以下简称"太湖局"）认真贯彻落实习近平总书记防汛救灾重要指示精神，坚持人民至上、生命至上，在水利部部署指导下，周密安排、积极应对，全力以赴做好防汛抗洪各项工作。

一、坚持人民至上，指挥决策坚强有力

始终把确保人民群众生命安全和财产安全放在首位，切实做到思想到位、责任到位、组织到位、部署到位和措施到位。主要领导自启动水旱灾害防御Ⅲ级应急响应起连续 24 小时驻守值班、坐镇指挥，超标洪水期间每日早晚两次主持会商，作出防御部署。举全局之力组建 9 个应急工作组，全力打好超标洪水防御阻击战。汛期应急响应持续 48 天，累计会商 62 次，派出 153 个工作组、暗访组、专家组奔赴一线。

二、坚持底线思维，防御准备扎实有序

切实增强忧患意识、风险意识、责任意识和底线思维，超前做好各项防御准备工作。及时组织召开太湖流域防汛抗旱总指挥部视频会议，安排部署年度水旱灾害防御工作。以"超标洪水不打乱仗"为目标，提前完成《太湖流域大洪水应对措施》和《太湖超标洪水防御预案》及"作战图"，组织实战演练。超标洪水发生前，迅速完善超标洪水应急调度方案报送水利部审批，为洪水防御提供了有力的支撑。

三、坚持以防为主，监测预报迅速准确

密切关注天气形势，切实加强与气象部门的沟通协调，进入梅雨季节后每日两次以上开展水文气象联合会商，及时启动与华东区域气象中心应急响应联动机制，Ⅰ级应急响应期间每日开展视频会商。运用洪水预报模型预测洪水演进过程，提前 10 天精准预报太湖将发生超标洪水、提前 24 小时预报太湖超保证水位时间，为防汛指挥决策赢得主动。

四、坚持科学调度，洪水外排力度空前

充分依托防洪工程全力外排流域洪水，统筹兼顾流域区域安全，科学精细调度，减轻流域区域防洪风险。在汛期前及时将太湖水位降至防洪控制水位以下，为迎梅度汛和防御太湖洪水腾出了充足的库容。在超标洪水期间，望亭水利枢纽、太浦闸持续突破设计流量排水，同时督促各地加大环太湖口门、沿长江、沿杭州湾等工程外排力度，全力降低河网水位。太湖最高水位最终调控在 4.79 m，成功地避免了发生水位 4.80 m 以上的流域特大洪水。

在太湖局与流域各地的共同努力下，最终实现未死一人、未垮一库、未溃一堤，最大限度地减轻了灾害损失，维护了流域经济社会的稳定，取得了太湖流域洪水防御工作的重大胜利。

邵潮鑫　执笔

林泽新　审核

水文化建设篇

水文化建设扎实推进

水利部办公厅　水利部宣传教育中心

党的十九届五中全会要求，繁荣发展文化事业和文化产业，提高国家文化软实力，明确提出到 2035 年建成文化强国的远景目标。水利部党组深入贯彻党的十九届五中全会要求和习近平总书记关于文化建设重要论述精神，有力推动水文化建设工作。

一、积累了较为丰富的水文化理论研究成果

水利部会同文化旅游部等有关部门，稳步做好黄河立法文化专题研究有关工作。围绕我国治水历史、治水方略演变、水利遗产、水文化与水工程等主题开展了研究，取得了较丰富的成果。相关单位组织开展了"'十四五'水文化建设与发展重大问题研究""黄河水文化遗产保护与利用前期研究""国家水利遗产认定申报书编写导则""水利工程遗产评价认定标准""水文化遗产保护与利用规划编制导则""非物质水文化遗产评价标准""水利工程遗产评价认定管理办法""国家水利遗产保护与利用管理立法前期研究工作"等一系列专题研究，为下一步开展国家水利遗产认定工作，推动水文化保护、传承、弘扬等奠定了坚实的理论基础。《中国水利报》推出《黄河文化地理》栏目，宣传黄河治理成就与水利对社会的贡献，《水利遗产说》栏目持续关注入选世界灌溉工程遗产名录的项目。《中国水利》等杂志持续策划以黄河为主题的相关专栏，刊发一批较有影响力的论文。长江水利委员会出版《画梦长江——波澜起伏的中国治水故事》《长江巨变 70 年丛书》《林一山回忆录（修订）》等系列图书。黄河水利委员会组织编写完成《黄河故事丛书》第一部《黄河故事·治理篇》。海河水利委员会编纂出版《海委志》。太湖流域管理局出版《太湖流域治水历史及其方略概要》。

二、初步搭建了水文化建设顶层设计框架

水利部发布《关于水文化工作机制和职责任务分工的通知》，有关司局在各自职责范围内分工负责、宣传教育中心等单位组织落实、各方力量积极参与的水文化工作机制不断完善。近年来，一些流域机构及地方也立足本地优势相应出台了水文化建设相关政策文件。如长江水利委员会制定了《关于文化塑委和推进长江水文化建设的指导意见》。太湖流域管理局印发《太湖局水文化建设工作2020年度工作方案》，编制完成《太湖局推进水文化建设总体方案（2021—2035）》。江苏、江西、四川、陕西、浙江等省级水行政主管部门编制了本地区水文化发展规划纲要、实施意见等政策文件。

三、探索推进水文化遗产调查工作

2020年，水利部继续开展全国水利遗产调查与评估工作，完成世界灌溉工程遗产遴选推荐工作，天宝陂、龙首渠引洛古灌区、白沙溪三十六堰、桑园围4个项目成功列入第七批世界灌溉工程遗产名录。初步完成陕西、河南、山西、甘肃、黑龙江、浙江等省的水利遗产调研工作。中国水利博物馆完成《山高水流长——西南地区非物质水文化遗产撷英》工作。陕西省水利厅出台了《陕西省水文化遗产保护与利用规划》，完成了陕北红色水文化遗产资源调查工作。北京、江苏、浙江丽水和河南郑州等地方水行政主管部门开展了水文化遗产普查，并形成了普查成果。如江苏省在全国率先开展全域范围内水文化遗产调查，自2015年起开展了为期3年的水文化遗产调查工作，建立了全国首个水文化遗产信息管理系统。

四、积极探索水工程与水文化融合实践

水利部精神文明建设指导委员会自2016年起在全国水利系统开展了水工程与水文化有机融合案例征集展示活动，2020年组织开展第三届水工程与水文化有机融合案例征集活动，对52个报送案例进行网络展示与投票，目前已开展三届活动确认22个案例。《水利工程文化设计规范》已列入水

利技术标准体系和 2021 年水利标准编写计划，为促进今后水利工程和水文化融合发展提供了重要保障。各地近年来也积极探索水工程与水文化融合实践。如水利水电规划设计总院将水文化体系构建真正落实于规划编制与审查中；黄河水利委员会完成邹平梯子坝治黄文化主题园、兰考东坝头"万步研学之旅"、武陟第一河务局文化展览室、黄河东银铁路文化展馆等 4 个治黄工程与黄河文化融合示范案例；浙江省水利厅在《河道建设规范》等水利工程规范标准中纳入水文化建设内容。

五、逐步加强水文化宣传与传播工作

通过加强宣传平台建设及丰富传播手段等方式，加大水文化传承与弘扬力度。一是以扩大水文化社会影响力，提升全民水文化素养为目标，不断加强水情教育基地、水文化馆、博物馆等为重要传播水文化的载体建设。如太湖流域管理局全面完成太湖治理展示馆建设。海河水利委员会建设完成四女寺枢纽文物陈列展示馆及国内首家水闸文化展示馆建设。淮河水利委员会高效完成治淮陈列馆升级改造。小浪底水利枢纽管理中心完成文化馆展陈提升，完善小浪底爱国主义教育、水情教育和研学实践教育 3 个基地展示内容。二是积极推进水文化进社区、进校园、进基层等社教活动，将水文化教育有机地融入宣传教育中。如水利部宣传教育中心组织"黄河文化"主题文学和视频作品征集评选活动，录制《黄河文化》视频课推广宣传；松辽水利委员会察尔森水库以冰雪旅游、水库冬捕为特色，深入推进水文化建设与当地全域旅游相结合；中国水利博物馆开展"我们渴望的水：从遗产到未来"青少年艺术创作大赛活动；中国水利文学艺术协会组织完成 2020 年全国"宪法宣传周"水利文化艺术走基层主题活动。

李　洁　胡　邈　刘登伟　执笔

李晓琳　李国隆　审核

专栏六十五

水文化遗产保护进展

中国水利水电科学研究院

　　水文化遗产保护是落实党的十九大提出的"加强文物保护利用和文化遗产保护传承"要求的重要任务，对传承弘扬中华优秀传统文化、坚定文化自信意义重大。2011 年水利部编制发布了《水文化建设规划纲要（2011—2020 年）》，明确提出加强水利遗产保护利用的要求。随着 2014 年中国大运河申遗成功和世界灌溉工程遗产名录的设立，水文化遗产保护越来越受到国家重视和社会的广泛关注。习近平总书记多次对加强水文化遗产保护作出明确指示，2017 年对大运河文化提出要"保护好、传承好、利用好"；2019 年 9 月在黄河流域生态保护和高质量发展座谈会上明确提出要"推进黄河文化遗产的系统保护"；2020 年 11 月在全面推动长江经济带高质量发展座谈会上要求"保护传承弘扬长江文化"，将水文化与水环境、水生态、水资源、水安全统筹考虑。此外，2018 年中央一号文件也明确提出"要保护好灌溉工程遗产"。2018 年水利部印发《加快推进新时代水利现代化的指导意见》，也提出"加强水利遗产保护与利用，保护、传承、弘扬好传统水文化"。2020 年水利部启动筹备国家水利遗产的认定和保护工作，进一步推动水文化遗产保护发展。

一、水文化遗产调查

　　2009—2010 年水利部第一次在全国范围组织开展在用古代水利工程与水利遗产系统调查，2011—2012 年系统开展了大运河水利遗产全线调查。2017 年，水利部再次组织开展全国水文化遗产调查工作。在地方和区域层面，北京市，陕西省，江苏省，重庆市，河南省郑州市，浙江省丽水市、绍兴市、宁波市，福建省莆田市等地陆续开展了系统的水文化遗产调查工作。浙江省于2020年启动了省级水利遗产认定工作。浙江省绍兴市率先开展了全市"禹迹"调查，在此基础上完成了浙江省"禹迹"调查，先后出版禹迹图。这些工作为实施水文化遗产保护、利用奠定了基础。

二、水文化遗产保护

近年来，多项水文化遗产陆续被列入有关文化遗产名录。都江堰、大运河作为中国最具代表性的水文化遗产被列入世界文化遗产名录。坎儿井、芍陂等多项古代水利工程被列入中国或全球重要农业文化遗产名录。石龙坝、洞窝水电站等被公布为国家工业遗产。2020年桑园围、天宝陂、龙首渠和白沙溪三十六堰成功申报成为世界灌溉工程遗产。截至目前，我国已有世界灌溉工程遗产23项，世界灌溉工程遗产已经成为水文化遗产的标志性品牌。

水文化遗产保护的规划保障越来越有力。大运河文化带建设作为国家工程，2019年中共中央办公厅、国务院办公厅先后印发了《大运河文化保护传承利用规划纲要》《长城、大运河、长征国家文化公园建设方案》，沿线各地分别编制本区段规划和实施方案，大运河水文化遗产保护工作逐步落地。水利部组织编制了《在用古代水利工程与水利遗产保护总体规划》《京杭运河遗产保护与管理规划（水利专项)》。一系列水利工程遗产保护规划颁布实施，2020年姜席堰、千金陂、桑园围、长渠、兴化垛田、浦江水仓等具体遗产保护规划以及福建省莆田市等区域水文化遗产保护规划完成或启动编制。

水文化遗产保护的制度与技术支撑越来越强。大运河等一些遗产在国家或地方层面制定了保护法规，2020年《宁夏回族自治区引黄古灌区世界灌溉工程遗产保护条例》颁布实施，"浙江省湖州市太湖溇港保护条例"启动立法程序。关于遗产认定、评估、保护修复等系列规范标准已在推进制定。水文化遗产有关研究越来越受到重视，近年来学术成果显著增多。依托中国水利水电科学研究院水利史研究积累和专业团队，建立了水利遗产保护与研究国家文物局重点科研基地、水利遗产保护中国水利水电科学研究院重点实验室，成为水文化遗产保护研究与技术支撑的核心平台。

水文化遗产在科普教育、社会文化服务方面的功能越来越突出。一些著名遗产地成为国家水情教育基地、国家水利风景区，2020年灵渠、芍陂所在的淠史杭灌区申报成为国家水情教育基地。水文化遗产专题博物馆越来越多，传承弘扬水文化的科普宣教平台作用日益凸显。

三、问题与建议

　　受社会经济快速发展、水利及城镇化建设快速推进的影响，水文化遗产保护形势更为严峻。目前水文化遗产保护管理体制机制仍不完善，遗产历史文化挖掘、保护修复技术等研究支撑难以满足现实需要，水文化遗产的科普教育等社会文化服务功能尚未充分发挥。当前我国已进入新发展阶段，以水利转型发展和国家文化战略实施为契机，系统深入推进水文化遗产挖掘、研究、保护管理和展示利用工作，将其充分融入国家社会经济文化发展大局中，是当前水文化遗产保护发展面临的紧迫现实需求。

李云鹏　王　力　执笔
彭　静　审核

水利风景区建设提质增效

水利部综合事业局

截至 2020 年年底，全国已建设国家水利风景区 878 家，达到省级标准的水利风景区 2000 余家。水利风景区在保护水资源、修复水生态、改善水环境的前提下，通过综合利用水利风景资源，发展水利旅游，传承弘扬水文化，成为建设幸福河湖的示范样板，提升了水利工程的综合效益，在助力乡村振兴、促进地方经济社会发展、服务生态文明和美丽中国建设中发挥了重要作用。

一是水利风景区发展质量进一步提升。国家水利风景区全部实现污水达标排放，半数以上的水利风景区水质提升 1~2 级。200 余个国家水利风景区年接待游客量超 40 万人，为当地人民休闲娱乐、体育健身、观光旅游、科普教育、文化活动等提供了清新灵秀的场所，大幅提升了群众的生活幸福指数和获得感。

二是成为美丽河湖建设的亮丽名片。近年来，各地积极探索建立政府统筹协调、水行政主管部门主导、全社会参与的工作机制，将水利风景区与河湖长制等工作有机结合，进一步规范利用河湖水域及其岸线，严格岸线用途管制，打造了一批"河畅、景美、水清、岸绿"的河湖景区，满足了人民对"优质水资源、健康水生态、宜居水环境"的需要。

三是制度建设持续发力。继续开展《水利风景区管理办法》修订工作，调整了水利风景区管理思路。各地结合工作实际，因地制宜，制定了本区域促进水利风景区建设发展的措施，水利风景区制度体系建设取得新突破。河北省将水利风景区工作纳入《河北省河湖保护和治理条例》，江苏省将水利风景区工作列入《江苏省人民代表大会常务委员会关于促进大运河文化带建设的决定》，云南省总河长令《云南省美丽河湖建设行动方案（2019—2023 年）》中提出，要将 39 个国家水利风景区打造成云南美丽河湖的精品，广西壮族自治区印发《广西壮族自治区美丽幸福河湖建设实施方案》，提出分期分批通过水利风景区建设推进美丽幸福河湖建设。

四是稳步开展国家水利风景区监管，动态监管技术支撑能力进一步增强。2020 年，组织专家分别赴河南、山西、陕西、江苏、浙江等 9 省（自治区），对 25 个国家水利风景区开展复核，起草完成《国家水利风景区复核工作规程》。进一步完善水利风景区动态监管一体化平台功能，完成"水利风景区动态管理服务平台"与申报信息系统的用户统一登录认证对接，与"全国水利一张图"实现模块整合和数据衔接，多措并举推进完善动态监管一体化平台功能，推进了信息化、便捷化和可视化管理。

五是水文化和科普功能显著提升。鼓励各地结合当地水利工程科技、水文水资源、水利遗产、治水名人事迹、地域文化等挖掘水利风景区文化内涵，开展国情教育、水情教育，弘扬水文化，讲好河湖故事。组织黄委和沿黄 9 省（自治区）水利厅从黄河流域 260 个景区中遴选 160 个典型国家水利风景区编写水文化故事，编制完成《讲好水利风景区河湖故事（黄河流域篇）》；选取内蒙古自治区巴彦淖尔二黄河水利风景区、浙江省湖州市吴兴区南太湖漾港水利风景区、江苏省淮安水利枢纽水利风景区开展水科普建设、水利遗产保护与利用试点，构建了灌区型景区水科普知识体系，探索了水利风景区建设运营与水利遗产保护利用融合发展模式。联合中央文化和旅游干部管理学院、水利部人才资源开发中心共同举办了"讲好黄河故事，延续历史文脉"公益性在线培训，邀请黄委、小浪底水利枢纽管理中心等单位专家录制"黄河之治"专题课程，通过网络向水利和文旅部门免费开放，1 万余人参与线上学习。

六是水利风景区知名度美誉度持续提升。组织出版《中国山水(2020)》刊物，完成水利风景区建设与管理官网更新改版上线。在《中国水利报》《中国水利》杂志等多个媒体平台宣传。结合重大节庆日，推出"畅游水利风景区 打卡美丽幸福河"主题系列画报 5 期，印制"世界水日""中国水周"宣传画册景区专版 20 万份。在中国水利官微以及头条、抖音等社会新媒体，围绕景区提质增效、向抗疫英雄致敬等主题，开展系列宣传，塑造了良好的公益形象，提升了水利风景区的知名度和美誉度。2020 年，全国近 300 家水利风景区向抗疫医护人员及其家属免费开放，社会反响较大。

董　青　执笔
刘云杰　审核

我国 4 处灌溉工程入选 2020 年世界灌溉工程遗产名录

水利部农村水利水电司

2020 年 12 月 8 日晚，线上召开的国际灌排委员会第 71 届国际执行理事会会议公布了 2020 年（第七批）世界灌溉工程遗产名录。我国福建省福清天宝陂、陕西省渭南龙首渠引洛古灌区、浙江省金华白沙溪三十六堰、广东省佛山桑园围 4 个工程全部申报成功。至此，我国的世界灌溉工程遗产已达 23 处，几乎涵盖了灌溉工程的所有类型，是灌溉工程遗产类型最丰富、分布最广泛、灌溉效益最突出的国家。延续至今的灌溉工程遗产是生态水利工程的典范，以世界灌溉工程遗产的申报与可持续保护利用为契机，深入挖掘并向世界展现中国灌溉历史文化，研究总结其科学技术、文化价值及管理经验，对助推乡村振兴、生态文明建设和水利工程的可持续发展，均具有重要现实意义。

天宝陂，位于福建省福清市龙江中段，始建于唐天宝年间（742—756 年），其坝体长 216m，高约 3.5m，其中 150m 为唐至明代所修的旧坝。天宝陂选址精妙、结构先进，在宋代就采用浇灌铁汁的方式加固坝基，是我国现存最古老的大型蓄淡拒咸水利工程，为福清农业发展和人口聚集作出重要贡献，见证了福清从一个斥卤之地变为全国百强县的发展历程。时至今日，天宝陂周边城市建筑林立，但是依然保存古有的工程布局，灌溉着下游 1.9 万亩耕地。千年天宝陂见证了福清的沧桑巨变，也完美地诠释了古人"择水而居"的理念。

龙首渠引洛古灌区，位于陕西省渭南市，地处黄河二级支流北洛河下游、秦东平原渭洛河阶地，是中华文明的重要发祥地之一。据《史记·河渠书》记载，龙首渠由汉武帝采纳临晋郡守庄熊罴的建议修筑，因在3.5km隧洞施工中首创了"井渠法"，被誉为中国历史上第一条地下渠，成为中国水利科技宝库中的一笔珍贵的财富。其后，引洛灌溉代有传承，各具特色。1933年，由杨虎城将军倡修、李仪祉先生规划，在龙首渠基础上修建了"关中八惠"之一的洛惠渠。发展至今，灌溉农田74.3万亩，惠及人口69万人，是陕西省重要的名优粮果基地之一。

白沙溪三十六堰，位于浙江省金华市婺城区，是浙江省现存最古老的堰坝引水灌溉工程。公元27年，辅国大将军卢文台归隐此地，首筑白沙堰。在此后的百余年，其部下及后人陆续建成了横跨45km、水位落差达168m的36座堰。针对白沙溪落差大、深潭多的特点，摸索出"以潭筑堰"的科学方式。其引水灌溉带来了巨大的效益，使浙中地区成为中国历史上重要的粮仓之一。为了表彰卢文台的功绩，历代朝廷对其先后7次追封，百姓尊称卢文台为"白沙老爷"，供奉庙宇百座之多。中华人民共和国成立后，白沙溪上修建了沙畈水库和金兰水库，部分古堰被永久地留在水底。目前仍有21座古堰继续发挥着引水灌溉作用，灌溉农田达27.8万亩。

桑园围，始建于北宋徽宗年间，地跨佛山市南海、顺德两区，是由北江、西江大堤合围而成的区域性水利工程，历史上因种植大片桑树而得名，也是中国古代最大的基围水利工程。围堤全长64.84km，围内土地面积为265.4km^2，农田灌溉面积为6.2万亩。桑园围水利工程的建设开启了珠江三角洲地区大规模基围农耕开发的历史，发挥了灌溉、防洪排涝、水运等效益，是珠江三角洲地区水利发展和佛山地区经济社会发展的重要历史见证，为区域灌溉农业发展和人居环境安全提供了基础支撑。

党　平　执笔

倪文进　审核

重庆市璧山区：水文化与城市建设融合发展

近年来，重庆市璧山区水利局以水生态文明城市建设试点为契机，不断丰富水文化内涵，走出了一条传统水利向现代水利和可持续发展水利转变之路。

璧山区委、区政府将水文化打造上升到全局发展的战略高度，提出"儒雅璧山、田园都市"的城市发展理念，创造了"河外截污、河内清淤、外域调水、生态修复"的中小河流模式。2014年，璧山区被水利部确定为全国第二批水生态文明试点城市，在此基础上形成了"大公园、大森林、大景区、大水系"的城市建设蓝图，坚持大河沟不覆盖、小河沟建湿地、大水体建主题公园、小水体现原貌、水域连通现清流、人水和谐共发展的建设思路，着力推动水文化与城市建设融合发展。

璧山区在城区建成亲水型达标型堤防近28 km，璧南河边建造亲水步道、休闲小亭和环水步道，河道以及周边水域实施水生态涵养工程，河道水体水质均达到地表水Ⅲ类标准。融水文化建设于水清、水畅、水活、岸绿、景美这个目标，以水的"五动"为主线：水体与水体的连通联动、水体与生物的生命脉动、水体与用地的功能互动、水体与道路的穿梭流动、水体与人群的生活灵动，分老城区、绿岛新区、青杠及来凤组团区进行差异化打造。在河流周边实行管网截污，杜绝城区污水流入璧南河，着力解决璧南河无来水问题。还在城区构建起区域水网连通体系，在城区水域周边布局建设五星级厕所、休闲座椅、水上娱乐等设施，分区域实行网格化管理，确保水域周边秩序良好，彰显了亲水娱水的理念。

争取到全国第二批水生态文明城市试点这张名片后，璧山区着力打好组合拳，整合其他项目持续发力，提升城市和地区的品质，又相继争取到璧南河国家水利风景区、全国生态保护与建设示范区、全国首届最美家乡河等国字号名片。不少知名企业看中璧山优美的水生态环境，主动要求落户璧山。

璧山区水文化建设工作成效，与璧山区水利局加强队伍建设密不可分。璧山区水利局党委高度重视干部职工思想政治工作，下大气力打造学习型、廉洁型、文化型团队，通过每月集中学习引导干部职工坚定理想信念，积极开展水文化学习交流，鼓励干部职工撰写水文化文章，创作出大型舞蹈《钢铁旗魂》等一批文化精品，广受好评。

王炯其 执笔

席 晶 李 攀 审核

大运河文化带暨国家文化公园建设情况

中国水利水电科学研究院

大运河持续运行 2000 余年，与长城共同搭建起中国精神的"人"字结构，显示了中华民族的智慧和勇气。2017 年 2 月和 6 月，习近平总书记指出，保护大运河是运河沿线所有地区的共同责任，要认真"保护好、传承好、利用好"。2019 年，中共中央办公厅、国务院办公厅发布的《大运河文化保护传承利用规划纲要》中指出，大运河文化带建设要"打造宣传中国形象、展示中华文明、彰显文化自信的亮丽名片"，2019 年 7 月 24 日，中央全面深化改革委员会审议通过《长城、大运河、长征国家文化公园建设方案》。2020 年 10 月 29 日，《中共中央关于制定国民经济和社会发展第十四个五年规划和二〇三五年远景目标的建议》提出建设长城、大运河、长征、黄河等国家文化公园。这标志着以大运河国家文化公园为代表的国家文化公园建设任务成为"十四五"时期国家深入推进的重大文化工程。江苏省提出将于 2021 年年底前完成大运河国家文化公园建设任务并为运河沿线省市树立标杆；河南省发布《河南省大运河文化保护传承利用暨国家文化公园建设 2020 年工作要点》；浙江省大运河国家文化公园杭州项目群全面开工。

一、大运河文化带暨国家文化公园建设现状

一是建设力度不断加大。中央和地方高度重视加强大运河文化保护利用，出台了大运河保护的规范性文件，构成大运河文化带规划实施方案体系，列出了大运河国家文化公园重点项目表和阶段任务清单。二是重视遗产抢救挖掘和保护。沿线文物保护工作科学有效，从以抢救性保护为主、向抢救性和预防性保护并重转变，从以运河本体保护为主、向运河本体与

周边环境的整体性保护转变。三是沿线生态治理初见成效。近年来，水利部、流域机构和省（自治区、直辖市）水利（务）厅（局）结合河长制、湖长制工作，将大运河上下游、干支流协同治理等人民群众最关心的问题作为大运河文化带暨国家文化公园建设的重点内容。四是运河文化资源挖掘工作逐步深入。各地人民政府开展大运河资源普查，挖掘大运河沿线历史文化和民俗风情资源，共梳理出了运河沿线非遗线索100余万条。

二、大运河文化带暨国家文化公园建设的现实需求

一是系统推进有待加强。在拉动区域经济社会发展、惠及百姓生产生活、发挥文化育人功能、提升城乡建设品质等方面，大运河的效能发挥还不充分，很多优秀的大运河遗产资源缺乏展陈空间，难以发挥"记得住乡愁、留得住乡情"的作用。二是协调发展有待加强。在发展理念上，重视生态景观建设，忽视大运河原生态保护。在财政投入上，各地大运河文化资金投入差异大，经济实力相对较差的地区更多地依赖中央财力。三是局部水环境治理措施有待加强。运河沿线雨污分流不彻底，污染物排放不规范。沿岸城镇集中区域，污水管网配套不完善，污染治理能力总体不足。四是文化传承力量有待加强。许多以农耕文明为基础的传统技艺日渐萎缩，甚至到了消失的境地。运河文化宣传阵地不足，缺乏综合性博物馆，运河文化阐释解说不够科学、系统和规范。

三、大运河文化带暨国家文化公园建设的五点建议

（一）坚持规划引领，做好顶层设计

一是要统筹考虑遗产保护、文化传承、水利建设和旅游开发，力争每项成果都有鲜明的区域特色和丰富的文化内涵，经得起百姓评说。二是要坚持保护优先、文化为魂、改善环境、串珠成链，充分发挥建设大运河的品牌优势，塑造富有文化品质、文化活力的特色地区。

（二）加强体制机制建设，统筹协调管理机制

一是要重视立法问题，着力从制度安排上研究解决实践中遇到的重点、难点问题。二是要加强组织领导，发挥其在综合协调、组织推进、督

查督导等方面的统领力。

（三）把握优先方向，深化运河文化核心

大运河历经千年变迁，文化始终是大运河"活"的灵魂，必须把文化发展作为整个发展战略的优先方向，把文化建设作为谋篇布局的关键。

（四）总结时代价值，凝练大运河精神

新时代新起点，必须深入挖掘大运河丰富的文化内涵，提炼出大运河精神。只有总结凝练好大运河精神，才能凝聚共识、搞好传承，弘扬传统文化；才能促进融合交流、传播文明，展现中国精神；才能不愧对祖先留给我们的宝贵遗产。

（五）持续点亮宣传名片，凝聚民族文化复兴合力

大运河不仅是展示中华文明的金名片，更是助力中华民族伟大复兴的新引擎，要让大运河更多惠及沿线人民群众，为提升群众获得感、幸福感做加法，让大运河成为沟通南北、融汇东西的文化桥梁和对外文化交流辐射的亮丽名片。

大运河在人类社会发展史上留下了不可磨灭的印记，充分显示了中华民族的智慧和勇气以及中华文明对世界历史发展的影响力和推动力。新时代新气象，新征程新使命，建设大运河文化带暨国家文化公园要以长远、开阔的眼光探索协同、创新、共同保护的新路径。

万金红　游艳丽　吕　娟　路京选　执笔

彭　静　审核

水情教育亮点纷呈

水利部办公厅　水利部宣传教育中心

水情教育对于凝聚社会共识、增进公众对国情水情的认知、形成治水兴水合力发挥着重要作用。2020年，水利部全面推进水情教育工作，广泛开展各种水情教育活动，多形式、多渠道地为社会公众提供水情知识，取得了显著成效。

一、水情教育基地建设与管理取得新进展

设立第四批国家水情教育基地。2020年3月2日，水利部印发《关于申报第四批国家水情教育基地的通知》，各地组织开展申报工作。由水利部、教育部、共青团中央、中国科协等单位的24名专家组成评审组，于2020年8月在北京召开国家水情教育基地设立评审工作启动暨初审会，对38家申报单位进行评审。经审定，最终确定29个水利工程（场所）入选第四批国家水情教育基地，于2020年12月底在水利部网站公示。

完成第二批国家水情教育基地考核。2020年7月，水利部印发《关于开展第二批国家水情教育基地考核的通知》，经综合评定，第二批12家基地考核结果全部为合格。强化水利系统"全国中小学生研学实践教育基地"指导和服务。教育部在水利系统设立了21家"全国中小学生研学实践教育基地"，水利部持续推进教育基地建设，并对做好下一步基地研学工作提出明确要求。

二、水情教育活动丰富多彩

做好"世界水日""中国水周"宣传教育活动。积极开展知识普及线上活动，在"全国节水知识大赛"公众号连续发布3期"世界水日""中国水周"节水宣传消息及H5互动答题游戏。截至2020年3月30日，总

阅读量达 8.3 万人次。

举办"守护美丽河湖""节水在身边"微视频大赛。2020 年 6 月 12 日,第二届"守护美丽河湖"全国短视频公益大赛启动仪式在北京举行。大赛面向全国征集评选网络原创短视频,共收到 576 件作品,最终评出一等奖 3 项、二等奖 5 项、三等奖 12 项。2020 年 6 月 20 日,"节水在身边"全国短视频大赛活动在北京科学中心举办了线上启动仪式。大赛面向全国征集网络原创短视频,截至 8 月 31 日收官,共征集 5.2 万件作品,累计播放量超 2.2 亿次。

举办斯德哥尔摩青少年水奖中国地区选拔赛。2020 年 6 月 13—14 日,水利部与生态环境部联合举办"第十八届全国中学生水科技发明比赛暨斯德哥尔摩青少年水奖中国地区选拔赛"活动。来自全国的 123 个学校(含校外机构)报送作品 152 件,18 所学校的 23 件作品参加决赛视频答辩。为了扩大活动的影响,让更多的社会公众特别是青少年学生看到现场比赛的实况,活动全程在"中国水利"今日头条客户端进行了直播。

举办首届全国水利科普讲解大赛,参加 2020 年全国科普讲解大赛。2020 年 7 月 27 日,首届全国水利科普讲解拉开帷幕,19 家单位的 38 名选手参赛。经过现场激烈的角逐和专家评分,最终选出一等奖 3 名、二等奖 7 名、三等奖 10 名。2020 年 11 月 12—13 日,2020 年全国科普讲解大赛在广州举行,水利部获得优秀组织奖,代表水利部参赛的 3 名选手获得个人优秀奖。

组织中国志愿服务项目大赛水利专项赛。2020 年 7 月 31 日,水利部、共青团中央联合印发《关于举办第五届中国青年志愿服务项目大赛节水护水志愿服务与水利公益宣传教育专项赛的通知》,全国 22 个省(自治区、直辖市)水利(水务)部门,13 个部直属单位、部分社会组织、大学院校申报项目 134 个。通过"水利新语"微信公众号等平台进行网络投票,7 天参与投票人数 325.46 万人,达到了很好的宣传推广效果。经过多轮评选,选出专项赛一等奖 10 个、二等奖 15 个、三等奖 20 个,获得全国赛资格。2020 年 11 月 22—24 日,第五届中国青年志愿服务项目大赛在广东省东莞市举行。经过视频答辩、专家讨论等评选环节,水利部推荐的项目获得金奖 7 个、银奖 12 个、铜奖 18 个。

积极参加 2020 年全国科普日活动。2020 年 9 月 19—25 日，2020 年全国科普日北京主场活动在中国科学技术馆举办。水利部推出了"节约用水，从自身做起"的节水专题科普展览。展区运用 VR 设备模拟展示家庭用水的互动场景以及"国之重器"南水北调工程的科技含量，深受参观者尤其是青少年的欢迎。

开展创建节水校园活动。2020 年 4 月，水利部和中国少年儿童新闻出版总社联合在未来网举办"开展节水行动 争当节水先锋"活动。活动开设专题页面，设计制作节水答题游戏、征集节水"金点子"微视频，线上活动参与学生人数达到 1100 多万人。2020 年 5 月，赴定点帮扶地区重庆市万州区余家中心小学和武隆区庙垭乡中心小学开展"节水进校园"主题宣教活动，通过开展主题宣讲、发出节水倡议、节水承诺签名以及捐赠与节水相关的知识读本和文具等系列活动，引导孩子们从小树立节水意识，养成节水习惯，争当节水先锋。

制作水利公益广告向社会投放。制作"全民节水、即刻行动"节水公益广告片，各地水利部门纷纷联系下载，在当地媒体和公共场合播放宣传，营造了良好的社会宣传效果。围绕 2020 年"世界水日""中国水周"主题，设计制作了"坚持节水优先 建设幸福河湖"公益广告片和宣传平面广告在北京首都机场、火车站、公交站等公共场所集中宣传展示，影响受众超百万人次。

李 洁 胡 邈 杨雨凡 执笔

李晓琳 周文凤 审核

福建省宁德市："一区一园一世遗"
水情教育展新姿

随着水情教育的广泛开展，福建省宁德市初步形成"一区一园一世遗"的水情教育格局，展现出新时代水情教育的别样风采。

一区：九都水土保持科技示范园区。该园区是宁德市创建的首个水土保持科技示范园区，园内设有水保科普教育、科研试验、治理示范、植物园、休闲观光5个功能区，建有气象站、科普馆等设施，为水土保持理论和技术的集成、提升、示范、推广和应用提供平台。2019年7月，"福建省中小学生研学实践教育基地"在园区正式挂牌，为中小学生提供丰富多彩的互动研学活动，普及节水知识，加强水情教育。

一园：福安市茜安水利文化主题公园。该园是宁德市依托赛江一级支流茜洋溪和茜安水利工程兴建的首个水利文化主题公园。公园主题重点突出河长制工作，园内建有茜安水利长幅浮雕、曲水亭、滨水步道等设施。河长制宣传专栏全面展示了茜安河长制推行背景、组织体系和河长制工作的目标任务、工作制度以及近年来全面落实河长制带来的喜人变化。不仅成为宁德市宣传河长制工作的新阵地，还美化了水源地保护区的生态环境，让人们在自然与娱乐的浸染中更好地感受水利文化。

一世遗：黄鞠灌溉工程。该工程位于蕉城区母亲河霍童溪畔，是迄今发现系统最完备、技术水平最高的隋代灌溉工程遗址，也是宁德市水情教育的"活化石"。黄鞠灌溉工程由隋朝谏议大夫黄鞠主持兴建，始建于公元613年，分为右岸龙腰渠、龙腰水碓、石桥村水系、左岸琵琶洞渠系四个部分，通过堰坝拦水、明渠引水、隧洞穿水，形成了引、输、蓄、灌、排的合理布局；左右岸 2 处灌溉工程渠系长度超过 10km，灌溉面积 2 万余亩，具有农业灌溉、生活供水、水力加工等综合功能，也成为当地特有的文化长廊。2017 年 10 月 10 日，黄鞠灌溉工程成功入选"世界灌溉工程遗产"名录，2019 年又入选全国文物保护单位。

张智杰　郑　舒　缪见武　执笔
席　晶　李　攀　审核

党 的 建 设 篇

持续推动党的建设高质量发展

水利部直属机关党委

2020 年，水利部各级党组织全力以赴克服新冠肺炎疫情带来的不利影响，抢抓落实、落实、再落实，较好地完成了年度党建各项目标任务，为推动水利改革发展提供了坚强保证。

一、坚持首位首抓，推动践行"两个维护"走在前作表率

一是强化政治机关建设。深入开展强化政治机关意识教育，水利部党组书记、水利部党组成员和各单位党组织负责同志围绕"强化政治机关意识、走好第一方阵"讲授专题党课，各基层党组织普遍开展"不忘初心、弘扬优良家风"主题党日活动。印发贯彻落实习近平总书记在中央和国家机关党的建设工作会议上的重要讲话精神任务清单，制定落实巩固深化"不忘初心、牢记使命"主题教育成果 35 条重点措施，推进中央和国家机关工委党的政治建设督查整改事项落实，强化了部机关走在前、作表率的自觉性和主动性。坚决贯彻落实习近平总书记重要指示批示精神和党中央重大决策部署，全面推进习近平总书记关于保障水安全重要讲话精神贯彻落实提档升级，深入推进习近平总书记关于黄河流域生态保护和高质量发展重要讲话精神的贯彻落实，常态化开展贯彻落实习近平总书记重要指示批示精神情况"回头看"，认真落实习近平总书记关于坚决制止餐饮浪费行为的重要指示，以实际行动践行"两个维护"。

二是持续深化政治巡视。全力配合中央第九巡视组对水利部党组开展常规巡视。水利部党组召开脱贫攻坚专项巡视"回头看"专题民主生活会。加强巡视办机构建设，在直属机关党委加挂部党组巡视办牌子，形成党建与巡视深度融合、相互支撑促进的格局。完善巡视工作领导小组、巡视组和巡视办工作规则。开展 2 轮对 8 家直属单位党组织的政治巡视，发

现各类问题 121 个,向被巡视单位提出整改意见 34 条,向有关部门移交问题线索和信访举报 111 件,组织对 16 名司局级领导干部进行谈话和问责。

三是助力疫情防控和脱贫攻坚重大政治任务。使用工会经费和党费 500 余万元采购防护用品、购买扶贫产品、支持定点扶贫县贫困村党支部建设,组织 6700 多名党员干部捐款 126 万元支持疫情防控,与 128 名滞留湖北的党员干部逐一取得联系,组织暂在武汉人员成立临时党支部并就近投身疫情防控、9 名同志火线入党,开展"防疫期间心理调适"讲座和"水利抗疫故事"宣传,严肃查处 1 名干部违反疫情防控纪律案件并对所在单位主要负责人进行问责。

二、学懂弄通做实,推动理论武装进一步走深走心走实

一是发挥"关键少数"示范带动作用。水利部党组组织 39 次党组中心组理论学习,党组中心组成员带头深入学习、交流发言。水利部党组书记带头讲了 2 次专题党课,围绕学习贯彻党的十九届五中全会精神作了 2 次宣讲、主持召开 4 个座谈会,研究落实措施,把学习成果转化为推动"十四五"和 2021 年水利工作的思路举措,带动广大党员干部理论学习不断深化转化。

二是开展学习培训和调研活动。发放理论学习书籍 7500 余册,举办 1400 余名处级及以上干部学习贯彻党的十九届四中全会精神轮训班、年轻干部理想信念培训班、部党校秋季干部进修班、水利巡视工作培训班、部直属机关群众工作和民主党派干部培训班,采取党组中心组学习、"三会一课"、专题组织生活会、主题征文、知识测试等多种形式,推动理论学习入脑入心。坚持学研用并重,组织开展党建课题调研,评选 39 个优秀课题成果。

三是全面落实青年理论学习提升工程。在抓好部属系统 1233 个青年理论学习小组学习的基础上,开展各类知识竞赛,激发青年党员干部学习热情,掀起新一轮学习热潮。

三、完善制度体系,推动机关党的建设高质量发展

一是全覆盖推进标准化规范化建设。研究制定《中共水利部党组落实

全面从严治党主体责任清单》《关于加强水利行风建设促进全面从严治党的指导意见》《加强党支部标准化规范化建设暨创建"水利先锋党支部"的实施意见（试行）》《关于部属企业贯彻执行中央八项规定精神指导意见》《中共水利部党组巡视整改"后评估"办法（试行）》和廉政风险防控等制度规定，党建各方面工作基本实现有章可循、务实管用。

二是全覆盖开展"模范机关"和"水利先锋党支部"创建。制定实施水利部创建模范机关和先锋党支部评选表彰办法，协助部党组召开大会动员部署，直属系统 2756 个党支部、169 个司局级单位踊跃创建，评选出首批 54 个"水利先锋党支部"和 19 个"模范机关"先进单位。倾力打造"黄河水利基层党建示范带"。通过规范化的创建活动，党建工作活力明显增强。

三是全覆盖开展党建督查和"灯下黑"整治。抽调 110 余人组建 10 个督查组，从 2020 年 7 月下旬至 11 月底，运用"四不两直"方式，对京内外所有 55 个司局和直属单位、7 个流域机构纪检组进行全覆盖督查，涵盖党委、党组、党总支、党支部、党小组等各级各类党组织 242 个，访谈调查 2527 人，共发现淡化、弱化、虚化、软化"灯下黑"问题 388 个，督促建立台账、立行立改，推动党建各项工作有效落实。

四是全覆盖开展党建考核。完善落实《水利部党建考核办法》，将各司局和直属单位党组织书记、班子党员成员、机关党员干部全部纳入党建考核范围，做到党建考核与干部年度考核一个通知布置、一个场次安排、一个报告述职、一起评议考核，党建考核的指挥棒作用得到较好的发挥。

四、主动担当作为，推动经常性基础性工作取得新的进步

一是深化形式主义官僚主义整治。开展形式主义官僚主义突出问题大排查、大起底、大整治，聚焦会议、文件简报、教育培训、调查研究、督查检查考核、干部担当作为等 6 个方面的突出问题，制定印发《关于整治形式主义官僚主义突出问题的若干措施（试行）》，明确了"23+2"条纠治措施。

二是严实有力监督执纪。开展部属系统纪律教育警示教育，指导基层

党组织普遍开展警示教育专题组织生活会，向党员干部及家属发放廉洁家风倡议书。开展部属企业贯彻执行中央八项规定精神情况自查，对部属企业贯彻执行中央八项规定精神情况进行专项整治，全覆盖开展出差人员缴纳伙食费和市内交通费情况专项抽查，对 11 家单位 529 名领导干部经商办企业情况进行现场核查，对 18 家机关纪委执纪审查工作进行检查。

三是深入推进精神文明创建。组织开展第六届全国文明单位推荐测评复审，水利系统 38 家单位被中央文明委授予"全国文明单位"，100 余家单位保留"全国文明单位"称号。大力宣扬新时代水利精神和"最美水利人""历史治水名人"等行业标杆，开展"关爱山川河流·保护母亲河"全河联动志愿服务活动，引领行业新风正气。

四是积极开展群团工作。举办联欢会、写春联祝福、游艺会等迎新春系列活动，做好困难职工慰问、互助医疗保险，举办心理健康讲座，组织健步走活动，开展"青春抗疫、志愿有我"主题团日活动，举办纪念"三八"妇女节、"六一"儿童节等活动，大力推荐表彰各类先进典型，激发广大干部职工崇尚先进、争创一流的内在动力。

2021 年，水利部将围绕开局"十四五"、开启新征程，从严从实加强党的各项建设，努力建设让党中央放心、让人民群众满意的模范机关，为推进水利改革发展提供坚强保证，以优异成绩庆祝建党 100 周年。

何仕伟 李 敏 执笔

王卫国 审核

专栏六十九

坚持把党的政治建设放在首位

水利部直属机关党委

一、开展强化政治机关意识教育

水利部认真组织开展"不忘初心、牢记使命"主题教育并制定巩固深化意见，印发《关于开展强化政治机关意识教育的方案》《关于认真学习贯彻习近平总书记在中央政治局第二十一次集体学习时重要讲话精神的通知》，组织直属机关各级党组织认真开展学习研讨，研读习近平总书记在中央和国家机关党的建设工作会议上的重要讲话精神和《中共中央关于加强党的政治建设的意见》等制度规定，把旗帜鲜明讲政治贯穿业务工作全过程和事业发展各方面。水利部原部长鄂竟平同志围绕"强化政治机关意识、走好第一方阵"讲专题党课，各级党组织书记围绕强化政治机关意识为党员干部讲专题党课。以党支部为主体，组织开展"不忘初心、弘扬优良家风"主题党日活动。

二、推进模范机关创建

制定印发《关于创建"让党中央放心、让人民群众满意的模范机关"实施方案》，组织召开党的工作暨模范机关创建工作会议，对创建模范机关作出部署要求。以水利部党建工作领导小组名义印发水利部创建模范机关先进单位评选表彰办法和工作方案，组织部机关各司局、直属各单位把做好"三个表率"、做到"两个维护"作为主要任务，对照"旗帜鲜明讲政治、创建工作扎实、党建工作有力、业务工作一流、作风形象良好、先进典型示范"的要求，积极开展模范机关创建。经申报推荐、集中评审，评选出水利部创建模范机关先进单位19个。

三、树立大抓基层鲜明导向

全覆盖推进基层党支部标准化规范化建设，制定党支部标准化规范化建设暨"水利先锋党支部"创建办法，形成"三个规范"支撑和"四强"引领的制度机制，引导基层党组织按标施建、对标提质，评选出第一届"水利先锋党支部"54个。制定印发《关于开展"灯下黑"问题专项整治的方案》，全覆盖开展党建督查和"灯下黑"整治，完善落实《水利部党建督查办法》，抽调110余人组建督查组，主要运用"四不两直"方式，对55个司局和直属单位、7个流域管理机构纪检组进行全覆盖督查，发现"淡化、弱化、虚化、软化"问题388个，督促各单位建立台账、立行立改。组织创建"黄河水利基层党建示范带"，推进基层党建与黄河治理保护事业深度融合。

韩伟玮　执笔

王卫国　审核

集中整治形式主义官僚主义

水利部直属机关党委

水利部党组把解决形式主义官僚主义问题作为重大政治任务，纳入水利部重点督办考核事项，坚持整治工作与水利工作同谋划、同部署、同推进、同考核。在开展大调研、大排查、大整治的基础上，针对基层反映比较集中的会议、文件简报、教育培训、调查研究、督查检查考核、干部担当作为等6个方面的形式主义官僚主义突出问题，紧盯造成问题的要害和根源，先后15次召开会议，向部机关司局党支部、部领导和司局主要负责同志征求2轮意见，形成了《关于整治形式主义官僚主义突出问题的若干措施（试行）》。2020年7月，水利部党的建设工作联席会议审议并原则通过了该文件，并以水利部党组名义印发各司局各单位贯彻执行。

通过开展集中整治工作，水利部直属系统形式主义官僚主义问题得到了有效遏制，干部职工说话做事有根有据、务实管用的风气逐步形成，为水利改革发展提供了有力支撑。

一是思想认识更加深刻。坚决反对形式主义官僚主义已经形成共识。形式主义官僚主义不仅是作风问题，更是政治问题，既严重影响党中央决策部署的贯彻落实，损害党中央权威、破坏党的形象，又不利于水利事业的长远发展，必须经常抓、持续抓，抓反复、反复抓，以破除形式主义官僚主义的实际行动将习近平总书记治水重要论述精神全面落到实处。

二是部风行风明显好转。文风会风有了明显好转，督查检查考核更加规范，干部职工队伍的精神面貌、工作状态有了明显改观，说话做事有根有据、务实管用的风气已经初步形成。2020年，水利部印发重点精简类文件94件，召开纳入精简范围的会议191个，实现了中共中央办公厅确定的只减不增目标任务；督查检查考核事项由2019年的三大类38项压减至两大类 36 项。

三是制度机制更加健全。进一步完善了相关制度规定，先后制定或修订印发了《关于整治形式主义官僚主义突出问题的若干措施（试行）》《水利部公文处理考核评价办法（试行）》《水利部会议和培训成效督查办法（试行）》等一系列制度办法，把务实管用的经验和做法固化为制度成果，保证了集中整治工作落实落地、取得长效。

李　磊　李　健　执笔

王卫国　审核

专栏七十一

水利精神文明建设成效显著

水利部直属机关党委

一、出台系列指导文件

制定印发水利系统贯彻落实《新时代爱国主义教育实施纲要》《新时代公民道德建设实施纲要》工作方案和《关于在水利精神文明创建活动中深入开展爱国卫生运动的工作方案》，进一步加强对新形势下水利精神文明建设面上指导。修订印发《水利系统文明单位测评体系（2020年版）》，优化测评体系构成，丰富文明创建内涵，更好地发挥测评体系在文明创建工作中的"指挥棒"作用。

二、开展多项重大活动

召开全国水利精神文明建设工作会议，安排部署新形势下推进水利精神文明建设工作。举办水利系统文明创建培训班，提高水利系统各单位文明办主任履职尽责能力。完成第六届"全国文明单位"申报推荐和前五届"全国文明单位"复审工作，组织"全国水利文明单位"复审。开展水利青年各类知识竞赛活动，落实青年理论学习提升工程。举办"关爱山川河流·保护母亲河"全河联动志愿服务活动，为保护母亲河、保护传承弘扬黄河文化贡献智慧力量。

三、推出一批先进典型

文明单位创建成果丰硕，水利系统38家单位被中央文明委授予第六届"全国文明单位"，100余家单位继续保留"全国文明单位"称号，246家单位继续保留"全国水利文明单位"称号。在全国水利系统深入开展向郑守仁同志学习活动，通过展览、报纸专刊、网络专题、读书活动、报告文学等多种形式集中宣传第二届"最美水利人"和"历史治水名人"，水利先进典型在行业内外影响广泛。浙江省钱塘江流域中心的"同一条钱塘江"志愿服务项目被确定为中央文明办重点项目首批基层联系点。

四、凝结丰富创建成果

推出《水利系统社会主义核心价值观读本》《文明花开水中央——全国水利系统精神文明创建活动读本》《水工程与水文化有机融合典型案例2》《中国水利人4》等出版物；制作新时代水利精神宣传片、"最美水利人"专题片、"历史治水名人"讲堂和系列有声故事等音像制品；开展《习近平谈治国理政》第三卷征文、"水利抗疫故事"主题征集、第三届"水工程与水文化有机融合"典型案例征集等活动，凝结水利精神文明创建成果，展现水利精神文明特色成效。

况黎丹　执笔

王卫国　审核